NATIVEPLANTS Materials Directory

2003 – 2004 | A Service of *NATIVEPLANTS Journal*

University of Idaho Press
P.O. Box 444416
Moscow, Idaho 83844-4416

1.800.847.7377 fax 1.208.885.3301
e-mail nativeplants@uidaho.edu
www.nativeplantsnetwork.org

Published by The University of Idaho Press
Publishers of *Native Plants Journal*
P.O. Box 444416
Moscow, ID 83844-4416
© 2003 by The University of Idaho Press
All rights reserved.
Printed in Canada on 100% post-consumer recycled paper stock.

International Standard Book Number 0-89301-508-3

Distributed from:
200 S Almon St.
Moscow, ID 83844-4416
USA

contents

Introduction 1

Alphabetical Listings 5

Nursery Type Listings 117

State/Province Listings 143

About *Native Plants Journal and Directory*
and how to order ... see back of the directory.

How to use this directory

Each business is listed alphabetically with essential information about its operation and products. Some businesses chose to pay for a **bold** listing that includes the URL and a 50-word description. Information not available is indicated by n/a.

The type of nursery section lists the type of nursery by three categories: Plants or Seeds or Both, making it easy to find types of products and those suppliers.

The State/Province section is an alphabetical listing of all the businesses in each state or province, making it convenient to find native plant sources in your region.

Examples of fields

affl: private or govt. **bus:** retail/wholesale/mailorder **min order:** 10 plants/10lbs (minimum order) **contact:** Jane Doe **hrs:** 8–5 M–F **yrs:** 18 (in bus) **yr prod:** 200,000 plants **native:** % of all production **wild coll:** % wild collected **prop:** % propagated **type:** container, bareroot, seed (etc.) **plants:** shrubs, forbs, grass, riparian (etc.) **serv:** consulting & custom seed production (services) **url:** website

introduction

Welcome to the *Native Plants Materials Directory*, a sister publication of the *Native Plants Journal*. More than 1000 producers of native seeds and plants are listed in this first, continent-wide, printed directory. Our intent is to help develop a strong network between producers and users of native plant materials—locating the producers is the easy part, but marketing to potential users is more difficult, a challenge we are actively solving. Our goal is to provide the most current information in an easy-to-use format to support the planting of native flora. Please let us know how we can improve our service to you.

R Kasten Dumroese
Editor-in-chief, *Native Plants Journal*

Considerations When Purchasing Native Plant Materials

One of the important differences between native plant materials and ornamental nursery stock is that natives are outplanted in relatively harsh environments generally without any subsequent care. Here are a few other things to keep in mind.

"Source-identified" — Native plant materials are "source-identified," which means that the seeds or cuttings can be traced back to their collection location. On the other hand, most ornamentals are introduced species "named cultivars" (CULTIvated VARieties), which have been selected for form or color, not source of origin. The importance of proper source identification cannot be overstated—local sources are assumed to be best unless scientific data proves otherwise. It's always a good idea to ask seed and plant producers what sources they have available, rather than asking if they have a particular source in stock.

"Locally adapted" — In addition to selecting the proper species and genetic source, native plant materials must be properly acclimated or processed so that they will survive and grow under the climatic conditions at the project site. The question of whether plant materials will be hardy on the outplanting site is sometimes overlooked, however, especially by people who are inexperienced.

Selecting a nursery and/or seed producer — Native plant customers should visit local nurseries and seed production facilities and talk to the personnel. Take a walk around the operation and look at the current crop. In nurseries, remember to check out the quality of root systems as well as the tops. In a seed production facility, check for weeds and vitality of the plants. Ask for a customer list and search out others who have purchased seeds or other plant materials. Inquire about the reputations of your potential vendors, including the success of their materials on outplanting sites.

Other Nursery Services — Traditionally, nurseries merely grew seedlings, but the current trend is to go beyond propagation to a broader range of services. Nowadays, native plant growers offer a variety of services, depending on their facilities and expertise. An increasing number of progressive nurseries provide a full range of services—from seed collection and processing, seedling propagation and storage, through outplanting and follow-up care.

Buyers of native plant materials should consider the nursery manager or seed producer as a partner in their planting project and involve them early in the planning process.

alphabetical listings

3E Tree Farms and Wetland Nursery, Inc.
POB 476, Loxahatchee, FL 33470, 561-798-2150 **fax:** 561-798-2245 **email:** Native3ETree@aol.com **affl:** private **bus:** wholesale **min order:** inquire **contact:** Irene Goltzene **hrs:** n/a **yrs:** n/a **yr prod:** n/a **nat:** 100% **wild coll:** 0 **prop:** 100% **type:** container **plants:** trees, shrubs, forbs

A

A.V.R.C.D. Tree Nursery & Arboretum
10148 W. Ave. I, Lancaster, CA 93536, 661-942-7306 **fax:** 661-942-3055 **email:** treesbyme@excite.com **affl:** Resource Conservation District **bus:** retail **min order:** inquire **contact:** Thomas Florence **hrs:** 8–4:30 Tu-Sat **yrs:** 62 **yr prod:** 100,000/y **nat:** 20% **wild coll:** 0 **prop:**100% **type:** container, seed packets **plants:** conifers, trees, shrubs, grasses, annuals, perennials **serv:** contract growing, wildlfower seed packets available

Abraczinskas Nurseries, Inc.
RR #1, Box 6, Catawissa, PA 17820, 717-356-2323 **fax:** 717-356-2366 **email:** abs@sunlink.net **affl:** private **bus:** wholesale **min order:** inquire **hrs:** 8–5 M-F **yrs:** n/a **yr prod:** 250,000/y **nat:** 100% **wild coll:** 0 **prop:** 100% **type:** bareroot **plants:** trees

Abundant Life Seed Foundation
PO Box 772, Port Townsend, WA 98368, 360-385-5660 **fax:** 360-385-7455 **email:** abundant@olypen.com **affl:** private **bus:** retail/mailorder **min order:** none **contact:** n/a **hrs:** 8–5 M–F **yrs:** 22 **yr prod:** n/a **nat:** 20% **wild coll:** 0 **prop:** 0 **type:** seeds **plants:** trees, shrubs, forbs, grasses

Acorn Ridge Gardens
22441 Bigler Rd, LaCrosse, IN 46348 219-754-2662/877-236-2662 **fax:** 219-754-2723 **affl:** private **bus:** wholesale/retail **min order:** inquire for wholesale **nat:** 30% **wild coll:** 0 **prop:** 100% **type:** container **plants:** trees, shrubs, forbs, grasses

Adkins Arboretum
PO Box 100, 12610 Eveland Rd, Ridgely, MD 21660, 410-634-2847 **fax:** 410-624-2878 **email:** adkinsar@intercom.net **affl:** private **bus:** non-profit **min order:** none **contact:** Jodie Littleton **hrs:** 10–5 M–Sat **yrs:** 6 **yr prod:** n/a **nat:** 100% **wild coll:** 0 **prop:** 100% **type:** container **plants:** all **serv:** 2 sales yearly; May and Sept **url:** www.adkinsarboretum.org • Adkins Arboretum is a 400-acre native garden and preserve on Maryland's Eastern Shore that promotes the conservation of the native plants of the Delmarva Peninsula. Four miles of paths lead visitors through native plant gardens, a rich bottomland forest and meadows. Programs in horticulture, ecology, natural history, folklore, and arts and crafts are offered for all ages.

Agrecol Corporation
1984 Berlin Rd, Sun Prairie, WI 53590, 608-226-2544 **fax:** 608-223-3575 **email:** steveb@agrecol.com **affl:** private **bus:** wholesale/retail **min order:** inquire **contact:** Steve, Mark, Adam, Matt **hrs:** 8–5 M–F **yrs:** n/a **yr prod:** 400 ac **nat:** 100% **wild coll:** 0 **prop:** 100% **type:** container, seeds **plants:** all **serv:** consulting, custom seed and plant production

Agrono-Tec Seed Co.
21420 Bundy Canyon Rd., Wildomar, CA 92595, 909-674-0638 800-543-4109 **fax:** 909-674-3760 **email:** Agronotec@pe.net **affl:** private **bus:** wholesale/retail **min order:** inquire **contact:** n/a **hrs:** 8–5 M–Sat **yrs:** n/a **yr prod:** n/a **nat:** 50% **wild coll:** 0 **prop:** 100% **type:** seeds **plants:** grasses, forbs

AgrowCycle Farms
PO Box 1656, Delta Junction, AK 99737-1656, 907-895-2076 **fax:** 907-895-2076 **email:** mikepurv@wildak.net **affl:** private **bus:** wholesale **min order:** inquire **contact:** Mike Purviance **yrs:** n/a **yr prod:** n/a **nat:** 90% **wild coll:** 50% **prop:** 100% **type:** container, seeds **plants:** all **serv:** planting services available

Aikane Nursery
PO Box 981, Kapa'au, HI 96755, 808-889-5906 **fax:** 808-889-0032 **email:** isf@aloha.net/barriesm@aloha.net **affl:** private **bus:** wholesale/retail **min order:** none **contact:** Barrie Moss/Kenneth Boche **hrs:** 8–4 M–S by appt **yrs:** 15 **prod:** n/a **nat:** 75% **wild coll:** 0 **prop:** 100% **type:** container **plants:** all **serv:** consultation and design delivery • Hawaii only

Alabama SuperTree Nursery
International Paper, 264 County Rd 888, Selma, AL 36703, 334-872-5452 **fax:** 334-872-2358 **email:** Larry.Foster@Ipaper.com **affl:** private **bus:** wholesale **contact:** Larry Foster **hrs:** 8–3:30 M–F **yrs:** n/a **yr prod:** 25,000,000 **nat:** 100% **wild coll:** 0 **prop:** 100% **type:** bareroot **plants:** conifers

Alaska Division of Forestry
PO Box 185, 110 Mile Richardson Hwy, Glennallen, AK 99588, 907-822-5534 **fax:** 907-822-5534 **affl:** state **min order:** inquire **contact:** n/a **type:** seeds **plants:** ask

Alaska Greenhouses, Inc.
1301 Muldoon Rd, Anchorage, AK 99504 907-333-6970 **fax:** 907-333-8330 **email:** coho@alaskalife.net **affl:** private **bus:** retail/wholesale/mailorder **min order:** inquire **contact:** n/a

Alberta Nurseries and Seeds, Ltd.
Box 20, Bowden, AB Canada T0M 0K0 403-224-3545 **affl:** private **type:** containers, seeds

Alder View Natives
28315 Grahams Ferry, Wilsonville, OR 97070, 503-570-2894 **fax:** 503-570-9904 **email:** natives@aol.com **affl:** private **bus:** wholesale/retail **hrs:** 8–4:30 M–F **nat:** 100% **wild coll:** 0 **prop:** 100% **type:** bareroot, container **plants:** all

Aldrich Berry Farms & Nursery
190 Aldrich Road, Mossyrock, WA 98564, 360-983-3138 **email:** Aldrich@myhome.net **affl:** private **bus:** wholesale/retail **min order:** none **contact:** Paula Aldrich **hrs:** 8–5 **yrs:** 39 **yr prod:** n/a **nat:** 75% **wild coll:** 0 **prop:** 100% **type:** container, bareroot **plants:** trees/shrubs **serv:** contract growing

Aldridge Nursery, Inc.
PO Box 1299, Von Ormy, TX 78073, 210-622-3491 **fax:** 210-622-5327 **affl:** private **min order:** inquire **type:** plants, seeds **plants:** ask

All Native Garden Center & Plant Nursery
300 Center Rd, Fort Myers, FL 33907-1513, 239-939-9663 **fax:** 239-936-8504 **email:** nolawn@iline.com **affl:** private **bus:** wholesale/retail **min order:** none **contact:** John Sibley **hrs:** 9–5 Mon–Sun **yrs:** n/a **yr prod:** n/a **nat:** 100% **wild coll:** 0 **prop:** 100% **type:** container **plants:** trees, shrubs, vines, forbs, grasses **serv:** landscaping services

Allendan Seed
1966 175th Lane, Winterset, IA 50273-8500, 515-462-1241 **email:** Allendan@allendanseed.com **affl:** private **bus:** wholesale/retail **min order:** inquire **contact:** Dan Allen **hrs:** n/a **yrs:** 25 **yr prod:** n/a **nat:** 100% **wild coll:** 0 **prop:** 0 **type:** seeds **plants:** native grasses and wildflowers **serv:** Iowa genotypes

Alpenflora Gardens
17985 40th Ave., Surrey, BC Canada V4P 1M5, 604-576-2464 **fax:** 604-576-9691 **affl:** private **bus:** wholesale **contact:** Christine Fischer **type:** container **plants:** forbs **serv:** contract grower

Alpha Nurseries
3737 - 65th St, Holland, MI 49423, 269-857-7804 **fax:** 269-857-7804 **email:** 73061.1716@compuserve.com **affl:** private **bus:** wholesale **min order:** inquire **yr prod:** 2,005,000 **nat:** 100% **wild coll:** 0 **prop:** 100% **type:** bareroot, container **plants:** trees

Althouse Nursery
5410 Dick George Rd., Cave Junction, OR 97523, 541-592-2395 **fax:** 541-592-2395 **affl:** private **bus:** wholesale/retail/mailorder **min order:** inquire **contact:** n/a **hours:** n/a **yrs:** 16 **yr prod:** n/a **nat:** 95% **wild coll:** 0 **prop:** 100% **type:** container, plugs **plants:** trees, shrubs **serv:** contract grower, consulting, seed collection

Amanda's Garden
8410 Harpers Ferry Rd, Springwater, NY 14560, 716-669-2275 **affl:** private **bus:** retail/mailorder **min order:** none **contact:** Ellen **hrs:** by appt **yrs:** 10 **yr prod:** n/a **nat:** 98% **wild coll:** 0 **prop:** 100% **type:** container **plants:** forbs

American Desert Plants, Inc.
961 Starr Pass Blvd., Tucson, AZ 85713, 520-792-2041 **fax:** 520-792-0280 **email:** cactus@desertplants.com **affl:** private **bus:** wholesale/retail/mailorder **min:** none **contact:** n/a **hrs:** 8–5 M–F **yrs:** 8 **yr prod:** n/a **nat:** 90% **wild coll:** n/a **prop:** n/a **type:** containers, bareroot, liners, seeds **plants:** cacti, succulents **serv:** consulting, installation, seed collection, we salvage plants from construction projects

American Native Products
POB 549, Scottsmoor, FL 32775, 321-383-1967 **fax:** 321-383-4150 **email:** buzbeefalo@yahoo.com **affl:** private **bus:** wholesale **min order:** inquire **contact:** Louis Morehead Jr. **hrs:** n/a **yrs:** n/a **yr prod:** n/a **nat:** 100% **wild coll:** 0 **prop:** 100% **type:** container **plants:** trees, shrubs, cycads

American Tree Seedling
401 Industrial Boulevard, Bainbridge, GA 31717, 229-246-2662 / 877-418-0807 **fax:** 229-246-4787 **email:** Aaiking@americantreeseedling.com **affl:** private **bus:** wholesale **min order:** inquire **contact:** n/a **hrs:** 8–5 M–F **yrs:** 5 **yr prod:** 13,000,000/y **nat:** 100% **wild coll:** 50% **prop:** 50% **type:** container **plants:** conifers

Amy Greenwell Ethnobotanical Gardens Nursery
PO Box 1053, Captain Cook, HI 96704 808-323-3318 **fax:** 808-323-2394

Allendan Seed Company

Iowa Grown Native Grasses & Wildflowers

Allendan Seed Company produces over 200 species of ecotype seed.

Ph: (515) 462-1241
FAX: (515) 462-4084

1966 175th Lane
Winterset, Iowa 50273

Amy Greenwell (continued)
email: Pvandyke@bishopmuseum.org **affl:** non-profit **bus:** retail **min order:** none **contact:** Peter Van Dyke **hrs:** 8:30–5 M–F **yrs:** n/a **yrs prod:** n/a **nat:** 100% **wild coll:** 0 **prop:** 100% **type:** container **plants:** trees, shrubs, forbs, grasses **serv:** ethnobotanical and rare plant garden, education

Andrews Nursery Florida Division of Forestry
PO Drawer 849, Chiefland, FL 32644, 352-493-6096 **fax:** 352-493-6084 **affl:** state **bus:** n/a **min order:** inquire for sales **contact:** n/a **hrs:** 7–4 M–F **yrs:** n/a **yr prod:** 25,000,000/y **nat:** 100% **wild coll:** 0 **prop:** 100% **type:** bareroot, container **plants:** conifers

Angelica Nurseries, Inc.
11129 Locust Grove Road, Kennedyville, MD 21645, 410-928-3111 **fax:** 410-928-3044 **email:** customerservice@angelicanurseries.com **affl:** private **bus:** wholesale/retail **min order:** inquire **contact:** n/a **hrs:** 8–5 M–F **yrs:** 70 **yr prod:** 2,000 ac **nat:** 60% **wild coll:** 0 **prop:** 100% **type:** container, b&b **plants:** trees, shrubs

Apalachee Native Nursery
PO Box 156, Monticello, FL 32344, 850-997-8976 **fax:** 850-342-1216 **affl:** private **bus:** wholesale/retail **min order:** inquire for wholesale **contact:** William Dickerson **hrs:** 8–5 M–F **yrs:** 12 **yr prod:** n/a **nat:** 80% **wild coll:** 0 **prop:** 100% **type:** container **plants:** trees, shrubs, forbs, grasses, ferns

Appalachian Nurseries, Inc.
PO Box 87, Waynesboro, PA 17268, 717-762-4733/877-743-7532 **fax:** 717-762-7532 **email:** info@appnursery.com **affl:** private **bus:** wholesale/retail **min order:** 3 flats minimum **contact:** n/a **hrs:** 8–4 M–F 8–12 Sat **yrs:** 60 **yr prod:** 1,000,000/y and 10 acres **nat:** 60% **wild coll:** 0 **prop:** 100% **type:** plugs, liners **plants:** shrubs, forbs **serv:** we specialize in liner production

Appleton Forestry
1369 Tilton Road, Sebastopol, CA 95473, 707-823-3776 **fax:** 707-824-2811 **affl:** private **bus:** wholesale/retail **min order:** inquire **contact:** Patricia **hrs:** by appt **yrs:** n/a **yr prod:** n/a **nat:** 100% **wild coll:** 0 **prop:** 100% **type:** container **plants:** trees and shrubs **serv:** contract growing

Applewood Seeds
5310 Vivian St., Arvada, CO 80002, 303-431-7333 **fax:** 303-467-7886 **email:** applewoodseed@worldnet.att.net **affl:** private **bus:** wholesale **mi order:** 1 lb **contact:** n/a **hrs:** 8–5 M–F **yrs:** 36 **yr prod:** n/a **nat:** 50% **wild coll:** 0 **prop:** 0 **type:** seeds **plants:** forbs, grasses

Applied Ecology, Inc.
4316 45th Ave. S., Minneapolis, MN 55406, 612-724-8916 **fax:** 612-722-9467 **email:** Appliedecology@yahoo.com **affl:** private **bus:** consultant **min order:** inquire **contact:** Andy Sudbrock **hrs:** n/a **yrs:** n/a **yr prod:** n/a **nat:** n/a **type:** plants and seeds **plants:** ask **serv:** consulting, installation, management and restoration of native plant communities

Applied Technology Wetlands & Forestry
38863 Scravel Hill Rd NE, Albany, OR 97321-9554, 541-327-3427 **min order:** inquire **type:** plants and seeds **plants:** ask

Aqua Fria Nursery
1409 Aqua Fria Rd, Santa Fe, NM 87505, 505-983-4831 **fax:** 505-983-3523 **affl:** private **bus:** retail/mailorder **min order:** none **contact:** n/a **hrs:** M–Sat 8–5 **yrs:** 30 **yr prod:** n/a **nat:** 88% **wild coll:** 0 **prop:** 100% **type:** container **plants:** trees, shrubs, forbs, grasses

Aquascapes Unlimited, Inc.
PO Box 364, Pipersville, PA 18947, 215-766-8151 **fax:** 215-766-8986 **email:** wetland@comcat.com **affl:** private **bus:** wholesale/mailorder **min order:** $200 **contact:** Randolph Heffner **hrs:** 6–6 M–F **yrs:** 19 **yr prod:** n/a **nat:** 1% **wild coll:** 0 **prop:** 99% **type:** container, bareroot **plants:** herbaceous aquatic perennials **serv:** contract grower, consultation, design & maintenance • Aquascapes Unlimited, Inc. is the most complete

wholesale source of herbaceous wetland & ornamental aquatic perennials in the NE U.S. Aquascapes provides seed, plug, quart & gallon materials to landscape contractors, mitigators, restorationists & garden centers. Seed grown, unusual & hard to find items including native & hybrid Sarracenias are available.

Aquatic and Wetland Company
9999 Weld County Rd 25, Fort Lupton, CO 80621, 303-442-4766 **fax:** 303-857-2455 **email:** Jans@aquaticandwetland.com **affl:** private **bus:** wholesale **min order:** inquire **contact:** Jan Steury **hrs:** 8–5 M–F **yrs:** 10 **yr prod:** n/a **nat:** 95% **wild coll:** 50% **prop:** 100% **type:** containers, plugs, b&b, liners, tissue culture **plants:** trees, shrubs, forbs, grasses, riparian, wetland **serv:** contract growing, consulting, installation

Aquatic Nursery
38 W. 135 McDonald Rd., Elgin, IL 60123, 847-741-7678 **affl:** private **bus:** retail/wholesale **min order:** inquire **contact:** n/a **hrs:** n/a **yrs:** n/a **yr prod:** n/a **nat:** 100% **wild coll:** 0 **prop:** 100% **type:** container, bareroot **plants:** wetland, aquatic, grasses, forbs

Aquatic Plants of Florida, Inc.
1491 Second St Ste C-1, Sarasota, FL 34236, 800-266-1272/941-952-9886 **fax:** 941-952-0474 **email:** aquaticplantsfl@yahoo.com **affl:** private **bus:** wholesale **min order:** inquire **contact:** Gil Sharell **hrs:** 8–5 M–F **yrs:** 9 **yr prod:** n/a **nat:** 100% **wild coll:** 0 **prop:** 100% **type:** container, bareroot, liners, plugs **plants:** trees, grasses, ferns, aquatic, riparian **serv:** contract grower, installation, consulting

Aquatic Systems & Resources
PO Box 1462, Palm City, FL 34991, 772-286-9376 **fax:** 561-283-9068 **affl:** private **bus:** wholesale/mailorder **min order:** n/a **contact:** n/a **hrs:** 9–4 M–F by appt **yrs:** n/a **yr prod:** n/a **nat:** 100% **wild coll:** 0 **prop:** 100% **type:** container **plants:** wetland, riparian, grasses, forbs, shrubs

Arbor Ridge Tree Farm
PO Box 999, Navasota, TX 77868, 409-825-7400 **fax:** 409-825-8765 **email:** sales@arborridge.com **affl:** private **bus:** wholesale/retail **min order:** $200 **contact:** n/a **hrs:** 8–5 M-Sat **yrs:** n/a **yr prod:** n/a **nat:** 0 **wild coll:** 0 **prop:** 100% **type:** container **plants:** trees, conifers **serv:** 15 to 95 gallon

Arid Solution LLC
3747 E. Southern, Phoenix, AZ 85040, 602-437-5194 **fax:** 602-437-4719 **affl:** private **bus:** wholesale **min order:** n/a **contact:** n/a **hrs:** 8–5 M–F **yrs:** 22 **yr prod:** n/a **nat:** 20% **wild coll:** 0 **prop:** 100% **type:** containers, liners **plants:** trees, shrubs, forbs, grasses, succulents, cacti **serv:** contract growing

Arid Zone Trees
PO Box 167, Queen Creek, AZ 85424, 480-987-9094 **fax:** 480-987-9092 **email:** aridzonetrees@msn.com **affl:** private **bus:** wholesale **min order:** none **contact:** Ed **hrs:** 8–5 M–F **yrs:** n/a **yr prod:** n/a **nat:** 65% **wild coll:** 0 **prop:** 100% **type:** container box **plants:** trees

Arkansas Valley Seed Solutions
12th & Santa Fe Tracks, PO Box 270, Rocky Ford, CO 81067, 719-254-7469 **fax:** 719-254-4115 **email:** bgueck@seedsolutions.com **affl:** private **bus:** dealer/wholesale **min order:** 1 lb **contact:** Tammy Gauna **hrs:** 8–5 M–F **yrs:** 58 **yr prod:** 100% **nat:** 50% **wild coll:** 40% **prop:** 0 **type:** seeds **plants:** grasses, forbs, shrubs, wetland, riparian **serv:** custom mixes, consulting

Arkansas Valley Seed Solutions
4625 Colorado Blvd, PO Box 16025, Denver, CO 80216, 877-957-3337/303-320-7500 **fax:** 303-320-7516 **email:** bgueck@seedsolutions.com **affl:** private **bus:** dealer/wholesale **min order:** 1 lb **contact:** Dustin Terrell **hrs:** 8–5 M–F **yrs:** 58 **yr prod:** 100% **nat:** 50% **wild coll:** 40% **prop:** 0 **type:** seeds **plants:** grasses, forbs, shrubs, wetland, riparian **serv:** custom mixes, consulting

Arkansas Valley Seed Solutions
4333 Hwy 66, Longmont, CO 80504, 877-957-3337/303-665-6642 **fax:** 970-535-4481 **email:** tgray@seedsolutions.com **affl:** private **bus:** retail/wholesale/mailorder **min order:** 1 lb **contact:** Doug, Dick, Jim **hrs:** 8–5 M–F **yrs:** 50 **yr prod:** 0 **nat:** 0

Arkansas Valley Seed Solutions (continued)
wild coll: 0 **prop:** 0 **type:** seeds **plants:** grasses, forbs, shrubs, riparian, wetland **serv:** custom mixes, consulting

Armintrout
1156 Lincoln Road, Allegan, MI 49010, 616-673-6627 **fax:** 616-673-3519 **affl:** private **bus:** wholesale **min order:** inquire **contact:** n/a **hrs:** n/a **yr prod:** 2,500,000/y **nat:** 100% **wild coll:** 0 **prop:** 100% **type:** bareroot **plants:** trees

Arneson
N11164 Hwy 45, Clintonville, WI 54929, 715-823-6784 **fax:** 715-823-7124 **email:** arneson@mail.cli.earthreach.com **affl:** private **bus:** wholesale **min order:** inquire **contact:** n/a **yr prod:** 250,000/y **nat:** 100% **wild coll:** 0 **prop:** 100% **type:** bareroot **plants:** conifers

Aroostook Band of Mic Macs
8 Northern Road, Presque Isle, ME 04769, 207-764-7219 **affl:** tribal **bus:** wholesale **min order:** inquire **contact:** David Macek, Heather Von Oesen **hrs:** 8–4:30 M–F **yrs:** n/a **yr prod:** n/a **nat:** 100% **wild coll:** 0 **prop:** 100% **type:** container **plants:** trees, shrubs, forbs, grasses

Arrowhead Alpines
PO Box 857, Fowlerville, MI 48836, 517-223-3581 **fax:** 517-223-8750 **affl:** private **bus:** wholesale/retail **nat:** 80% **wild coll:** 0 **prop:** 100% **type:** container **plants:** all

Arrowwood Nursery, Inc.
870 W. Malaga Rd, Williamstown, NJ 08094, 856-697-6045 **fax:** 856-697-6050 **affl:** private **bus:** wholesale **min order:** inquire **contact:** n/a **hrs:** n/a **yrs:** 11 **yr prod:** n/a **nat:** 100% **wild coll:** 0 **prop:** 100% **type:** container, liners, bareroot, plugs, b&b **plants:** trees, shrubs, forbs, grasses, wetland, riparian **serv:** contract grower

Arvida Nurseries
PO Box 1508, Homestead, FL 33090-1508, 800-884-9573/305-245-9573 **fax:** 305-247-9549 **email:** arvida@bellsouth.net **affl:** private **bus:** wholesale **min order:** inquire **contact:** Bob Plyler **hrs:** n/a **yr prod:** 80 ac **nat:** 100% **wild coll:** 0 **prop:** 100% **type:** field grown **plants:** trees, shrubs, palms **serv:** we grow large landscape material

Atlantic Star Nursery
620 Pyle Rd, Forest Hill, MD 21050, 410-838-7950 **email:** atlanstr@magnus.net **affl:** private **bus:** wholesale **min order:** inquire **contact:** Sam Jones **hrs:** 9–5 M–Sat **yrs:** n/a **yr prod:** n/a **nat:** 100% **wild coll:** 0 **prop:** 100% **type:** container **plants:** trees, shrubs

Augusta Forestry Center
PO Box 160, Crimora, VA 24431, 540-363-7000 **fax:** 540-363-5055 **affl:** state **bus:** n/a **min order:** inquire **contact:** n/a **hrs:** 8–4:30 M–F **yrs:** n/a **yr prod:** n/a **nat:** 100% **wild coll:** 0 **prop:** 100% **type:** container **plants:** trees

Aurora Forest Nursery – Weyerhaeuser Company
6051 S. Lone Elder Rd, Aurora, OR 97002, 503-266-2018 **fax:** 503-266-2010 **email:** ark.triebwasser@weyerhaeuser.com **affl:** private **bus:** forest industry **min order:** inquire **hrs:** 8–5 M–F **yrs:** n/a **yr prod:** 13,525,000/y **nat:** 100% **wild coll:** 0 **prop:** 100% **type:** bareroot **plants:** trees

B

B.C. Nursery
4183 S.R. 276, Batavia, OH 45103, 513-724-9032 **affl:** private **bus:** wholesale/retail **min order:** inquire **contact:** Chris Daeger **hrs:** by appt **yrs:** 20 **yr prod:** n/a **nat:** 50% **wild coll:** 0 **prop:** 100% **type:** container **plants:** trees, shrubs

Badger Evergreen Nursery
902 26th St., Allegan, MI 49010, 616-673-2662 **fax:** 616-673-2263 **email:** Badger@accn.org **affl:** private **bus:** wholesale **min order:** inquire **yr prod:** 300,000 **nat:** 100% **wild coll:** 0 **prop:** 100% **type:** bareroot **plants:** trees

Baker's Acres
PO Box 875204, Carney Rd, Wasilla, AK 99687, 907-357-4175 **affl:** private **bus:** retail/wholesale **min order:** inquire **contact:** n/a **hrs:** by appt **yrs:** 22 **type:** ask

Bakers Tree Nursery
13895 Garfield Road, Salem, OH 44460, 216-537-3903 **affl:** private **bus:** wholesale **min order:** inquire **contact:** n/a **hrs:** n/a **yrs:** n/a **yr prod:** 50,000/y **nat:** 100% **wild coll:** 0 **prop:** 100% **type:** bareroot **plants:** trees

Balance Restoration Nursery
27995 Chambers Mill Road, Lorane, OR 97451, 541-942-5530 **fax:** 541-942-5530 **email:** tamfrobinson@cs.com **affl:** private **bus:** wholesale **min order:** $150 **contact:** Tammy or Ron Robinson **hrs:** 8–5 M–F **yrs:** 14 **yr prod:** 600,000/y **nat:** 100% **wild coll:** 0 **prop:** 100% **type:** bareroot **plants:** wetland & riparian

Bamert Seed Co.
1897 CR 1018, Muleshoe, TX 79347, 800-262-9892 **fax:** 806-272-3114 **email:** natives@bamertseed.com **affl:** private **bus:** wholesale **min order:** 10 lbs **contact:** Nick Bamert **hrs:** 8–5 M–Sat **yrs:** 52 **yr prod:** n/a **nat:** 5% **wild coll:** 95% **prop:** 0 **type:** seeds **plants:** grasses, forbs **serv:** custom blends available

Barton Springs Nursery
3601 Bee Cave Rd, Austin, TX 78746, 512-328-6655 **affl:** private **bus:** retail **min order:** none **contact:** n/a **hrs:** 9–6 M–S 10–6 Sun **yrs:** 17 **type:** container, seeds **plants:** all **serv:** we specialize in native plants

Bartow Ornamental Nursery
3890 Hwy 60 E, Bartow, FL 33830, 888-534-1350/863-534-1350 **fax:** 863-534-1356 **email:** ken@southeasttrees.com **affl:** private **bus:** wholesale **min order:** inquire **contact:** Ken Ford **hrs:** n/a **yrs:** n/a **yr prod:** n/a **nat:** 60% **wild coll:** 0 **prop:** 100% **type:** container **plants:** trees, shrubs

Baucum Nursery
Arkansas Forestry Commission, 1402 Hwy 391 N, North Little Rock, AR 72117, 501-945-1755 **fax:** 501-907-2487 **affl:** state **bus:** wholesale **min order:** 100 trees **contact:** n/a **hrs:** 8–4:30 M–F **yrs:** n/a **yr prod:** 30,000,000/y **nat:** 100% **wild coll:** 0 **prop:** 100% **type:** bareroot **plants:** conifers **serv:** contract growing

BC 's Wild Heritage Plants
47330 Extrom Rd, Chilliwack, BC Canada V2R 4V1, 604-858-5141 **fax:** 604-858-5141 **email:** Bcwild@uniserve.com **affl:** private **bus:** retail/wholesale **contact:** Lee Larkin **hrs:** 9–4 M–F retail by appt **yrs:** 14 **nat:** 100% **wild coll:** 0 **prop:** 100% **type:** container **plants:** bulbs, ferns, groundcovers, perennials, shrubs and trees (SEE AD PAGE 12)

Beauregard Nursery
PO Box 935, 6308 Hwy. 190 W, DeRidder, LA 70634, 337-462-2711 **fax:** 337-825-6814 **email:** sammie_m@ldaf.state.la.us **affl:** state **bus:** wholesale **min order:** inquire **contact:** Sam **hrs:** 8–4:30 M–F **yrs:** n/a **yr prod:** 20,000,000/y **nat:** 100% **wild coll:** 0 **prop:** 100% **type:** bareroot **plants:** conifers, trees, shrubs **serv:** contract growing

Asclepias speciosa

Riparian • Wetland • Native Plants Wholesale

Balance Restoration Nursery

Quality Northwest Natives
For all your restoration needs!

(541) 942-5530

27995 Chambers Mill Road • Lorane OR 97451

B.C.'s Wild Heritage Plants

Wholesale • Retail
100%
Native Plants

Ground Covers, Ferns,
Bulbs, Shrubs, Trees
Perennials

604-858-5141
voice & fax

bcwild@uniserv.com
47330 Extrom Road • Chilliwack BC
Canada V2R 4V1

Beauty Beyond Belief
1730 S. College Ave #104,
Ft. Collins, CO 80525, 970-221-3039
fax: 970-221-3522 **affl:** private
bus: wholesale **min order:** inquire
contact: n/a **hrs:** 8–5 M–F **yrs:** 14 **yr prod:** n/a **nat:** 80% **wild coll:** 0 **prop:** 0
type: seeds **plants:** forbs, grasses

Bechedor, Inc.
1775, 4e Rue, Saint-Prosper, Quebec,
Canada G0M 1Y0, 418-594-8580
fax: 418-594-6171 **email:** bechedor@globetrotter.net **affl:** private **bus:** forest industry **min order:** inquire **yr prod:** 8,000,000/y **nat:** 100% **wild coll:** 0
prop: 100% **type:** bareroot, container
plants: trees

Beeman's Nursery, Inc.
3637 S.R. 44, New Smyrna Beach,
FL 32168, 877-767-6232/386-428-8889
fax: 386-428-8879 **email:** info@beemansnursery.com **affl:** private **bus:** wholesale
min order: inquire **contact:** Steve Beeman
yrs: 25 **yr prod:** n/a **nat:** 100%
wild coll: 0 **prop:** 100% **type:** container
plants: aquatic and wetland forbs and grasses **serv:** consulting services

Beineke's Nursery
513 Sharon Rd, West Lafayette, IN 47906,
765-463-2994 **affl:** private
bus: wholesale/retail **min order:** inquire
contact: Walter Beineke **nat:** 85% **wild coll:** 0 **prop:** 100% **type:** container
plants: trees, shrubs, grasses, forbs

Bell Brothers, Inc.
Hwy. 169 S, PO Box 128, Bellville, GA
30414, 912-739-2273 **fax:** 912-739-2205
email: dbell@g-net.net **affl:** private
bus: wholesale **min order:** inquire
contact: n/a **hrs:** 8–5 M–F **yr prod:** 42,000,000/y **nat:** 100% **wild coll:** 0
prop: 100% **type:** bareroot, container
plants: conifers

Bellville SuperTree Nursery, International Paper Co.
PO Box 56, Bellville, GA 30414,
912-739-4721 **fax:** 912-739-9409
affl: private **min order:** inquire **hrs:** 8–5
M–F **plants and seeds:** ask

Bent Tree Farm
4273 NW County Road 225-A, Ocala, FL 34482-6744, 352-732-8945 **fax:** 352-622-5024 **email:** GILRAY@aol.com **affl:** private **bus:** wholesale **min order:** inquire **contact:** Frank Gabor **hrs:** n/a **nat:** 25% **wild coll:** 0 **prop:** 100% **type:** container, field grown, bareroot **plants:** forbs

Berg-Warner Nursery
PO Box 259, 3216 W. 851 N., Lizton, IN 46149, 317-994-5487 **fax:** 317-994-5494 **email:** bwrm@bergwarner.com **affl:** private **bus:** wholesale **min order:** inquire **contact:** n/a **yr prod:** 4,500,000/y **nat:** 95% **wild coll:** 0 **prop:** 100% **type:** bareroot, container **plants:** trees

Bermont Wildflower Farm
Reservation Center, Louisiana, MO 63353, 800-424-1165 **fax:** 573-754-5290 **affl:** private **bus:** wholesale **min order:** inquire **hrs:** 8–5 M–F **contact:** n/a **nat:** 90% **wild coll:** 0 **prop:** 100% **type:** container **plants:** forbs

Bernado Beach Native Plant Farm
3729 Arno Street, Albuquerque, NM 87107, 505-345-6248 **fax:** 505-345-6248 **affl:** private **bus:** retail/wholesale for local sales **min order:** none **contact:** n/a **hrs:** Mar–Oct 9–5 M–S, 10–2 Sun **yrs:** 25 **yr prod:** n/a **nat:** 75% **wild coll:** 0 **prop:** 100% **type:** container **plants:** trees, shrubs, forbs, grasses, cacti **serv:** residential landscape design

Bert Driver Nursery
PO Box 351, Smithville, TN 37166, 615-597-9560 **fax:** 615-597-9861 **email:** info@bertdrivernursery.com **affl:** private **bus:** wholesale/retail **min order:** inquire for wholesale **contact:** n/a **hrs:** 8–5 M–F **yrs:** 5 **yr prod:** n/a **nat:** 45% **wild coll:** 0 **prop:** 100% **type:** container, bareroot, liners, b&b **plants:** trees, shrubs

Bessey Nursery – USDA Forest Service
State Spur 86B, Hwy 2, PO Box 39, Hasley, NE 69142, 308-533-2257 **fax:** 308-533-2213 **affl:** federal **bus:** n/a **min order:** inquire **contact:** Jay Dunbar **hrs:** 8–4:30 M–F **yrs:** 101 **yr prod:** n/a **nat:** 90% **wild coll:** 0 **prop:** 100% **type:** bareroot, container **plants:** conifers, shrubs, grass plugs

Better Forest Tree Seeds
RD 1 Box 636, Petersburg, PA 16669, 814-667-3666 **fax:** 814-667-3134 **email:** tuckaway1@juno.com **affl:** private **bus:** wholesale **min order:** inquire **contact:** Chris **hrs:** n/a **yrs:** 31 **yr prod:** n/a **nat:** 100% **wild coll:** 0 **prop:** 0 **type:** seeds, bareroot, containers, b&b **plants:** conifers, trees **serv:** specializing in conifer seed and seedlings

Betthauser's Nursery
627 N Oakwood St, Tomah, WI 54660-5155, 608-372-4317 **affl:** private **bus:** wholesale **min order:** inquire **contact:** n/a **hrs:** n/a **yrs:** n/a **yr prod:** 22,000/y **nat:** 100% **wild coll:** 0 **prop:** 100% **type:** bareroot **plants:** conifers

BIA Southern Ute Agency
Bureau of Indian Affairs, 575 C.R. 517, PO Box 315, Ignacio, CO 81137, 970-563-4571 **fax:** 970-563-9321 **email:** jnelson@bia.gov **affl:** federal **bus:** contract growing **min order:** inquire **contact:** Jim Nelson **hrs:** 8–4:30 M–F **yrs:** n/a **yr prod:** 1,750,000/y **nat:** 100% **wild coll:** 0 **prop:** 100% **type:** bareroot **plants:** conifers

Biddles Nursery
1259 Hwy 89A, Sedona, AZ 86336-5739, 928-282-5078 **affl:** private **bus:** retail **min order:** none **contact:** n/a **hrs:** 9–5 M–Sat. 10–3 Sun **yrs:** 40 **yr prod:** n/a **nat:** 80% **wild coll:** 0 **prop:** 100% **type:** container, seeds **plants:** trees, shrubs, grasses, forbs

Big Sioux Nursery, Inc.
16613 Sioux Conifer Rd, Watertown, SD 57201, 605-886-6806 **fax:** 605-886-7951 **email:** bsninc@dailypost.com **affl:** private **bus:** wholesale **min order:** inquire **contact:** n/a **hrs:** n/a **yrs:** n/a **yr prod:** 300,000/y **nat:** 100% **wild coll:** 0 **prop:** 100% **type:** bareroot, container **plants:** trees

Biophilia Native Nursery
12695 County Rd 95, Elberta, AL 36530, 251-987-1200 **email:** Biophilia@

Biophilia Native Nursery (continued)
gulftel.com **affl:** private **bus:** retail **min order:** none **contact:** Carol Lovell-Saas **hrs:** by appt **yrs:** n/a **yr prod:** n/a **nat:** 100% **wild coll:** 0 **prop:** 100% **type:** container **plants:** trees, shrubs, forbs, grasses

Biosphere Consulting, Inc.
14908 Tilden Rd., Winter Garden, FL 34787, 407-656-8277 **fax:** 407-656-2889 **affl:** private **bus:** retail/wholesale/mailorder **min order:** inquire for wholesale **contact:** John Thomas **hrs:** 9–3 M–F Sat 9–3 by appt only **yrs:** n/a **yr prod:** n/a **nat:** 100% **wild coll:** 0 **prop:** 100% **type:** container, bareroot, seeds **plants:** all **serv:** lakefront restoration and consulting

Bitterroot Restoration, Inc.
11760 Atwood Road, Ste. 5, Auburn, CA 95603, 530-745-9814 **fax:** 530-745-9817 **email:** markr@bitterrootrestoration.com **affl:** private **bus:** wholesale **min order:** $1,000 **contact:** Mark Rohweder **hrs:** 8–4:30 M–F **yrs:** 3 **yr prod:** n/a

PIONEERING SCIENTIFICALLY-BASED ECOLOGICAL RESTORATION

Comprehensive Ecological Restoration

➢ Consulting

➢ Project Management & Implementation

Wholesale Native Plant Nurseries
➢ Contract Growing

➢ Source Identified Stock

Offices In: Montana, California and Washington

www.bitterrootrestoration.com
sales@bitterrootrestoration.com

nat: 100% **wild coll:** 0 **prop:** 100% **type:** container **plants:** all **serv:** restoration services consulting, planning, installation

Bitterroot Restoration, Inc.
445 Quast Lane, Corvallis, MT 59828, 406-961-4991 **fax:** 406-961-4626 **email:** sales@bitterrootrestoration.com **affl:** private **bus:** wholesale **min order:** $1000 **contact:** Len Balleck **hrs:** 8–4:30 M–S **yrs:** 16 **yr prod:** 2,000,000/y **nat:** 100% **wild coll:** 0 **prop:** 100% **type:** container, bareroot **plants:** conifers, trees, shrubs, forbs, grasses, wetland, riparian **serv:** contract seed collection, storage, propagation, installation, monitoring, planning, consulting

Black Creek Nursery
1524 Mercado Ave., Coral Gables, FL 33170, 305-665-1189 **fax:** 303-258-2633 **affl:** private **bus:** wholesale **min order:** inquire **contact:** Christi or Peter **hrs:** 8–4:30 M–F **yrs:** n/a **yr prod:** n/a **nat:** 30% **wild coll:** 0 **prop:** 100% **type:** container, bareroot **plants:** trees, shrubs

Blackfeet Community College Greenhouse
PO Box 819, Browning, MT 59417, 406-338-5441 ext. 270 **fax:** 406-338-3272 **email:** wjfish@yahoo.com **affl:** private **bus:** retail/wholesale **min order:** none **contact:** Wilbert Fish **hrs:** 8:30–4:30 M–F **yrs:** 5 **yr prod:** 25,000/y **nat:** 100% **wild coll:** 0 **prop:** 100% **type:** container **plants:** conifers, trees, shrubs, forbs, wetland, riparian **serv:** contract growing

Blackledge River Nursery
155 Jerry Daniels Road, Marlborough, CT 06477, 860-295-1022 **affl:** private **min order:** inquire **contact:** Richard Snarsski **hrs:** 8–5 M–F **yrs:** n/a **yr prod:** n/a **nat:** 100% **wild coll:** 0 **prop:** 100% **type:** container **plants:** wetland grasses and forbs **serv:** wetland restoration

Blazing Star Associates
2107 Edgewood Drive, Woodstock, IL 60098, 815-338-4716 **email:** tallgrass@blazing-star.com **affl:** private **bus:** retail/wholesale **min order:** inquire **contact:** n/a **hrs:** n/a **yrs:** 13 **yr prod:** n/a **nat:** 100% **wild coll:** 0 **prop:** 100% **type:** container, plugs **plants:** forbs,

grasses, wetland **serv:** restoration and consulting, and environmental education services

Blazing Star Wildflower Seed Company
Box 143, St. Benedict, Saskatoon Canada 50X 310, 306-289-2046 **affl:** private **type:** seeds

Blue Creek Nursery
392 Hunting Hills Dr, Cleveland, GA 30528-3574, 706-865-2849 **fax:** 706-865-2849 **affl:** private **bus:** retail **min order:** none **contact:** n/a **hrs:** 9–6 M–Sat **yrs:** n/a **nat:** 50% **wild coll:** 0 **prop:** 100% **type:** container **plants:** all

Bluebird Nursery
PO Box 460, Clarkson, NE 68629, 800-356-9164 **fax:** 402-892-3738 **email:** sales@bluebirdnursery.com **affl:** private **bus:** wholesale **min order:** inquire **contact:** n/a **hrs:** 8–5 M–F **yrs:** 45 **yr prod:** n/a **nat:** 15% **wild coll:** 0 **prop:** 100% **type:** containers, plugs **plants:** forbs

Bluestem Nursery
1946 Fife Rd., Christina Lake, BC Canada V0H 1E3, 250-447-6363 **fax:** 250-447-6363 **email:** Jim@bluestem.ca **affl:** private **bus:** retail/wholesale **contact:** Jim Brockmayer **yrs:** 10 **nat:** 15% **prop:** 15% **type:** bareroot **plants:** shrubs, grasses **serv:** mail order available

Bluestem Nursery
4101 Curry Rd, Arlington, TX 76017, 817-478-6202 **fax:** 817-572-7763 **affl:** private **bus:** wholesale **min order:** inquire **contact:** John Snowden **hrs:** by appt only **yrs:** n/a **yr prod:** n/a **nat:** 70% **wild coll:** 0 **prop:** 100% **type:** container **plants:** grasses **serv:** native grasses for ornamental industry, contract growing

Bluestem Prairie Nursery
13197 East 13th Rd, Hillsboro, IL 62049, 217-532-6344 **email:** Bluestem@yahoo.com **affl:** private **bus:** mailorder **min order:** none **contact:** Ken Schaal **hrs:** n/a **yrs:** 18 **yr prod:** n/a **nat:** 100% **wild coll:** 0 **prop:** 100% **type:** bareroot, seeds **plants:** forbs, grasses **serv:** consulting services, catalog

Bluff Dale Nursery
PO Box 609, Centerville, UT 84014, 801-298-2613 **fax:** 801-298-5986 **email:** porterlane@webpipe.net **affl:** private **bus:** wholesale **min order:** inquire **contact:** n/a **hrs:** 8–5 M–S **yrs:** n/a **yr prod:** 250,000 **nat:** 25% **wild coll:** 0 **prop:** 100% **type:** container **plants:** trees, shrubs

Bobtown Nursery
16212 Country Club Rd, Melfa, VA 23410, 800-201-4714/757-787-8484 **fax:** 757-787-8611 **email:** Bobtown@shore.intercom.net **affl:** private **bus:** wholesale **min order:** 100.00 **contact:** Robert Tapetti **hrs:** 8–5 M–F **yrs:** 12 **yr prod:** 75 acres **nat:** 80% **wild coll:** 0 **prop:** 100% **type:** bareroot, container, liners, plugs, b&b **plants:** wetland and other natives **serv:** contract grower

Boeuf River Tree Farm
15 Pipes Greer, Rayville, LA 71269, 318-372-3416 **affl:** private **bus:** wholesale **min order:** inquire **contact:** n/a **hrs:** 8–5 M–F **yrs:** n/a **yr prod:** 30,000,000/y **nat:** 100% **wild coll:** 0 **prop:** 100% **type:** bareroot, container **plants:** conifers **serv:** contract growing

Bolton Works Nursery
PO Box 1100, 333 W Hwy 290, Dripping Springs, TX 78620, 512-894-4234 **fax:** 512-858-2079 **email:** dnorman@wimberley-tx.com **affl:** private **bus:** retail **min order:** inquire **contact:** n/a **hrs:** 9–5 M–Sun **yrs:** n/a **yr prod:** n/a **nat:** 30% **wild coll:** 0 **prop:** 100% **type:** container **plants:** trees, shrubs

Booming Native Plants
2323 Co. Rd 6, Barnum, MN 55707, 218-389-3220 **email:** Commonplacemusic@hotmail.com **affl:** private **bus:** wholesale/retail/mailorder **min order:** inquire **contact:** n/a **yrs:** 11 **yr prod:** n/a **nat:** 100% **wild coll:** 0 **prop:** 0 **type:** plugs, seeds **plants:** forbs, grasses, wetland, riparian **serv:** custom-grown plugs and seed collection services

Boothe Hill Farms
23B Boothe Hill Rd., Chapel Hill, NC 27514, 919-967-4091 **affl:** private **bus:** retail/mailorder **min order:** none **contact:** Nancy Easterling **hrs:** by appt

Boothe Hill Farms (continued)
retail **yrs:** n/a **yr prod:** n/a **nat:** 100%
wild coll: 0 **prop:** 100% **type:** ask
plants: forbs, grasses **serv:** nursery propagated stock

The Bosch Nursery, Inc.
18874 Hwy. 4, Jonesboro, LA 71251, 318-259-9484 **fax:** 318-259-9443 **affl:** private **bus:** wholesale **min order:** inquire **contact:** n/a **hrs:** 7–4;30 M–F **yrs:** n/a **yr prod:** 28,000,000/y **nat:** 100% **wild coll:** 0 **prop:** 100% **type:** bareroot **plants:** conifers

Bosch's Countryview Nursery
10785 84th Ave., Allendale, MI 49401, 616-892-4090 **fax:** 616-892-4290 **email:** bosch@scun@izk.com **affl:** private **bus:** wholesale **min order:** inquire **yr prod:** 3,000,000/y **nat:** 100% **wild coll:** 0 **prop:** 100% **type:** bareroot **plants:** trees

Bosky Dell Natives
23311 SW Bosky Dell Lane, West Linn, OR 97068, 503-638-5945 **fax:** 503-638-8047 **email:** boskydellnatives@aol.com **affl:** private **bus:** retail/wholesale **min order:** none **contact:** Lori Duralia **hrs:** 9–5 M–Sat **yrs:** n/a **nat:** 100% **wild coll:** 0 **prop:** 100% **type:** plugs, container, bareroot **plants:** conifers, trees, shrubs, grasses, forbs, wetland, riparian **serv:** tours, plant sales for school groups

Botanics Wholesale, Inc.
31701 SW 194th Ave, Homestead, FL 33031, 305-245-2966 **fax:** 305-246-1782 **email:** botanics@botanics.com **affl:** private **bus:** wholesale **min order:** n/a **contact:** n/a **hrs:** 8–5 M–F **yrs:** 23 **yr prod:** n/a **nat:** 10% **wild coll:** 0 **prop:** 100% **type:** container, b&b **plants:** trees, palms, cycads

Botanique
387 Pitcher Plant Lane, Stanardsville, VA 22973 **min order:** none **affl:** private **bus:** mailorder/wholesale **min order:** inquire **contact:** Rob or Butch **hrs:** not open to the public **yrs:** 21 **yr prod:** n/a **nat:** 60% **wild coll:** 0 **prop:** 100% **type:** container **plants:** forbs, carnivorous **serv:** all species produced from seeds

Boyd & Boyd Nursery
7960 Smithville Highway, Hwy 56 North, McMinnville, TN 37110, 931-934-2613 **fax:** 931-934-2044 **email:** boyd_boydnsy@blomand.net **affl:** private **bus:** wholesale **min order:** inquire **contact:** Tom Boyd **hrs:** 8–5 M–F **yrs:** n/a **yr prod:** n/a **nat:** 25% **wild coll:** 0 **prop:** 100% **type:** container, b&b **plants:** trees, shrubs

Boyd Nursery
PO Box 71 - Highway #55, McMinnville, TN 37110, 615-668-9898 **fax:** 615-668-7646 **affl:** private **bus:** wholesale/retail **min order:** inquire **contact:** n/a **hrs:** 8–5 M–F **yrs:** n/a **yr prod:** n/a **nat:** 100% **wild coll:** 0 **prop:** 100% **type:** bareroot **plants:** trees, shrubs

Boynton Botanicals
9281 87th PL S, Boynton, FL 33437, 561-737-1490, 561-737-1520 **fax:** 561-738-9598 **email:** kboynbot@aol.com **affl:** private **bus:** wholesale **min order:** inquire **contact:** Kathleen Kastenholz **nat:** 100% **wild coll:** 0 **prop:** 100% **type:** container **plants:** trees, shrubs, forbs, grasses, palms, cycads **serv:** full services available

Breezy Oaks Nursery
23602 SE Hawthorne Rd, Hawthorne, FL 32640, 352-481-3795 **affl:** private **bus:** wholesale/retail **min order:** inquire for wholesale **contact:** n/a **hrs:** 8–5 M–F **yrs:** 16 **yr prod:** n/a **nat:** 60% **wild coll:** 0 **prop:** 100% **type:** container **plants:** shrubs

Briggs Nursery, Inc.
4407 Henderson Boulevard, Olympia, WA 98501, 206-352-5405 **fax:** 206-352-5699 **email:** sales@briggsnursery.com **affl:** private **bus:** wholesale **min order:** inquire **contact:** Joe Blue/Sue Nelson **hrs:** 8–5 M–Sat **yrs:** 90 **yr prod:** n/a **nat:** 30% **wild coll:** 0 **prop:** 100% **type:** container, liners **plants:** trees, shrubs, forbs, ferns **serv:** cultivars of native species

Broken Arrow Nursery
13 Broken Arrow Rd, Hamden, CT 06518, 203-288-1026 **email:** brokenarrow@snet.

net **affl:** private **bus:** retail/wholesale **min order:** inquire **contact:** n/a **hrs:** 8–4:30 Mon–Sat; Sun 10–4 April through June **yrs:** 19 **yr prod:** n/a **nat:** 30% **wild coll:** 0 **prop:** 60% **type:** liners, b&b, containers **plants:** trees, shrubs, forbs **serv:** custom blending

Brooks Tree Farm
9785 Portland Rd, NE, Salem, OR 97305, 503-393-6300 **fax:** 503-393-0827 **email:** office@brookstreefarm.com **affl:** private **bus:** wholesale **min order:** 100 trees **hrs:** 8–5 M–F **yrs:** n/a **yr prod:** 2,000,000/y **nat:** 100% **wild coll:** 0 **prop:** 100% **type:** bareroot **plants:** conifers, trees, shrubs

Browning Seed, Inc.
Box 1836 South IH 27, Plainview, TX 79073, 806-293-5271 **affl:** private **bus:** wholesale/mailorder **min order:** inquire **contact:** n/a **hrs:** 8–5 M–F **yrs:** n/a **yr prod:** n/a **nat:** 50% **wild coll:** 0 **prop:** 0 **type:** seeds **plants:** forbs, grasses **serv:** restoration services available

Buchanan's Native Plants
611 East 11th St, Houston, TX 77008, 713-861-5702 **fax:** 713-861-2063 **email:** www.buchanansplants.com/features/contactus.asp **affl:** private **bus:** retail **min order:** none **contact:** n/a **hrs:** 9–6 M–Sun **yrs:** 16 **yr prod:** n/a **nat:** 60% **wild coll:** 0 **prop:** 100% **type:** containers, seeds **plants:** trees, shrubs, forbs, grasses

Buckeye Nursery, Inc.
PO Box 450, Perry, FL 32348, 800-838-2218 **fax:** 850-838-2680 **email:** buckeyenursery@perry.gulfnet.com **affl:** private **bus:** wholesale **min order:** inquire **contact:** Perry **hrs:** 7–3:30 M–F **yrs:** 65 **yr prod:** n/a **nat:** 100% **wild coll:** 0 **prop:** 100% **type:** container, bareroot **plants:** trees **serv:** largest producer of bareroot pines in FL

Burnt Ridge Nursery
432 Burnt Ridge Road, Onalaska, WA 98570, 360-985-2873 **fax:** 360-985-0882 **email:** Burntridge@myhome.net **affl:** private **bus:** wholesale/retail **min order:** none **contact:** Michael Dolan **hrs:** 9–5 M–F **yrs:** 22 **yr prod:** n/a **nat:** 25% **wild coll:** 0 **prop:** 100% **type:** container, bareroot **plants:** trees, shrubs, wetland, riparian

C

C.L. Danner Nursery
8102 SE 242nd Ave., Gresham, OR 97030, 503-667-9843 **affl:** private **bus:** retail/wholesale **min order:** inquire **plants and seeds:** ask

Cal-Forest Nurseries
PO Box 719, Etna, CA 96027, 530-467-5211 **fax:** 530-467-5733 **email:** cal4est@sisqtel.net **affl:** private **bus:** wholesale **min order:** n/a **contact:** n/a **hrs:** 8–4:30 M–F **yrs:** n/a **yr prod:** 10,600,000/y **nat:** 100% **wild coll:** 0 **prop:** 100% **type:** bareroot, container **plants:** conifers **serv:** contract grow for forest industry only

California Flora Nursery
PO Box 3, Fulton, CA 95439, 707-528-8813 **fax:** 707-528-1836 **affl:** private **bus:** wholesale/retail **min order:** none **contact:** n/a **hrs:** 8–4:30 M–F **yrs:** 22 **yr prod:** n/a **nat:** 50% **wild coll:** 0 **prop:** 100% **type:** container **plants:** trees, shrubs, grasses

Callahan Seed
6045 Foley Lane, Central Point, OR 97502, 541-855-1164 **fax:** 541-855-1164 **affl:** private **bus:** wholesale/retail **min order:** inquire **contact:** Frank Callahan **hrs:** 8–5 M–Sun **yrs:** n/a **nat:** 0 **wild coll:** 0 **wild prop:** 0 **type:** seeds **plants:** trees, shrubs **serv:** site specific collection services

Campbell Tree & Land Co., Inc.
PO Box 780, Wautoma, WI 54982, 920-787-4653 **fax:** 920-787-3696 **affl:** private **bus:** wholesale **min order:** inquire **contact:** n/a **hrs:** n/a **yrs:** n/a **yr prod:** 50,000/y **nat:** 100% **wild coll:** 0 **prop:** 100% **type:** bareroot **plants:** conifers

Canby Forest Nursery – IFA Nurseries, Inc.
136 NE Territorial Road, Canby, OR 97013, 503-266-1940 **fax:** 503-266-1754 **email:** ifanursery@aol.com **affl:** private **bus:** forest industry **min order:** inquire **hrs:** 8–5 M–F **yrs:** n/a **yr prod:** 2,000,000/y **nat:** 100% **wild coll:** 0

Canby Forest Nursery (continued)
prop: 100% **type:** bareroot
plants: conifers

Capps Nursery, Inc.
Rt. 1, Box 69, Lamont, FL 32336,
850-997-3736 **fax:** 850-997-6759
affl: private **bus:** wholesale **min order:** inquire **contact:** n/a **hrs:** 8–4:30 M–F
yrs: n/a **yr prod:** 250,000/y **nat:** 100%
wild coll: 0 **prop:** 100% **type:** container
plants: conifers

Carencia Tree Farm and Nursery
16101 Carencia Ln, Odessa, FL 33556-3278, 813-920-2737 **fax:** 813-920-2737
affl: private **bus:** wholesale **min order:** inquire **contact:** Alicia Keim **hrs:** 8–5 M–F **yrs:** n/a **yr prod:** n/a **nat:** 100%
wild coll: 0 **prop:** 100% **type:** container
plants: trees, shrubs, palms, grasses
serv: installation services, saw palmettos

Carino Nurseries
PO Box 538, Indiana, PA 15701,
800-233-7075 **fax:** 724-463-3050
email: carino@carinonurseries.com
affl: private **bus:** wholesale/retail
min order: none **hrs:** 8–5:30 M–Sat
yrs: 50 **yr prod:** n/a **nat:** 25% **wild coll:** 0
prop: 100% **type:** bareroot, liners
plants: trees, shrubs **serv:** trees and shrubs native to many areas of the U.S.

Carl Bates' Indigenous Plants
16956 Hollowtree Ln, Loxahatchee, FL 33470-5018, 561-358-7480
fax: 561-798-4564 **email:** indigiman@aol.com **affl:** private **bus:** wholesale
min order: inquire **contact:** Carl Bates
hrs: n/a **yrs:** n/a **yr prod:** n/a **nat:** 100%
wild coll : 0 **prop:** 100% **type:** liners, container **plants:** aquatics, trees, shrubs, forbs, grasses, palms **serv:** 100 species available

Carlson Prairie Seed Farm, Inc.
13071 260th St. NW, Newfolden, MN 56738, 877-733-3087, 218-523-5072
email: mratzlaff@wiktel.com **affl:** private **bus:** wholesale/retail **min order:** inquire **contact:** n/a **hrs:** 8–5 M–F **yrs:** n/a
yr prod: n/a **nat:** 100% **wild coll:** 0
prop: 0 **type:** seeds **plants:** grasses, forbs

Carters Nursery, Bowater Forest Products Division
11306 Hwy 411 S., Chatsworth, GA 30705, 706-334-2422 **fax:** 706-334-4212
email: muellercw@bowater.com
affl: private **bus:** wholesale **min order:** inquire **hrs:** 8–5 M–F **plants and seeds:** ask

Carter's Seed
475 Mar Vista Dr., Vista, CA 92083,
800-842-7711 **fax:** 760-724-8832 **affl:** private **bus:** retail/wholesale/mailorder
min order: inquire **contact:** n/a **hrs:** 8–4:30 M–F **yrs:** n/a **yr prod:** n/a **nat:** 0
wild coll: 0 **prop:** 0 **type:** seeds **plants:** all

Cascade Forestry Nursery
22033 Fillmore Rd., Cascade, IA 52033,
319-852-3042 **fax:** 319-852-5004
email: cascade@netins.net **affl:** private
bus: retail/wholesale/mailorder
min order: $50 **hrs:** 8–4:30 M–F, 8–12 Sat
yrs: n/a **yr prod:** n/a **prop:** n/a
nat: 100% **wild coll:** 0 **prop:** 100%
type: bareroot **plants:** trees

Cates Farms
186 Sioux Trail, Tularosa, NM 88532,
505-585-2497 **affl:** private **bus:** retail
min order: inquire **yrs:** 12 **yr prod:** n/a
nat: 80% **wild coll:** 0 **prop:** 100%
type: container **plants:** trees

Cedera Seed, Inc.
PO Box 97, 118 Hwy 31, Swan Valley, ID 83449, 208-483-3683 **fax:** 208-483-3684
email: delbert684@cs.com **affl:** private
bus: wholesale/retail **min order:** none
contact: Delbert **hrs:** 8–5 M–F **yrs:** 44
yr prod: n/a **nat:** 100% **wild coll:** 0
prop: 0 **type:** seeds **plants:** grasses, forbs

Center for Arid Lands Restoration – Joshua Tree National Monument
74485 National Park Drive, Twentynine Palms, CA 92277, 760-367-5565
fax: 760-367-6392 **affl:** federal **bus:** n/a
min order: n/a **contact:** n/a **hrs:** 8–4:30 M–F **yrs:** 15 **yr prod:** n/a **nat:** 100%
wild coll: 0 **prop:** 100% **type:** container
plants: trees, shrubs, grasses, forbs, cacti

Central Coast Wilds
114 Liberty St., Santa Cruz CA 95060, 831-459-0656 **fax:** 831-457-1606 **email:** jtfodor@centralcoastwilds.com **affl:** private **bus:** retail/wholesale **min order:** inquire **contact:** n/a **hrs:** 8–4:30 M–F **yrs:** 11 **yr prod:** n/a **nat:** 100% **wild coll:** 0 **prop:** 100% **type:** container, seeds **plants:** all **serv:** full service restoration, contract growing **url:** www.centralcoastwilds.com •
Central Coast Wilds is a division of Ecological Concerns Incorporated. CCW is dedicated to restoring ecological structure and function to degraded ecosystems, creating and enhancing wildlife habitat, and the conservation of local genetic resources through native plant revegetation. Our services include native seed collection, contract propagation, botanical consulting and project installation.

Central Florida Lands and Timber
Route 1, Box 899, Mayo, FL 32066, 904-294-1211 **fax:** 904-294-3416 **email:** cflat@alltel.net **affl:** private **bus:** forest industry **min order:** inquire **contact:** Marvin Buchanan **hrs:** 8–5 M–F **yrs:** n/a **yr prod:** 2,500,000/y **nat:** 100% **wild coll:** 0 **prop:** 100% **type:** container, bareroot **plants:** trees, conifers

Central Florida Native Flora, Inc.
PO Box 1045, 33601 Kiefer Rd, San Antonio, FL 33576, 352-588-3687 **fax:** 352-588-4552 **email:** logan@tingley.net **affl:** private **bus:** wholesale **min order:** inquire **contact:** Jeff Field **hrs:** 7–4 M–F **yrs:** 22 **yr prod:** 80 ac **nat:** 100% **wild coll:** 0 **prop:** 100% **type:** container, bareroot **plants:** trees, shrubs, grasses, palms **serv:** contract grower, consulting

Central Utah Seed
825 N. 400 E., Ephraim, UT 84627, 435-283-4344 **fax:** 435-283-4344 **affl:** private **bus:** wholesale/retail **min order:** inquire **contact:** n/a **hrs:** 8–5 M–F **yrs:** n/a **yr prod:** n/a **nat:** 100% **wild coll:** 0 **prop:** n/a **type:** seeds **plants:** all

Champion Timberlands Nursery
Champion International Corp. Route 6, Box 491, Livingston, TX 77351, 409-436-4249 **fax:** 409-563-4574 **affl:** forest industry **bus:** wholesale **min order:** inquire **contact:** Lee Carroll **hrs:** 8–5 M–F **yrs:** n/a **yr prod:** 22,000,000/y **nat:** 100% **wild coll** : 0 **prop:** 100% **type:** bareroot **plants:** conifers **serv:** surplus sales only to public

Charles A. Sprague Tree Seed Orchard – USDI Bureau of Land Management
1980 Russell Road, Merlin, OR 97532, 541-476-4432, **fax:** 541-476-9033, **email:** hkoester@or.blm.gov **affl:** federal **bus:** agency and private **min order:** inquire **contact:** Harve Koester **hrs:** 8–4:30 M–F **yrs:** 30 **yr prod:** 500,000/y **nat:** 100% **wild coll:** 0 **prop:** 100% **type:** container, seeds **plants:** conifers, grasses, forbs

Charles Nii Nursery
908 Kamilonui Place, Honolulu, HI 96825, 808-395-9959 **email:** cniihyhi@hawaii.rr.com **affl:** private **bus:** wholesale/retail **min order:** none

Central Coast Wilds

California Native Plants
Custom Seed Collections
Biological Consulting
Ecological Restoration Services

800 - 877 - 5020

www.centralcoastwilds.com

alphabetical listings

Charles Nii Nursery (continued)
contact: Charles Nii **hrs:** 8–4:30 M–S **yrs:** 50 **yr prod:** n/a **nat:** 15% **wild coll:** 0 **prop:** 100% **type:** container **plants:** all

Chas. C. Hart Seed Co.
PO Box 290169, Wethersfield, CT 06129-0169, 860-529-2537 **fax:** 860-563-7221 **email:** info@hartseed.com **affl:** private **bus:** wholesale **min order:** inquire **contact:** Bill Hart **hrs:** 8–5 M–F **yrs:** 100 **yr prod:** n/a **nat:** 50% **wild coll:** 50% **prop:** 1 **type:** seeds **plants:** forbs, grasses **serv:** reclamation, custom blending

Chelsea Nursery
3347 G Rd, Clifton, CO 81520-8143, 970-434-8434 **fax:** 970-523-0737 **affl:** private **bus:** retail **min order:** none **contact:** n/a **hrs:** 9–5 M–Sat **yrs:** n/a **yr prod:** n/a **nat:** 80% **wild coll:** 0 **prop:** 100% **type:** container **plants:** forbs, grasses, trees, shrubs

Chesapeake Aquatic Nursery
1820 Cromwell Bridge Rd, Baltimore, MD 21234, 800-353-7313/410-324-4053 **fax:** 410-823-1427 **email:** sales@chesapeakeaquatics.com **affl:** private **bus:** wholesale **min order:** inquire **contact:** n/a **hrs:** 8–5 M–F **yrs:** 5 **yr prod:** n/a **nat:** 100% **wild coll:** 0 **prop:** 100% **type:** container, bareroot, liners, plugs **plants:** aquatics, wetland, riparian forbs and grasses **serv:** custom and contract growing for restoration

Chesapeake Native Nursery
326 Boyd Avenue #2, Takoma Park, MD 20912, 301-270-4534 **email:** SATangren@ChesapeakeNatives.com **affl:** private **bus:** wholesale **min order:** $50 **contact:** Sara Tangren **hrs:** 8–5 M–F **yrs:** 2 **yr prod:** n/a **nat:** 100% **wild coll:** 0 **prop:** 100% **type:** seeds **plants:** watershed ecotypes of shrubs, flowers, grasses **serv:** consulting, maintenance, installation

Chiappini Farm Native Nursery
PO Box 435, 150 Chiappini Farm Rd, Melrose, FL 32666, 800-293-5413 **fax:** 352-475-5268 **email:** dchiapin@atlantic.net **affl:** private **bus:** wholesale **min order:** inquire **contact:** David Chiappini **hrs:** 8–5 M–F **yrs:** 17 **yr prod:** 20 ac **nat:** 100% **wild coll:** 0 **prop:** 100% **type:** container, liners, seeds **plants:** trees, shrubs, grasses **serv:** contract growing, seed collection, installation

Chippewa Plantation
1820 W. 48th St, Fremont, MI 49412, 616-924-4214 **affl:** private **bus:** wholesale **min order:** inquire **yr prod:** 200,000/y **nat:** 100% **wild coll:** 0 **prop:** 100% **type:** bareroot **plants:** trees

Circle S Seeds of MT, Inc.
PO Box 130, 14990 Madison Frontage Road, Three Forks, MT 59752, 406-285-3269 **fax:** 406-285-3040 **email:** circles@imt.net **affl:** private **min order:** inquire **type:** seeds

Circuit Rider Productions, Inc.
Native Plants Nursery, Windsor, CA 95492, 707-838-6641 **fax:** 707-838-4503 **email:** nursery@crpinc.org **affl:** private **bus:** wholesale/retail **min order:** inquire **contact:** Rose Roberts **hrs:** 8–5 M–F by appt only **yrs:** 26 **yr prod:** n/a **nat:** 100% **wild coll:** 0 **prop:** 100% **type:** container **plants:** all

Cisneros Trading Company
PO Box 833, Connell, WA 99326, 509-430-7658 **fax:** 509-488-5980 **email:** cisnerostrade2002@yahoo.com **affl:** private **bus:** wholesale **min order:** 1 ton **contact:** n/a **hrs:** 8–5 M–F **nat:** 100% **wild coll:** 0 **prop:** 100% **type:** seeds **plants:** grasses

Claridge Nursery
762 Claridge Nursery Road, Goldsboro, NC 27503, 919-731-7988 **fax:** 919-731-7993 **affl:** state **bus:** n/a **hrs:** 8–4:30 M–F **yrs:** n/a **yr prod:** 10,000,000/y **nat:** 100% **nat:** 0 **prop:** 100% **type:** container, bareroot **plants:** trees

Clark's Native Trees
1215 126th SE, Everett, WA 98208, 425-337-3976 **fax:** 425-337-3976 **affl:** private **bus:** wholesale **min order:** inquire **contact:** n/a **hrs:** n/a **yrs:** n/a **yr prod:** n/a **nat:** 98% **wild coll:** 0 **prop:** 100% **type:** container, b&b **plants:** trees, shrubs, ferns

Clearwater Greenhouses
PO Box 423, Big River, Saskatoon Canada S0J 0E0, 306-469-2111

fax: 306-429-4466 **affl:** private **bus:** wholesale **contact:** Gary McLean **type:** container **plants:** trees

Clear Ridge Nursery, Inc.
217 Clear Ridge Rd, Union Bridge, MD 21791, 888-226-9226 **fax:** 417-848-5806 **email:** crn@qis.net **affl:** private **bus:** wholesale **min order:** none **contact:** Joseph R. Barley **hrs:** n/a **yrs:** 9 **yr prod:** 300,000/y **nat:** 100% **wild coll:** 0 **prop:** 100% **type:** container **plants:** trees, shrubs **serv:** protection

Clements State Tree Nursery
West Virginia Division of Forestry, PO Box 8, West Columbia, WV 25287, 304-675-1820 **fax:** 304-675-1820 **affl:** state **bus:** n/a **min order:** inquire **contact:** n/a **hrs:** 8-4:30 M-F **yrs:** n/a **yr prod:** n/a **nat:** 90% **wild coll:** 0 **prop:** 100% **type** bareroot, container **plants:** trees, shrubs

Clifton Nursery
PO Box 882, Statesboro, GA 30458, 912-489-8250 **affl:** private **min order:** inquire **hrs:** 8-5 M-F **yrs:** n/a **nat:** 100% **wild coll:** 0 **prop:** 100% **type:** ask **plants:** conifers

Clifton-Choctaw Nursery
1146 Clifton Road, Clifton, LA 77447, 318-793-4253 **affl:** tribal **bus:** wholesale **min order:** inquire **contact:** Theresa Sarpy **hrs:** 8-4:30 M-F **yrs:** n/a **yr prod:** n/a **nat:** 100% **wild coll:** 0 **prop:** 100% **type:** container, plugs **plants:** trees

Cloud Mountain Farm
6906 Goodwin Road, Everson, WA 98247, 360-966-5859 **fax:** 360-966-0921 **email:** info@cloudmountainfarm.com **affl:** private **bus:** retail/mailorder **min order:** $10.00 **contact:** Terry **hrs:** Feb-June M-S 10-5, Sun 11-4, call summer-fall **yrs:** 28 **yr prod:** n/a **nat:** 15% **wild coll:** 0 **prop:** 100% **type:** container **plants:** trees, shrubs, some herbaceous perennials **serv:** contract growing, landscape design & installation

Clyde Robin Seed Co., Inc.
PO Box 2366, Castro Valley, CA 94545, 510-785-0425 **fax:** 510-785-6463 **email:** sales@clyderobin.com **affl:** private **bus:** retail/wholesale/mailorder **min order:** inquire for wholesale **contact:** n/a **hrs:** 8-5 M-Sat **yrs:** 70 **yr prod:** n/a **nat:** 0 **wild coll:** 0 **prop:** 0 **type:** seeds **plants:** grasses, shrubs, trees, forbs

Clyde Thompson Nursery
Temple-Inland Forest Products Corp. Route 2, Box 510, Jasper, TX 75951, 409-384-6164 **fax:** 409-284-9028 **email:** tstewar@templeinland.com **affl:** private **bus:** wholesale **min order:** surplus sales only to public **contact:** Larry Miller **hrs:** 8-5 M-F **yrs:** 40 **yr prod:** 31,500,000/y **nat:** 100% **wild coll:** 0 **prop:** 100% **type:** bareroot **plants:** conifers

CNPS, Inc.
5951 Olgesby Rd, Milton, FL 32570, 850-623-6287 **affl:** private **bus:** wholesale/retail **min order:** none **contact:** Sarah Davis **hrs:** 8-4 M-F **yrs:** n/a **yr prod:** n/a **nat:** 100% **wild coll:** 0 **prop:** 100% **type:** container **plants:** all

Coastal Native Plants Nursery
PO Box 42, Mauricetown, NJ 08239, 856-785-1102 **fax:** 856-785-9301 **email:** aclemenson@aol.com **affl:** private **bus:** wholesale **min order:** inquire **contact:** Arnold Clemonson **hrs:** n/a **yrs:** 7 **yr prod:** n/a **nat:** 100% **wild coll:** 0 **prop:** 100% **type:** container, bareroot **plants:** all **serv:** full service restoration - coastal and wetland

Coastal Plain Conservation Nursery
3067 Conners Drive, Edenton, NC 27932, 252-482-5707 **fax:** 252-482-4987 **affl:** private **bus:** wholesale/retail **min order:** inquire **contact:** Ellen Colodney **hrs:** by appt **yrs:** 3 **yr prod:** 250,000/y **nat:** 100% **wild coll:** 0 **prop:** 100% **type:** container, bareroot, plugs, liners **plants:** trees, shrubs, grasses, forbs

Coeur d'Alene Nursery - USDA Forest Service
3600 Nursery Rd, Coeur d'Alene, ID 83814, 208-765-7375 **fax:** 208-765-7474 **affl:** federal **bus:** n/a **min order:** inquire **contact:** Joe Myers **hrs:** 8-4:30 M-F

Coeur d'Alene Nursery (continued)
yrs: 43 yr prod: 11,000,000/y nat: 100%
wild coll: 0 prop: 100% type: bareroot, container, rooted cuttings plants: trees, shrubs, grasses, wetland, riparian, forbs

Cold Stream Farm
2030 Free Soil Rd, Free Soil, MI 49411, 231-464-5809 affl: private bus: mailorder/retail/wholesale min order: none contact: Mike hrs: 6–10:30 M–Sat yrs: 25 yr prod: 600,000/y nat: 70% wild coll: 5% prop: 95% type: bareroot plants: trees, shrubs

Collector's Nursery
16804 NE 102nd Ave, Battle Ground, WA 98064, 360-574-3832 fax: 360-571-8540 email: dianar@collectersnursery.com affl: private bus: mailorder/retail min order: none contact: Diana hrs: by appt. yrs: 11 yr prod: n/a nat: 5% wild coll: 0 prop: 100% type: container plants: all serv: catalog $2.00

Colorado Hydroponics, Inc.
555 Ute Hwy, Longmont, CO 80503, 303-823-6658 fax: 303-823-0512 affl: private bus: wholesale min order: inquire contact: n/a hrs: 8–5 M–F yrs: 22 yr prod: 1,200,000/y nat: 95% wild coll: 0 prop: 100% type: containers, liners, bareroot plants: trees

Colorado Seed Solutions
195 N Washington, PO Box 68, Monte Vista, CO 81144, 719-852-3505 fax: 719-852-4942 email: thillin@seedsolutions.com affl: private bus: retail/wholesale/mailorder min order: 1 lb contact: Terry Hillin hrs: 8–5 M–F yrs: 58 yr prod: 100% nat: 50% wild coll: 40% prop: 0 type: seeds plants: grasses, forbs, shrubs, wetland, riparian serv: custom mixes, consulting

Colorado State Forest Service Nursery
Colorado State University, Foothills Campus, Building 1060, Fort Collins, CO 80523, 970-491-8429 fax: 970-491-8250 email: treeseedlings@hotmail.com affl: state bus: container, bareroot min order: 50 plants contact: Randy Moench hrs: 7:30–4 M–F yrs: 45 yr prod: 3,000,000/y nat: 85% wild coll: 0 prop: 100% type: container, bareroot plants: conifers, trees, shrubs

Columbia Nursery
Louisiana Dept. of Agriculture & Forestry PO Box 1388, Columbia, LA 71418, 318-649-7463 affl: state bus: wholesale min order: inquire contact: n/a hrs: 8–4:30 M–F yrs: n/a yr prod: 15,000,000/y nat: 100% wild coll: 0 prop: 100% type: bareroot plants: conifers, trees, shrubs serv: contract growing

Colville Tribal Forestry Greenhouse
PO Box 72, Nespelem, WA 99155, 509-634-4711 fax: 509-634-8685 affl: private bus: tribal min order: inquire contact: Phil Grunlose hrs: 8–4:30 M–F yrs: 15 yr prod: n/a nat: 100% wild coll: 0 prop: 100% type: container plants: trees, shrubs serv: contract growing

Colvos Creek Nursery
PO Box 1512, Vashon, WA 98070, 206-749-9508 fax: 206-749-0446 email: Mlla@mindspring.com affl: private bus: wholesale/retail/mailorder min order: none contact: Mike hrs: 9–5 M–Sat yrs: 11 yr prod: n/a nat: 25% wild coll: 0 prop: 100% type: containers, liners plants: trees, shrubs, forbs

Comstock Seed
917 Hwy 88, Gardenerville, NV 89460, 775-746-3681 fax: 775-746-1701 email: comstockseed@comstockseed.com affl: private bus: wholesale/retail/mailorder min order: 1 lb contact: Jenny hrs: 8–4 M–F yrs: 10 yr prod: n/a nat: 75% wild coll: 45% prop: 0 type: seeds plants: trees, shrubs, grasses, forbs, wildflowers serv: consulting, custom collecting url: www.comstockseed.com

• Comstock Seed specializes in native seed acquisition and consultation, concentrating in custom blends for reclamation areas and drought tolerant landscaping. We offer seed collection in your ecotype as well as provide consultations. Native species are ideal for drought and wild conditions, as they are genetically suited for long-term survival.

Concepts in Greenery, Inc.
16366 Old Cheney Hwy, Orlando, FL 32833, 407-568-2000 fax: 407-568-0522

affl: private **bus:** wholesale **min order:** inquire **contact:** Tony Antle **hrs:** n/a **type:** container **plants:** trees, shrubs **serv:** Landscape contracting services available

Connecticut State Nursery
Dept. of Environmental Protection, Box 190, Sheldon Road, Voluntown, CT 06384, 860-376-2513 **fax:** 860-376-5839 **affl:** state **bus:** wholesale **min order:** inquire for public sales **contact:** n/a **hrs:** 8–4:30 M–F **yrs:** 82 **yr prod:** 1,000,000/y **nat:** 50% **wild coll:** 0 **prop:** 100% **type:** bareroot, liners **plants:** trees, shrubs

ConservaSeed
PO Box 1069, 14423 Walnut Grove-Thornton Road, Walnut Grove, CA 95690, 916-776-1200 **fax:** 916-776-1112 **email:** info@conservaseed.com **affl:** private **bus:** wholesale **min order:** inquire **contact:** Scott Stewart **hrs:** 8–5 M–F **yrs:** 90 **yr prod:** n/a **nat:** 0 **wild coll:** 50% **prop:** 0 **type:** seeds **plants:** grasses, forbs, shrubs, wildflowers

url: www.conservaseed.com • ConservaSeed is a full service seed company. We grow more than 120 different native California grasses, forbs, shrubs, and wildflower species in our own fields. We offer custom collection, planting, made-to-order erosion control blankets, and the patented Sow EZ coating process.

Conservation Resource Center
61591 30th Street, Lawton, MI 49065, 616-624-6054 **fax:** 616-624-5700 **affl:** private **bus:** wholesale **min order:** inquire **yr prod:** 1,000,000/y **nat:** 100% **wild coll:** 0 **prop:** 100% **type:** bareroot **plants:** trees

Cornflower Farms
PO Box 896, Elk Grove, CA 95759, 916-689-1015 **fax:** 916-689-1968 **email:** natives@cornflowerfarms.com **affl:** private **bus:** wholesale/retail **min order:** none **contact:** n/a **hrs:** 8–5 M–Sat **yrs:** n/a **yr prod:** n/a **nat:** 100% **wild coll:** 0 **prop:** 100% **type:** container **plants:** all **serv:** contract growing

Growers of Plants for California Habitats

- Growers of quality California native plants for wildland restoration and site revegetation
- Over 700 site identified species grown from coastal to high elevation California
- Contract growing and site specific collections available

Cornflower Farms p.o. box 896 elk grove, ca 95759
phone: (916) 689-1015 fax: (916) 689-1968
e-mail: natives@cornflowerfarms.com www.cornflowerfarms.com

Corns
Rt 1 Box 32, Turpin, OK 73950, 580-778-3615 **affl:** private **bus:** wholesale/tribal **min order:** inquire **contact:** n/a **hrs:** 8–5 M–F **yrs:** 57 **yr prod:** n/a **nat:** 100% **wild coll:** 0 **prop:** 0 **type:** seeds **plants:** forbs, grasses **serv:** we specialize in native grasses

Coronado Heights Nursery
2944 N. Castro, Tucson, AZ 85705, 520-882-0969 **affl:** private **bus:** wholesale/retail/mailorder **min order:** inquire **contact:** n/a **hrs:** 8–5 M–Sat **yrs:** 20 **yr prod:** n/a **nat:** 100% **wild coll:** 0 **prop:** 100% **type:** containers, plugs, liners, seeds **plants:** trees, shrubs, grasses, forbs, wetland, riparian, cacti **serv:** contract growing, seed collection, consulting, project monitoring

Country Road Greenhouses, Inc.
19561 E. Twombly, Rochelle, IL 61068, 815-384-3311 **fax:** 815-385-5015 **email:** crginc@tbcnet.com **affl:** private **bus:** wholesale **min order:** inquire **contact:** Sandy **nat:** 100% **wild coll:** 0 **prop:** 100% **type:** container **plants:** wetland and prairie species **serv:** catalog

County of Los Angeles Fire Dept
Forestry Division, 5823 Rickenbacker Road, Room 123, Commerce, CA 90040-3027, 323-890-4330 **fax:** 323-890-4335 **affl:** state **bus:** wholesale **min order:** none **contact:** n/a **hrs:** 8–4:30 M–F **yrs:** 22 **yr prod:** 53,000,000 **nat:** 100% **wild coll:** 0 **prop:** 100% **type:** bareroot **plants:** trees, shrubs

Coyote Creek, Inc.
9382 Island Rd, St. Francisville, LA 70775, 225-635-6736 **fax:** 225-635-3647 **email:** dw.reid@worldnet.att.net **affl:** private **bus:** retail **min order:** inquire for shipping **contact:** D.W. Reid **hrs:** 1–5 W–F, Sat 10–5 **yrs:** n/a **yr prod:** n/a **nat:** 60% **wild coll:** 0 **prop:** 100% **type:** container **plants:** forbs, shrubs, grasses, trees **serv:** shipping services available

The Crosby Arboretum
Mississippi St. University, 370 Ridge Rd, PO Box 1639, Picayune, MS 39466, 601-799-2311 **fax:** 601-799-2372 **email:** www.msstate.edu/dept/crec/camain.html **affl:** state **bus:** n/a **min order:** none **contact:** Bob Brzuszek **hrs:** 9–5 M–F **yrs:** 20 **yr prod:** n/a **nat:** 100% **wild coll:** 0 **prop:** 100% **type:** container **plants:** trees, shrubs, forbs **serv:** arboretum displaying native species of MS

Croshaw Nursery
PO Box 339, Columbus, NJ 08022, 609-298-0477 **fax:** 609-298-6388 **email:** crnursery@aol.com **affl:** private **bus:** wholesale **min order:** inquire **yr prod:** 325,000/y **type:** bareroot **plants:** trees

CS&KT Forestry Tribal Nursery
104 Main St. S.E., Ronan, MT 59864, 406-676-3755 **fax:** 406-676-3756 **email:** tomc@cskt.org **affl:** tribal **bus:** contract sales **min order:** 2,000 wholesale **contact:** Tom Corse **hrs:** 8–4:30 M–F **yrs:** 27 **yr prod:** 1,000,000/y **nat:** 100% **wild coll:** 0 **prop:** 100% **type:** container, plugs **plants:** conifers, trees, shrubs, wetland, riparian, forbs, grasses **serv:** contract seed cleaning and extraction

Native Trees & Shrubs in Small Containers

STREAM RESTORATION
WETLAND MITIGATION
GOLF COURSE DESIGN

Alder... Aronia... Betla... Carpinus
Callicarpa.. Chamaecyparis... Clethra
Cephanthus... Cornus... Cyrilla
Franklinia...Fraxinus... Ilex... Itea
Lindera... Nyssa... Oxydendrum
Rhododendron... Quercus... Salix
Sambucus... Taxodium...Viburnum

Cure Nursery
Bill & Jennifer Cure
880 Buteo Road
Pittsboro, NC 27312
Ph/fax (919)542-6186
Curenursery@mindspring.com
www.curenursery.com

Cumberland Nursery
PO Box 580, Hwy 565, Smithville, TN 37166, 615-597-4585 **fax:** 615-597-4622 **email:** Bill@cumberlandnursery.com/Kim@cumberlandnursery.com **affl:** private **bus:** wholesale **min order:** inquire **contact:** Bill or Kim **hrs:** 8-5 M-F **yrs:** 60 **yr prod:** n/a **nat:** 50% **wild coll:** 0 **prop:** 100% **type:** container, b&b **plants:** trees, shrubs

Cure Nursery
880 Buteo Road, Pittsboro, NC 27312-9332, 919-542-6186 **fax:** 919-542-6186 **email:** curenursery@mindspring.com **affl:** private **bus:** wholesale/retail **min order:** inquire **contact:** Bill or Jennifer Cure **hrs:** by appt **yrs:** 8 **yr prod:** n/a **nat:** 100% **wild coll:** 0 **prop:** 100% **type:** container **plants:** trees, shrubs **serv:** mycorrhizal application **url:** www.curenursery.com • Cure Nursery specializes in propagation and wholesale of native & wetland species in small containers for the regional restoration/landscape trade. See our website for current offerings.

Curry Native Plants
92545 Silver Butte Rd, Port Orford, OR 97465, 541-332-5635 **fax:** 541-332-0183 **email:** Daleeyews@hotmail.com **affl:** private **bus:** wholesale **min order:** inquire **contact:** n/a **hrs:** 8-5 M-F **yrs:** 18 **yr prod:** n/a **nat:** 100% **wild coll:** 0 **prop:** 100% **type:** container, bareroot, seeds **plants:** trees, shrubs, ferns, forbs **serv:** sudden oak death consulting

D

D. Wells Farms
PO Box 336, Hubbard, OR 97032, 503-982-1012 **fax:** 503-981-8420 **email:** sales@dwellsfarms.com **affl:** private **bus:** wholesale **hrs:** 8-5 M-F **contact:** n/a **yrs:** 7,500,000/y **nat:** 100% **wild coll:** 0 **prop:** 100% **type:** bareroot **plants:** trees

D.L. Phillips Forest Nursery – Oregon Dept. of Forestry
2424 Wells Rd, Elkton, OR 97436, 541-584-2214 **fax:** 541-584-2326 **email:** pd.morgan@odf.state.or **affl:** state **bus:** n/a **min order:** inquire **hrs:** 8-4:30 M-F **yrs:** n/a **yr prod:** 15,500,000/y **nat:** 100% **wild coll:** 0 **prop:** 100% **type:** bareroot **plants:** trees

D.R. Bates
PO Box 68, Loxahatchee, FL 33470, 561-790-3246 **fax:** 561-795-3366 **email:** drbates@drbates.com **affl:** private **bus:** wholesale **min order:** inquire **contact:** D.R. Bates **hrs:** n/a **yrs:** n/a **yr prod:** n/a **nat:** 80% **wild coll:** 0 **prop:** 100% **type:** liners, containers, seeds **plants:** trees, shrubs

Dallas Nature Center/Native Plant Nursery
7171 Mountain Creek Parkway, Dallas, TX 75249, 972-296-1955 **fax:** 972-296-7200 **email:** bhutson@gte.net **affl:** private **bus:** retail **min order:** none **contact:** n/a **hrs:** 9-5 M-Sat **yrs:** 10 **yr prod:** n/a **nat:** 100% **wild coll:** 0 **prop:** 100% **type:** container, seeds **plants:** trees, forbs, grasses, shrubs **serv:** we sell only what we grow

Darwin's Backyard Nursery
PO Box 3532, Cullowhee, NC 78723 **email:** dbyard1989@aol.com **affl:** private **bus:** retail **min order:** inquire **contact:** Doyle Darwin Thomas **hrs:** n/a **yrs:** n/a **yr prod:** n/a **nat:** 100% **wild coll:** 0 **prop:** 100% **type:** container **plants:** forbs, wetland, riparian **serv:** bog garden installation

David P. Young Native Plant Nursery
726 Windover Terrace, RR 2 Victoria, BC Canada V9V 5B4, 250-474-6985 **affl:** private **bus:** wholesale **contact:** David Young **type:** container **plants:** trees, shrubs, forbs

David R. Mosman Ranch, Inc.
3160 Mosman Rd., Craigmont, ID 83523, 208-937-2552 **fax:** 208-937-2552 **email:** mosman@camasnet.com **affl:** private **bus:** wholesale/retail **min order:** none **contact:** David Mosman **hrs:** 8-5 M-Sun **yrs:** n/a **type:** seeds **plants:** grasses, forbs

De Lange Seed, Inc.
PO Box 7, Girard, KS 66743, 620-724-6223 **fax:** 620-724-6222 **affl:** private **bus:** retail/wholesale **min order:** none **contact:** Steve **hrs:** 8–5 M–F, 8–12 Sat **yrs:** 40 **nat:** 0 **wild coll:** 0 **prop:** 0 **type:** seeds **plants:** grasses, forbs

DeepSouth Pine Nursery, Inc.
PO Box 267, 5550 Boomerang Rd, Bascom, FL 32423, 888-839-2488 **fax:** 850-569-2488 **email:** dpsofor@surfsouth.com **affl:** private **bus:** wholesale **min order:** inquire **contact:** n/a **hrs:** 8–5 M–F **yrs:** n/a **yr prod:** 25,000,000/y **nat:** 100% **wild coll:** 0 **prop:** 100% **type:** bareroot **plants:** conifers

Dees Tree Farm and Nursery
Route 1, Box 752, Mayo, FL 32066, 904-294-1512 **affl:** private **bus:** wholesale **min order:** inquire **contact:** n/a **hrs:** 8–5 M–F **yrs:** 15 **yr prod:** 11,000,000/y **nat:** 100% **wild coll:** 0 **prop:** 100% **type:** bareroot, container **plants:** conifers

Delta-View Nursery
Old Hwy. 61 S., Rt 1 Box 28, Leland, MS 38756, 800-748-9018 **fax:** 662-686-2353 **email:** hardwoods@tecinfo.com **affl:** private **bus:** wholesale **min order:** inquire **contact:** n/a **hrs:** 8–5 M–F **yrs:** 17 **yr prod:** n/a **nat:** 100% **wild coll:** 0 **prop:** 100% **type:** bareroot **plants:** conifers **serv:** contract growing

Deluxe Trees and Shrubs
6306 SW Carlton Ave, Arcadia, FL 34266, 863-494-1488 **fax:** 863-993-9369 **affl:** private **bus:** wholesale **min order:** inquire **contact:** Charles or Darlene Foster **hrs:** n/a **yrs:** n/a **yr prod:** n/a **nat:** 100% **wild coll:** 0 **prop:** 100% **type:** container **plants:** trees, shrubs, grasses

Desert Enterprises
PO Box 23, 25202 Rockaway Hills, Morristown, AZ 85342, 623-388-2448 **fax:** 623-388-2448 **affl:** private **bus:** retail/wholesale **min order:** none **contact:** n/a **hrs:** n/a **yrs:** 30 **yr prod:** n/a **nat:** 100% **wild coll:** 0 **prop:** 0 **type:** seeds **plants:** trees, shrubs, cacti, forbs, grasses **serv:** custom seed collection services

Desert Floralscapes, Inc.
105 Lindbergh, El Paso, TX 79932, 915-584-0433 **fax:** 915-584-0433 **affl:** private **bus:** retail **min order:** none **contact:** n/a **hrs:** 9–6 M–Sat **yrs:** n/a **yr prod:** n/a **nat:** 25% **wild coll:** 0 **prop:** 100% **type:** container, seeds **plants:** trees, shrubs, grasses, forbs

Desert Nursery
1301 South Copper, Deming, NM 88030, 505-546-6264 **affl:** private **bus:** retail/mailorder **min order:** none **contact:** Shirley Lazlo **hrs:** no preference **yrs:** 26 **yr prod:** n/a **nat:** 90% **wild coll:** 0 **prop:** 100% **type:** container, bareroot **plants:** cacti, agaves, yuccas

Desert Survivors
1020 W Starr Pass, Tucson, AZ 85713, 520-791-9309 **affl:** nonprofit **bus:** wholesale/retail **min order:** none **contact:** Peter **hrs:** 8–5 T–Sat **yrs:** 22 **yr prod:** n/a **nat:** 100% **wild coll:** 0 **prop:** 100% **type:** container **plants:** trees, shrubs, grasses, forbs, cacti **serv:** operated by people with disabilties; horticulture therapy program

Desert Trust Nursery
9559 N. Camino Del Plata, Tucson, AZ 85741, 800-873-3041 **fax:** 520-297-5035 **affl:** private **bus:** wholesale **min order:** none **contact:** Roger Young **hrs:** 7–4 M–F **yrs:** 27 **yr prod:** n/a **nat:** 90% **wild coll:** 0 **prop:** 100% **type:** container **plants:** trees, shrubs, grasses, forbs **serv:** we specialize in Sonoran desert native plants

Detlor Tree Farm
Box 6, Plainfield, WI 54966, 715-335-4444 **fax:** 715-335-4442 **email:** dtfdetco@uniontel.net **affl:** private **bus:** wholesale **min order:** inquire **contact:** n/a **hrs:** 8–5 M–F **yrs:** n/a **yr prod:** 350,000/y **nat:** 100% **wild coll:** 0 **prop:** 100% **type:** bareroot **plants:** conifers

Dilatush Nursery
148 Larrison Road, Wrightstown, NJ 08691-2002, 609-585-8696 **affl:** private

bus: wholesale/retail **min order:** inquire **contact:** Tom **hrs:** n/a **yrs:** n/a **yr prod:** 325,000/y **nat:** 30% **wild coll:** 0 **prop:** 100% **type:** container **plants:** trees, shrubs

Diversity Farms
25494 320th, Dedham, IA 51440, 712-683-5555 **email:** dfarms@pionet.net **affl:** private **bus:** wholesale/retail **min order:** inquire **contact:** n/a **hrs:** n/a **yrs:** n/a **nat:** 100% **wild coll:** 0 **prop:** 0 **type:** seeds **plants:** grasses, forbs

Dodd & Dodd Native Nurseries
PO Box 439, Semmes, AL 36575, 251-645-2222 **email:** info@doddnatives.com **affl:** private **bus:** wholesale **min order:** none **contact:** Tom Dodd **hrs:** 7–4 M–F **yrs:** 11 **yr prod:** n/a **nat:** 50% **wild coll:** 0 **prop:** 100% **type:** container, liners **plants:** all **serv:** contract growing

Dodds Family Tree Nursery
515 W. Main, Fredericksbug, TX 78624, 830-997-9571 **affl:** private **bus:** retail **min order:** none **contact:** n/a **hrs:** 9–5 M–Sun **yrs:** n/a **yr prod:** n/a **nat:** 50% **wild coll:** 0 **prop:** 100% **type:** container **plants:** trees, shrubs, forbs

Doremus Wholesale Nursery
PO Box 750 Rt 2, Warren, TX 77664, 409-547-3536 **affl:** private **bus:** wholesale **min order:** $100 **contact:** n/a **hrs:** 8–5 M–F **yrs:** n/a **yr prod:** n/a **nat:** 60% **wild coll:** 0 **prop:** 100% **type:** container **plants:** trees **serv:** we offer large selection of uncommon native trees

Doyle Farm Nursery
158 Norris Rd, Delta, PA 17314, 717-862-3134 **affl:** private **bus:** mailorder/retail **min order:** none **contact:** Jacqueline Doyle **hrs:** 9–5 M–F **yrs:** 5 **yr prod:** n/a **nat:** 75% **wild coll:** 0 **prop:** 100% **type:** container, plugs **plants:** forbs, grasses, sedges **serv:** contract growing

Duckwater-Shoshone Nursery
PO Box 140068, Duckwater, NV 89314, 775-863-0227 **affl:** tribal **bus:** wholesale **min order:** inquire **contact:** Kip Alexander **hrs:** 8–4:30 M–F **yrs:** n/a **yr prod:** n/a **nat:** 100% **wild coll:** 0 **prop:** 100% **type:** container **plants:** shrubs, forbs, grasses

Dutch Girl Super Roots
13802 County Line Road, Columbus Jct., IA 52738, 319-657-4200, **affl:** private **bus:** wholesale/retail **min order:** inquire **type:** seeds

Dwight Stansel Farm & Nursery
Route 7, Box 474, Live Oak, FL 32060, 904-362-2617 **affl:** private **bus:** wholesale **min order:** inquire **contact:** n/a **hrs:** 8–5 M–F **yrs:** n/a **yr prod:** 50,000/y **nat:** 100% **wild coll:** 0 **prop:** 100% **type:** bareroot, container **plants:** conifers

E

E. Nakashima Greenhouses
PO Box 438, Honoka'a, HI 96727, 808-775-9987 **fax:** 808-775-0221 **email:** ebnakashima@excite.com **affl:** private **bus:** retail **min order:** none **contact:** Ed **hrs:** 9–5 M–Sat **yrs:** n/a **yr prod:** n/a **nat:** 75% **wild coll:** 0 **prop:** 100% **type:** container **plants:** trees, shrubs, forbs

E.A. Hauss Nursery
Alabama Forestry Commission, 4165 Ross Rd, Atmore, AL 36502, 334-368-7854 **fax:** 334-368-8624 **email:** haussnursery@forestry.state.al.us **affl:** state **bus:** wholesale **min order:** inquire **contact:** n/a **hrs:** 8–4:30 M–F **yrs:** n/a **yr prod:** 60,00,000/y **nat:** 100% **wild coll:** 0 **prop:** 100% **type:** bareroot **plants:** conifers

Eagle Lake Nurseries Ltd.
PO Box 2340, Strathmore, Alberta, Canada T1P 1K5, 403-934-3622 **fax:** 403-934-3626 **email:** gardencenter@eaglelakenurseries.com **affl:** private **bus:** retail/wholesale **min order:** none **contact:** n/a **hrs:** 9–5 M–Sat **yrs:** 30 **yr prod:** 19 ac **nat:** 30% **wild coll:** 0 **prop:** 100% **type:** container, bareroot **plants:** trees, shrubs, forbs, grasses

Earthseeds
3369 Montezuma Ave #226, Santa Fe, NM 87501, 505-471-6926

Earthseeds (continued)
fax: 505-471-4330 affl: private
bus: wholesale/retail/mailorder min order: none contact: n/a hrs: n/a yrs: 5
yr prod: n/a nat: 90% wild coll: 0
prop: 0 type: seeds plants: forbs, grasses
serv: custom seed collect in the SW area

Earthskin Nursery
9331 NCR 3800E, Mason City, IL 62664, 217-482-3524 fax: 217-482-3524
email: lrnelms@fgi.net affl: private
bus: wholesale/retail min order: inquire
contact: Lou Nelms hrs: orders taken from Oct–June yrs: 7 yr prod: n/a
nat: 100% wild coll: 0 prop: 100% type: seeds plants: forbs, grasses serv: central IL nursery grown seed

East Texas Seed Company
PO Box 569, Tyler, TX 75710-0569, 800-888-1371/903-597-6637
fax: 503-595-0106 email: seeds@easttexasseedcompany.com affl: private
bus: wholesale/retail min order: inquire
contact: n/a hrs: 8–5 M–F yrs: 44
yr prod: n/a nat: 25% wild coll: 0
prop: 0 type: seeds plants: forbs serv: TX forb mixes, big and small

The Echo Center
1055 Echo Circle, Pensacola, FL 32514, 850-478-1985 email: echocenter@yahoo.com affl: private bus: retail min order: none contact: Ed and Perrin Penniman hrs: by appt only yrs: n/a
yr prod: n/a nat: 100% wild coll: 0
prop: 100% type: container plants: trees, shrubs, forbs

Echo Nursery
6615 County Road 214, Keystone Heights, FL 32656, 800-915-7467
fax: 352-475-5529 affl: private
bus: wholesale min order: inquire
contact: Wes Tucker hrs: n/a yrs: n/a
yr prod: n/a nat: 100% wild coll: 0
prop: 100% type: liners, field grown, containers plants: trees, shrubs

Echo Valley Natives
18883 S Ferguson Rd, Oregon City, OR 97045, 503-655-5885 fax: 503-655-5885
email: echovalleynative@aol.com
affl: private bus: wholesale/retail
min order: none contact: Beth and Laurie
hrs: 8–5 M–F yrs: 1 yr prod: n/a

nat: 100% wild coll: 0 prop: 0 type: container, seeds plants: all

Eco Gardens
PO Box 1227, Decatur, GA 30031 404-294-6468 404-294-8173 affl: private
retail/mailorder min order: none contact: Don Jacobs yrs: 20 yr prod: n/a nat: 50% wild coll: 0 prop: 100% type: container plants: trees, shrubs, forbs, ferns

Ecological Consultants, Inc.
5121 Ehrlich Rd, Suite 103 A, Tampa, FL 33624, 813-264-5859 fax: 813-264-5957
email: Scrub.eci@verizon.net affl: private
bus: wholesale min order: inquire
contact: Donald Richardson hrs: 8–5 M–F yrs: 20 yr prod: n/a nat: 100%
wild coll: 0 prop: 100% type: container, bareroot, plugs plants: trees, shrubs

Edge of the Prairie Wildflowers
1861 Oak Hill Rd, Crawfordsville IN 47933, 765-362-0915 affl: private
bus: retail/wholesale min order: none
contact: n/a hrs: n/a yrs: n/a yr prod: n/a
nat: 100% wild coll: 0 prop: 100% type: container, plugs plants: forbs, grasses, wetland serv: sizes available up to 1 gallon

Edge of the Rockies Native Seed
PO Box 1218, Bayfield, CO 81122, 970-385-7805, email: lisa@frontier.net
affl: private bus: retail/mailorder
min order: none contact: Lisa hrs: 8–5 M–F yrs: 9 yr prod: 0 nat: 100% wild coll: 0 prop: 0 type: seeds plants: grasses, forbs, shrubs, trees

El Nativo Growers, Inc.
200 S. Peckham Rd., Azusa, CA 91702, 626-969-8449 fax: 626-969-7299 email: sales@elnativogrowers.com
affl: private bus: wholesale min order: inquire hrs: 8–5 M–F yrs: 7
yr prod: n/a nat: 90% wild coll: 0
prop: 100% type: container plants: all
serv: contract growing, restoration

Elberta, AL Nursery
Joshua Timberlands, 29650 Comstock Road, Elberta, AL 36530, 334-986-5210
fax: 334-986-5211 email: scamp45425@aol.com affl: state bus: wholesale

min order: inquire contact: n/a hrs: 8–5 M–F yrs: n/a yr prod: 25,000,000/y nat: 100% wild coll: 0 prop: 100% type: bareroot plants: conifers

Elixir Farm Botanical
County Rd 158, Brixey, MO 65618, 417-261-2393 fax: 417-261-2355 affl: nonprofit bus: retail min order: inquire contact: n/a hrs: 8–5 M–F yrs: n/a yr prod: n/a nat: 60% wild coll: 0 prop: 100% type: container, plugs, bareroot, seeds plants: forbs serv: all plants and seeds organically produced

Elkhorn Native Plant Nursery
PO Box 270, Moss Landing, CA 95039, 831-763-1207 fax: 831-763-1659 email: enpn@elkhornnursery.com affl: private bus: retail/wholesale/mailorder min order: none contact: John Pritchard hrs: 8–4 M–Sat yrs: 14 yr prod: n/a nat: 100% wild coll: 0 prop: 100% type: containers, seeds plants: all serv: consultation, landscaping, installation, seed cleaning

Elmer Bailey Nursery
2617 Tonti Road, Salem, IL 62881, 618-548-1603 affl: private bus: wholesale min order: inquire yr prod: 400,000/y nat: 100% wild coll: 0 prop: 100% type: container, bareroot plants: trees

Enchanters Gardens
HC 77 Box 108, Hinton, WV 25951, 304-466-3154 fax: 304-466-3154 affl: private bus: mailorder/retail min order: none contact: Peter Heus hrs: 9–5 M–F yrs: n/a yr prod: n/a nat: 100% wild coll: 0 prop: 100% type: container plants: forbs, grasses

Enders Greenhouse, LLC
104 Enders D., Cherry Valley, IL 61016, 815-332-5255 fax: 815-968-2941 email: Neubird818@aol.com affl: private bus: retail/wholesale/mailorder min order: inquire contact: Shannon Neuendorf yrs: 91 yr prod: n/a nat: 100% wild coll: 0 prop: 100% type: container plants: all serv: consulting

Enders Greenhouse
Enlighten your Yard!

Native wildflowers, grasses, trees and shrubs for woodland, prairie and wetland.

e-mail neubird818@aol.com

815/332-5255 • FAX 815/397-2000
104 Enders Drive • Cherry Valley IL 61016

Tom Barnes

EnviroGlades, Inc.
PO Box 476, Loxahatchee, FL 33470, 561-798-4995 **fax:** 561-793-6708 **email:** enviroglad@aol.com **affl:** private **bus:** wholesale **min order:** inquire **contact:** Tom Goltzene **hrs:** 8–5 M–F **yrs:** 7 **yr prod:** n/a **nat:** 100% **wild coll:** 0 **prop:** 100% **type:** container, bareroot, b&b, liners, plugs **plants:** all **serv:** full service restoration

Environmental Concern, Inc.
201 Boundary Lane, PO Box P, St. Michaels, MD 21663, 410-745-9620 **fax:** 410-745-4066 **email:** Horticulture@wetland.org **bus:** nonprofit **bus:** wholesale/retail **min order:** $25 **contact:** Leslie Hunter-Cario **hrs:** by appt 8–4 M–F & Sat **yrs:** 31 **yr prod:** 2 ac **nat:** 99% **wild coll:** 0 **prop:** 100% **type:** container, bareroot, plugs, seeds **plants:** herbaceous, shrub, tree & wetland **serv:** all restoration services **url:** http://www.wetland.org • Environmental Concern is dedicated to promoting public understanding & stewardship of wetlands through experiential learning, native species horticulture, & restoration & creation initiatives. EC was founded as a public not-for-profit corporation in 1972. We offer over 100 species of native herbaceous & woody plants for freshwater & saltwater ecosystems.

Environmental Equities, Inc.
PO Box 7180, 12547 Denton Ave, Hudson, FL 34674-7180, 941-355-1267 **email:** enequity@aol.com **affl:** private **bus:** wholesale/retail **min order:** none **contact:** Michael Kenton **hrs:** 8–5 M–Sat **yrs:** 14 **yr prod:** n/a **nat:** 95% **wild coll:** 0 **prop:** 100% **type:** container **plants:** trees, shrubs, grasses, forbs **serv:** contract grower, consulting, installation

Environmental Repair Service/The Native Grass Manager
PO Box 152, Clinton, MO 64735, 660-885-6127 **fax:** 660-885-7152 **email:** ers@prairiesource.com **affl:** private **bus:** wholesale/retail **min order:** inquire **contact:** n/a **hrs:** n/a **yrs:** n/a **yr prod:** n/a **nat:** 95% **wild coll:** 0 **prop:** 100% **type:** container, seeds **plants:** forbs, grasses **serv:** consulting, contracting services, prairie restoration

Environmental Seed Producers
PO Box 2709, Lompoc, CA 93438, 805-735-8888 **fax:** 805-735-8798 **email:** esp@espseeds.com **affl:** private **bus:** wholesale **min order:** $50 or 1 lb **contact:** Jack Bodger **hrs:** 8–4:30 M–F **yrs:** 31 **yr prod:** n/a **nat:** 0 **wild coll:** 0 **prop:** 0 **type:** seeds **plants:** forbs **serv:** custom mixing services available

Envirotech Consultants/Nursery
5280 Township, 143 NE, Summerset, OH 43783, 740-743-1669 **email:** info@envirotech.com **affl:** private **bus:** wholesale/retail **min order:** inquire **contact:** John **hrs:** 9–5 M–F **yrs:** 7 **yr prod:** n/a **nat:** 100% **wild coll:** 0 **prop:** 100% **type:** container, bareroot, plugs, seeds **plants:** forbs, grasses, wetland, riparian, aquatic **serv:** contract grower, installation, consulting, mycorrhizae

Environmental Concern's Native Plant Nursery
The nation's first wetland plant nursery – growing since 1972!
→ Offering quality wetland plants
→ More than 115 native species
→ Contract growing
→ Discounts and delivery available
→ Ask for our free catalog
www.wetland.org
ph: (410) 745-9620 fax: (410)745-4066
e-mail: order@wetland.org
P.O. Box P, St. Michaels, MD 21663

Erhardt Nursery
5099 2nd Rd, Lake Worth, FL 33467, 561-967-7181 **fax:** 561-967-7181 **affl:** private **bus:** wholesale **min order:** inquire **contact:** Joseph Erhardt **hrs:** n/a **yrs:** n/a **yr prod:** n/a **nat:** 50% **wild coll:** 0 **prop:** 100% **type:** liners, container **plants:** trees, shrubs, grasses

Ernst Conservation Seeds
9006 Mercer Pike, Meadville, PA 16335, 800-873-3321 **fax:** 814-336-5191 **email:** ernst@ernstseed.com **affl:** private **bus:** wholesale/retail **min order:** inquire **contact:** n/a **hrs:** 8–5 M-F **yrs:** 38 **yr prod:** n/a **nat:** 70% **wild coll:** 0 **prop:** 100% **type:** seeds, bareroot **plants:** shrubs, forbs, grasses, wetland, riparian **serv:** all restoration services, bioengineering plant materials

Evergreen Nursery Co., Inc.
5027 County TT, Sturgeon Bay, WI 54235, 414-743-4464 **fax:** 414-743-9184 **affl:** private **bus:** wholesale **min order:** inquire **contact:** n/a **hrs:** 8–5 M–F **yrs:** n/a **yr prod:** 4,000,000/y **nat:** 100% **wild coll:** 0 **prop:** 100% **type:** bareroot, container **plants:** conifers

Evergreen Plug Tree Seedlings
1155 S. Grant Street, Canby, OR 97013, 503-266-1748 **affl:** private **bus:** wholesale **min order:** none **contact:** John Franklin **hrs:** n/a **yrs:** n/a **yr prod:** n/a **nat:** 100% **wild coll:** 0 **prop:** 100% **type:** plugs **plants:** conifers

F

F.W. Schumacher Co., Inc.
36 Spring Hill Road, Sandwich, MA 02563-1023, 508-888-0659 **fax:** 508-833-0322 **email:** treeseed@capecod.net **affl:** private **bus:** wholesale/retail **min order:** inquire **contact:** n/a **hrs:** 8–5 M-F **yrs:** 77 **yr prod:** n/a **nat:** 50% **wild coll:** 0 **prop:** 100% **type:** seeds **plants:** trees, shrubs

Fairplains Nursery
PO Box 45, Greenville, MI 48838, 616-754-5738 **fax:** 616-754-4580 **email:** mtf@pathwaynet.com **affl:** private **bus:** wholesale **min order:** inquire **contact:** n/a **hrs:** 8–5 M-F **yrs:** n/a **yr prod:** 500,000/y **nat:** 100% **wild coll:** 0 **prop:** 100% **type:** bareroot **plants:** trees

Fancy Fronds
PO Box 1090, 1911 4th Ave W, Seattle, WA 98119, 360-793-1472 **affl:** private **bus:** retail/wholesale **min order:** inquire **contact:** Judith Jones **hrs:** by appt **yrs:** 20 **yr prod:** n/a **nat:** 50% **wild coll:** 0 **prop:** 100% **type:** container **plants:** ferns

Fantasy Farms Nursery
PO Box 157, Peck, ID 83545, 208-486-6841 **fax:** 208-486-0501 **affl:** private **bus:** wholesale **min order:** inquire **hrs:** 8–5 M–Sat **yrs:** n/a **yr prod:** 1,200,000/y **nat:** 100% **wild coll:** 0 **prop:** 100% **type:** bareroot, containers **plants:** conifers

Far North Tree and Seed Company
PO Box 531, 5150 Gina Dr., Palmer, AK 99645, 907-745-4024 **fax:** 907-745-4024 **email:** nickp@mtaonline.net **affl:** private **bus:** retail/wholesale **min order:** inquire **contact:** n/a **plants and seeds:** ask

Far Pastures Nursery
26929 115th Ave NE, Arlington, WA 98223-5645, 360-435-4300 **fax:** 360-663-4304 **email:** farpastures@aol.com **affl:** private **bus:** wholesale/retail/contract **min order:** inquire **contact:** n/a **hrs:** 8–5 M–Sat **yrs:** n/a **yr prod:** n/a **nat:** 50% **wild coll:** 0 **prop:** 100% **type:** container bags **plants:** trees, shrubs

Far West Bulb Farm
14499 Lower Colfax Rd, Grass Valley, CA 95945, 530-272-4775 **email:** nancyames@accessbee.com **affl:** private **bus:** mailorder only **min order:** inquire **contact:** Nancy or Ames Gilbert **hrs:** sales in Sept/Oct only **yrs:** 12 **yr prod:** n/a **nat:** 100% **wild coll:** 50% **prop:** 100% **type:** bareroot bulbs **plants:** CA native bulbs **serv:** bulbs suitable for mediterranean climates only **url:** www.californianativebulbs.com • We grow CA native bulbs from responsibly collected wild seed, & nursery seed/offsets. Terms: retail (no wholesale), mailorder using website catalog (no print catalog), Sept 1–Nov 1 only. We serve individual

Far West Bulb Farm (continued)
gardeners, professional landscapers, municipal parks, planned communities, highway depts, wineries, restoration projects. We also contract grow.

Farnsworth Farms Nursery
7080 Hypoluxo Farms Rd, Lake Worth, FL 33463, 561-965-2657 **affl:** private **bus:** wholesale/retail **min order:** none **contact:** n/a **hrs:** 8–5 M–Sat **yrs:** 20 **yr prod:** n/a **nat:** 75% **wild coll:** 0 **prop:** 100% **type:** container **plants:** trees, shrubs, forbs, ferns **serv:** contract grower, installation

Feder's Prairie Seed Co.
1740 Industrial Dr., Blue Earth, MN 56013-9608, 507-526-3049 **fax:** 507-526-3509 **email:** feder@bevcomm.net **affl:** private **bus:** wholesale/retail/mailorder **min order:** inquire for wholesale **contact:** n/a **hrs:** 8–5 M–F **yrs:** 14 **yr prod:** n/a **nat:** 90% **wild coll:** 10% **prop:** 0 **type:** seeds **plants:** grasses, forbs **serv:** consulting services

Fern Valley Farms
1624 Fern Valley Rd, Yadkinville, NC 27055, 336-463-2412 **fax:** 336-463-4182 **affl:** private **bus:** wholesale/retail **min order:** inquire **contact:** Tom Clark **hrs:** n/a **yrs:** n/a **yr prod:** n/a **plants and seeds:** ask

Ferris Nursery
415 SE 98th St, South Beach, OR 97365, 541-867-4100 **fax:** 541-265-4552 **email:** ferris@casco.net **affl:** private **bus:** wholesale/retail **min order:** inquire **contact:** Rennie Ferris **hrs:** 8–5 M–F **yrs:** n/a **yr prod:** n/a **nat:** 100% **wild coll:** 0 **prop:** 100% **type:** container, seeds **plants:** all **serv:** consulting, landscaping, restoration

Finders Keepers Plants & Broker, Inc.
5031 Whippoorwill Rd, Sebring, FL 33875, 863-382-6553 **fax:** 863-382-9530 **email:** Fkp1@strato.net **affl:** private **bus:** wholesale **min order:** inquire **contact:** Barbara Kircher **hrs:** 8–5 M–F **yrs:** 7 **yr prod:** n/a **nat:** 90% **wild coll:** 0 **prop:** 100% **type:** container **plants:** all **serv:** contract grower

Fir Run Nursery
15102 91st Ave Ct. E., Puyallup, WA 98373, 253-848-4731 **fax:** 253-445-4988 **email:** fenimore@worldnet.att.net **affl:** private **bus:** wholesale **min order:** inquire **contact:** n/a **hrs:** 8–5 M–F **yrs:** n/a **yr prod:** n/a **nat:** 100% **wild coll:** 0 **prop:** 100% **type:** container, bareroot **plants:** conifers

Flagstaff Native Plant and Seed
400 E. Butler, Flagstaff, AZ 86001, 928-773-9406 **fax:** 520-773-0107 **email:** www.nativeplantandseed.com/contact.asp **affl:** private **bus:** wholesale/retail **min order:** none **contact:** n/a **hrs:** 9–5 M–Sat Apr–Oct **yrs:** 9 **yr prod:** n/a **nat:** 80% **wild coll:** 0 **prop:** 100% **type:** container, seeds, plugs **plants:** trees, shrubs, forbs, grasses, wetland, riparian **serv:** plants of the Colorado Plateau

Flagstaff Native Plant Nursery
1107N Navajo Dr., Flagstaff, AZ 86001, 520-774-3584 **affl:** private **bus:** wholesale **min order:** inquire **contact:** n/a **hrs:** 8–5 M–F **yrs:** 8 **yr prod:** n/a **nat:** 100% **wild coll:** 0 **prop:** 100% **type:** containers, plugs, liners **plants:** trees, shrubs, grasses, forbs, wetland, riparian **serv:** contract growing in my area

Flickingers Nursery
Box 245, Route 85, Sagamore, PA 16250, 800-368-7381 **fax:** 724-783-6528 **affl:** private **bus:** wholesale **min order:** 100 trees **contact:** Tom Flickinger **hrs:** 8–4:30 M–F **yrs:** 62 **yr prod:** n/a **nat:** 60% **wild coll:** 0 **prop:** 100% **type:** bareroot, liners **plants:** conifers, trees **serv:** Northeastern native trees

Flint River Nursery
Route 1, Box 40, Byromville, GA 31007, 912-268-7308 **affl:** state **bus:** n/a **min order:** inquire **contact:** n/a **hrs:** 8–4:30 M–F **yr prod:** 80,000,000/y **nat:** 100% **wild coll:** 0 **prop:** 100% **type:** bareroot **plants:** conifers

Flora Lan Nursery
7940 NW Kansas City Road, Forest Grove, OR 97116, 503-357-8386 **email:** landaver@coho.net **affl:** private **bus:** wholesale **min order:** none

contact: n/a hrs: n/a yrs:n/a yr prod: n/a nat: 1% wild coll: 0 prop: 100% type: container, bareroot plants: PNW native rhododendron, azalea, myrtlewood only

Florida Aquatic Nurseries, Inc.
700 S. Flamingo Rd, Ft. Lauderdale, FL 33325, 954-472-5120 fax: 954-472-5446 affl: private bus: wholesale min order: inquire contact: n/a hrs: 8–4 M–F yrs: 48 yr prod: 15 ac nat: 40% wild coll: 0 prop: 100% type: bareroot plants: aquatics, wetland serv: contract growing

Florida Dept of Environmental Protection Greenhouse
Ellyson Field Office, Pensacola, FL 32514, 850-475-5590 email: cary.levins@dep.state.fl.us affl: state bus: wholesale min order: inquire for public sales contact: Cary Levins hrs: 8–4 M–F yrs: n/a yr prod: n/a nat: 100% wild coll: 0 prop: 100% type: container, bareroot plants: all

Florida Environmental, Inc.
2579 Toledo Blade Blvd, North Port, FL 34286, 888-536-2855, 941-426-7878 fax: 941-426-8778 email: bslack@flenviron.com affl: private bus: wholesale min order: inquire contact: Beth Slack hrs: n/a yrs: n/a yr prod: n/a nat: 100% wild coll: 0 prop: 100% type: liners, container, bareroot plants: aquatic, wetland forbs, grasses

Florida Environmental, Inc.
18505 Paulson Dr., Bldg. B, Port Charlotte, FL 33954, 941-624-2911 fax: 941-624-4383 email: adodd@flenviron.com affl: private bus: wholesale min order: inquire contact: Andy Dodd hrs: 8–5 M–F yrs: 9 yr prod: n/a nat: 100% wild coll: 0 prop: 100% type: container, bareroot, b&b, liners, plugs plants: shrubs, grasses, riparian, wetland serv: full service restoration

Florida Keys Native Nursery
171 Objibway Ave, Tavernier, FL 33070, 305-852-2636 fax: 305-853-3020 affl: private bus: wholesale, retail, mailorder min order: inquire contact: n/a hrs: 8–5 M–F yrs: 19 yr prod: n/a nat: 100% wild coll: 0 prop: 100% type: container plants: trees, shrubs serv: contract grower

Florida Native Flora, Inc.
PO Box 2291, Lakeland, FL 33806, 863-853-8695 fax: 863-853-8695 email: FLNativeFlora@aol.com affl: private bus: wholesale min order: inquire contact: Cindy Hill hrs: n/a yrs: n/a yr prod: n/a nat: 100% wild coll: 0 prop: 100% type: liners, container, bareroot plants: all

Florida Native Plants
730 Myakka Rd, Sarasota, FL 34240, 941-322-1915 fax: 941-322-0208 email: snplants@aol.com affl: private bus: retail min order: none contact: Dan Walton hrs: 9–5 M–Sat yrs: 19 yr prod: n/a nat: 90% wild coll: 0 prop: 100% type: container plants: trees, shrubs, grasses, forbs, ferns serv: consulting, installation

Ford Seed Co., Inc.
2918 Woody Drive, Boise, ID 83703, 208-342-8088 affl: private bus: wholesale/retail min order: none contact: Ken or Kelsey Ford hrs: 8–5 M–F yrs: n/a type: seeds plants: bitterbrush, 4 wing salt bush serv: seed cleaning of listed species

Forest Development – Bureau of Indian Affairs
PO Box 189, Mescalero, NM 88340, 505-464-4410 fax: 505-671-4601 email: claygarrison@bia.gov affl: federal bus: n/a min order: inquire contact: Clay Garrison hrs: 8–5 M–F yrs: n/a yr prod: n/a nat: 100% wild coll: 0 prop: 0 type: container plants: trees, shrubs

Forest Seeds of California
1100 Indian Hill Rd, Placerville, CA 95667, 530-621-1551 fax: 530-621-1040 email: graton@direction.net affl: private bus: wholesale/retail min order: inquire contact: Bob Graton hrs: by appt yrs: 12 yr prod: 0 nat: 90 wild coll: 0 prop: 100% type: seeds plants: all serv: custom collecting

Forestfarm
990 Tetherow Rd, Williams, OR 97544-9599, 541-846-7269 fax: 541-846-6963

Cultivated Native Plants for Habitat Restoration

Current Inventory of Over 3,000,000 Plants

Philadelphus lewisii (Mock Orange)

Over 400 species of nursery-grown native plants propagated from indexed seed collections. Trees, shrubs, perennials, bulbs, grasses, rushes and sedges.

Call for free price list & newsletter

Fourth Corner Nurseries
"Your Corner on Quality"

CALL TOLL FREE 1-800-416-8640
EMAIL sales@4th-corner-nurseries.com
WEB www.4th-corner-nurseries.com

Forestfarm (continued)
email: forestfarm@rvi.net **affl:** private **bus:** mailorder/retail/contract growing **min order:** none **contact:** n/a **hrs:** 8:30–4 M–F **yrs:** 28 **yr prod:** n/a **nat:** 25% **wild coll:** 0 **prop:** 100% **type:** container **plants:** herbaceous perennials, shrubs and trees

Forestry Division – Riverwood Int. USA
PO Box 35800, West Monroe, LA 71294, 318-362-2824 **fax:** 318-362-2272 **affl:** private **bus:** n/a **min order:** inquire **contact:** n/a **hrs:** 8–5 M–F **yrs:** n/a **yr prod:** 25,000,000/y **nat:** 100% **wild coll:** 0 **prop:** 100% **type:** bareroot **plants:** conifers **serv:** contract growing

Foreverflora Palm Nursery
11004 SW 67th St, Gainesville, FL 32608, 352-376-7762 **email:** cmeister@gnv.ifas.ufl.edu **affl:** private **bus:** wholesale **min order:** inquire **contact:** n/a **hrs:** by appt **yrs:** 12 **yr prod:** n/a **nat:** 30% **wild coll:** 0 **prop:** 100% **type:** container **plants:** palms only **serv:** contract grower

Forrest Keeling Nursery, Inc.
88 Keeling Ln., Elsberry, MO 63343, 800-356-2401 **fax:** 573-898-5803 **affl:** private **bus:** wholesale **min order:** inquire **contact:** n/a **hrs:** 8–5 M–F **yrs:** n/a **yr prod:** 2,000,000/y **nat:** 100% **wild coll:** 0 **prop:** 100% **type:** bareroot, container **plants:** trees

Fort Pond Native Plants, Inc.
26 S Embassy St., PO Box 2072, Montauk, NY 11954, 631-668-6452 **fax:** 631-668-6439 **email:** info@nativeplants.net **affl:** private **bus:** retail/wholesale **min order:** inquire **contact:** Matt Stedman **yrs:** 9 **yr prod:** n/a **nat:** 70% **wild coll:** 0 **prop:** 100% **type:** container **plants:** trees, shrubs, forbs, grasses, ferns **serv:** restoration and landscaping design **url:** www.nativeplants.net • We are a native & ornamental plant nursery & garden center, devoted to promoting the use of natives in the landscape. We grow our own grasses, native perennials, ferns and shrubs in containers. We strive to offer local East Coast maritime genotypes. See website for catalog info.

Fossil Creek Nursery
7029 S College Ave, Fort Collins, CO 80525, 970-226-4924 **fax:** 970-223-6348 **affl:** private **bus:** wholesale/retail **min order:** inquire **contact:** n/a **hrs:** 9–5 M–Sat **yrs:** 33 **yr prod:** n/a **nat:** 15% **wild coll:** 0 **prop:** 100% **type:** bareroot, b&b, container **plants:** trees, shrubs, forbs, grasses, wetland riparian

Foster Rambie Grass Seed
PO Box 85386, Uvalde, TX 78802, 830-278-2711 **affl:** private **bus:** retail/wholesale **min order:** inquire **contact:** n/a **hrs:** 9–5 M–F **yrs:** n/a **yr prod:** n/a **nat:** 50% **wild coll:** 0 **prop:** 0 **type:** seeds **plants:** grasses **serv:** we harvest and clean native grasses

Fourth Corner Nurseries
3057 E. Bakerview Rd, 5652 Sand Rd., Bellingham, WA 98226, 360-592-2250, 800-416-8640 **fax:** 360-592-4323 **email:** sales@4th-corner-nurseries.com **affl:** private **bus:** wholesale **min order:** 100.00 **contact:** Julie or Todd **hrs:** 8–4 M–F **yrs:** 21 **yr prod:** n/a **nat:** 100% **wild coll:** 0 **prop:** 100% **type:** container, bareroot **plants:** all **serv:** contract growing

Frank Clark & Associates, Inc.
203 Westwood 5th, McMinnville, TN 37110, 931-473-6449 **fax:** 931-473-7859 **affl:** private **bus:** wholesale **min order:** inquire **contact:** n/a **hrs:** n/a **yrs:** n/a **yr prod:** n/a **nat:** 100% **wild coll:** 0 **prop:** 100% **type:** bareroot **plants:** trees

Fraser's Thimble Farms
175 Arbutus Rd, Salt Spring Island, BC Canada V8K 1A3, 250-537-5788 **fax:** 250-537-5788 **affl:** private **bus:** retail/mailorder **contact:** Richard and Nancy Fraser **hrs:** n/a **yrs:** n/a **yr prod:** n/a **nat:** 100% **wild coll:** 0 **prop:** 100% **type:** containers, liners **plants:** trees, shrubs, forbs, grasses **serv:** contract growing services

Fred C. Gragg SuperTree Nursery
International Paper Company, Route 2, Box 23, Bluff City, AR 71722, 800-222-1270 **fax:** 870-685-2825 **email:** ron.campbell@ipaper.com

affl: private bus: forest industry min order: inquire contact: Ron Campell hrs: 8–5 M–F yrs: n/a yr prod: 60,000,000/y nat: 100% wild coll: 0 prop: 100% type: bareroot plants: conifers

Fremont Trading Company
PO Box 386, 450 S. 50 E., Ephraim, UT 84627, 435-283-4701 fax: 435-283-6872 email: maplelf@cut.net affl: private bus: wholesale/retail min order: inquire contact: n/a hrs: n/a type: seeds

Freshwater Farms
5851 Myrtle Ave, Eureka, CA 95503-9510, 800-200-8969 fax: 707-442-2490 email: info@freshwaterfarms.com affl: private bus: wholesale/retail/seed collector-producer min order: $40 retail/ $150 wholesale contact: Larissa/Rick hrs: 9–4:30 M–F/Sat–Sun by appt yrs: 12 yr prod: 250,000/y nat: 100% wild coll: 10% prop: 100% type: container, bareroot, seeds plants: all serv: wetland plant material and installation url: http://www.freshwaterfarms.com • Located on 74 acres along the Northcoast of California, we are ideally sited to grow redwood understory shrubs, herbaceous perennials and aquatic plants. An army of seed collectors keeps our propagators busy producing natives from along the West Coast for restoration and landscaping projects. Visit our website for more information.

Fritz Creek Gardens
PO Box 15226, Fritz Creek, AK 99603, 907-235-8116 fax: 907-235-8116 email: ritajo@alaskahardy.com affl: private bus: retail/wholesale min order: inquire hrs: n/a plants and seeds: ask

Frosty Hollow Ecological Restoration
PO Box 53, Langely, WA 98260, 360-579-2332 fax: 360-579-4080 email: wean@whidbey.net affl: private bus: wholesale/retail/mailorder min order: $50 contact: n/a hrs: 9–5 M–F yrs: 20 yr prod: n/a nat: 100% wild coll: 95% prop: 0 type: seeds plants: all serv: consulting, seed collection, plant salvage

Future Forests Nursery
PO Box 847, Kailua Kona, HI 96745, 808-325-2377 fax: 808-325-2836 email: trees@forestnursery.com affl: private bus: wholesale/retail min order: 100 seedlings contact: Jill Wagner hrs: 8–4 yrs: 13 yr prod: n/a nat: 90% wild coll: 0 prop: 100% type: container plants: trees, shrubs serv: educational materials, contract growing

G

Gabriola Growing Company
RR 1 Site 3CA, Gabriola Island, BC Canada V0R 1X0, 250-247-8204 affl: private bus: retail/wholesale contact: Tom Collinson type: containers, seeds plants: trees, forbs serv: free plant list

Garden Delights, LLC
US Hwy 27, Downtown, Pine Mountain, GA 31822, 706-663-7964 email: info@lazyknursery.com affl: private bus: retail min order: none contact: n/a hrs: 9–5 M–Sun yrs: 5 yr prod: n/a nat: 80% wild coll: 0 prop: 100% type: container plants: trees, shrubs, forbs serv: native azaleas

The Garden Gate
3268 Fordham Parkway, Gulf Breeze, FL 32561, 850-932-9066 fax: 850-916-0200 affl: private bus: retail min order: none contact: Emily Peterson hrs: 9–5 M–Sat yrs: n/a yr prod: n/a nat: 70% wild coll: 0 prop: 100% type: container plants: forbs, grasses serv: natives suited for the central Gulf Coast

The Garden Niche
106 50 S 700 E, Sandy, UT 84093, 435-523-5020 affl: private bus: retail min order: none contact: n/a hrs: 8–6 M–Sat yrs: n/a yr prod: n/a nat: 50% wild coll: 0 prop: 100% type: container plants: all serv: retail garden center

The Garden of Earth
PO Box 169, 489 Eygpt Bend Rd, Luray, VA 22835, 540-743-4377 fax: 540-743-7446 email: goearth@shentel.com affl: private bus: wholesale/mailorder/retail min

order: inquire **contact:** n/a **hrs:** by appt **yrs:** 22 **yr prod:** n/a **nat:** 100% **wild coll:** 0 **prop:** 100% **type:** liners, plugs, container, bareroot, seeds **plants:** all **serv:** contract grower, seed collecting

Garland Gray Forestry Center Virginia Dept. of Forestry
19127 Sandy Hill Rd., Courtland, VA 23837, 804-834-2855 **fax:** 804-834-3141 **email:** gfc@dof.state.va.us **affl:** state **bus:** n/a **min order:** inquire **contact:** n/a **hrs:** 8–4:30 M–F **yrs:** n/a **yr prod:** n/a **nat:** 100% **wild coll:** 0 **prop:** 100% **type:** container **plants:** trees

Geertson Seed Farms
1665 Burroughs Rd., Adrian, OR 97901, 541-339-3768 **fax:** 541-339-7990 **email:** geertsonseedfarms@starband.net **affl:** private **bus:** wholesale/retail **min order:** 10 lb **contact:** n/a **hrs:** n/a **yrs:** 36 **yr prod:** 0 **nat:** 0 **wild coll:** 0 **prop:** n/a **type:** seeds **plants:** forbs, grasses, shrubs **serv:** seed cleaning services

Genesis Nursery, Inc.
23200 Hurd Rd, Tampico, IL 61283, 815-428-2220 **fax:** 815-438-2222 **affl:** private **bus:** retail/wholesale/mailorder **min order:** inquire **nat:** 100% **wild coll:** 0 **prop:** 100% **type:** container, seeds **plants:** all

Genetic Resource Center / USDA Forest Service
2741 Cramer Lane, Chico, CA 95928, 916-895-1176 **affl:** federal **bus:** n/a **min order:** inquire **contact:** n/a **hrs:** 8–4:30 M–F **yrs:** 50 **yr prod:** n/a **nat:** 100% **wild coll:** 0 **prop:** 100% **type:** container, bareroot **plants:** conifers **serv:** contract growing

George O. White State Forest Nursery
14027 Schafer Rd., Licking, MO 65542, 573-674-3229 **fax:** 573-674-4047 **email** hossg@mail.conservation.state.mo.us **affl:** state **bus:** n/a **min order:** inquire **contact:** n/a **hrs:** 8–4:30 M–F **yrs:** n/a **yr prod:** 5,000,000/y **nat:** 100% **wild coll:** 0 **prop:** 100% **type:** bareroot **plants:** trees, shrubs

Georgia-Pacific West, Inc., Forest Tree Nursery
90 W. Redwood Ave., Fort Bragg, CA 95437, 707-961-3209 **fax:** 707-964-3966 **email:** kdcovers@gapac.com **affl:** private **bus:** wholesale **min order:** n/a **contact:** n/a **hrs:** 8–4:30 M–F **yrs:** n/a **nat:** 100% **wild coll:** 0 **prop:** 100% **type:** container, bareroot **plants:** conifers

GHW Weyerhaeuser Nursery
1123 Dinah, Washington, NC 27889, 252-948-2759 **affl:** private **bus:** forest industry **min order:** inquire **hrs:** 8–5 M–F **yrs:** n/a **yr prod:** 49,000,000/y **nat:** 100% **wild coll:** 0 **prop:** 100% **type:** container, bareroot **plants:** trees

Glacier National Park – National Park Service
Glacier National Park, West Glacier, MT 59936, 406-888-7835 **fax:** 406-888-7808 **affl:** federal **bus:** n/a **min order:** inquire **hrs:** 8–4:30 M–F **yrs:** 16 **yr prod:** 40,000/y **nat:** 100% **wild coll:** 0 **prop:** 100% **type:** container **plants:** all

Glass Mountain Forest Tree Nursery
PO Box 440, St. Helena, CA 94574, 707-963-2372 **affl:** private **bus:** wholesale/retail **min order:** inquire **contact:** n/a **hrs:** 8–4:30 M–Sat **yrs:** n/a **yr prod:** 12,000,000/y **nat:** 100% **wild coll:** 0 **prop:** 100% **type:** container, bareroot **plants:** conifers

Go Native Nursery
4877 Thoroughbred Rd, Milton, FL 32583, 850-626-8823 **affl:** private **bus:** retail/wholesale **min order:** none **contact:** Eleanor Williams **hrs:** 8–5 M–F **yrs:** n/a **yr prod:** n/a **nat:** 100% **wild coll:** 0 **prop:** 100% **type:** container **plants:** trees, shrubs

Golden Gate National Parks Nurseries
Bldg. 201, Fort Mason, San Francisco, CA 94123, 415-331-6917 **fax:** 415-331-7521 **email:** Byoung@parksconservancy.org **affl:** federal **bus:** n/a **min order:** inquire **contact:** Betty Young **hrs:** 8–4:30 M–F **yrs:** 15 **yr prod:** 120,000/y **nat:** 100% **wild coll:** 100% **prop:** 100% **type:** container **plants:** all **serv:** only grow for GGNP use

Gone Native Nursery
3461 A Palm City School Ave, Palm City, FL 34990, 561-283-8420 **fax:** 561-283-3646 **email:** Gilio@bellsouth.net **affl:** private **bus:** wholesale **min order:** inquire **contact:** Joseph Gilio **hrs:** 8–5 M–F **yrs:** 22 **yr prod:** n/a **nat:** 100% **wild coll:** 0 **prop:** 100% **type:** container **plants:** all **serv:** contract grower

Gooding Seed Co.
PO Box 57, Gooding, ID 83330, 208-934-8441 **fax:** 208-934-8584 **affl:** private **bus:** wholesale/retail **min order:** none **contact:** Mike/Larry **hrs:** 8–5 M–F **yrs:** n/a **yr prod:** n/a **nat:** 0 **wild coll:** 0 **prop:** 0 **type:** seeds **plants:** grasses, forbs, shrubs **serv:** consulting

The Gourd Garden
4808 East County Hwy 30-A, Santa Rosa Beach, FL 32459, 850-231-2007 **fax:** 850-231-2050 **email:** Info@gourdgarden.com **affl:** private **bus:** retail **min order:** none **contact:** Randy Harelson

hrs: 9–5 M–S Sun 12–5 **yrs:** 10 **yr prod:** n/a **nat:** 80% **wild coll:** 0 **prop:** 100% **type:** container **plants:** trees, shrubs, herbs, grasses **serv:** garden design

Grand Canyon National Park Native Plant Nursery
PO Box 129, Grand Canyon, AZ 86023-0129, 928-638-7964 **fax:** 928-638-7755 **affl:** federal **bus:** n/a **contact:** Lori Makarick **hrs:** 8–4:30 M–F **yrs:** 10 **yr prod:** n/a **nat:** 100% **wild coll:** 0 **prop:** 100% **type:** containers **plants:** tees, shrubs, grasses, forbs, cacti

Granite Seed
1697 W 2100 North, Lehi, UT 84043, 801-768-4422 **fax:** 801-768-3967 **email:** donb@graniteseed.com **affl:** private **bus:** wholesale/retail/mailorder **min order:** inquire **contact:** Don **hrs:** 8–5 M–F **yrs:** n/a **yr prod:** n/a **nat:** 100% **wild coll:** 0 **prop:** 0 **type:** seeds **plants:** all **serv:** custom mixes

Plants for and from the Intermountain West

We don't just grow plants – we love them and the inspiration they bring to our landscapes and lives.

Grasses • Perennials • Trees • Shrubs
Contract Plugs

Check our website to appreciate the amazing variety of natives available.

The **Great Basin** is a huge inland basin that covers parts of Utah, Wyoming, Idaho, Oregon, California. Floristic assemblage ranges from alpine tundra, windswept ridges, conifer forests, mountain meadows and brush lands, sagebrush and salt deserts, scrub, barren playa, crevice communities, sand dunes to riparian habitat.

www.greatbasinnatives.com • 435.795.2303
PO Box 114 • 310 S Main ~ Holden UT 84636

Grassland West
908 Port Drive, Clarkston, WA 99403, 509-758-9100 **fax:** 509-758-6601 **email:** styner@grasslandwest.com **affl:** private **bus:** wholesale/retail **min order:** inquire **contact:** n/a **hrs:** 8–4:30 M–F **yrs:** n/a **yr prod:** n/a **nat:** 50% **wild coll:** 0 **prop:** 0 **type:** seeds **plants:** grasses, forbs **serv:** custom mixes

Grasslander
Rt #1 Box 56, Hennessey, OK 73742, 405-853-2607 **affl:** private **bus:** wholesale/retail/mailorder **min order:** inquire **contact:** n/a **hrs:** 8–5 M–F **yrs:** 30 **yr prod:** n/a **nat:** 95% **wild coll:** 0 **prop:** 100% **type:** bareroot, seeds **plants:** forbs, grasses, wetland, riparian **serv:** emphasis on wetland species

Gray Barn Garden Center and Landscape Company
20871 Redmond Fall City Road, Redmond, WA 98053, 425-868-5757 **affl:** private **bus:** retail **min order:** none **contact:** n/a **hrs:** n/a **yrs:** 10+ **yr prod:** n/a **nat:** 5% **wild coll:** 0 **prop:** 100% **type:** container **plants:** trees, shrubs, forbs **serv:** landscaping

Great Basin Natives
75 W. 300, Holden, UT 84636, 435-795-2303 **fax:** 435-795-9111 **email:** merrill@crystalpeaks.com **affl:** private **bus:** retail/wholesale **min order:** none **contact:** Merrill Johnson **hrs:** 8–6 M–Sat **yrs:** 9 **yr prod:** n/a **nat:** 80% **wild coll:** 70% **prop:** 100% **type:** container **plants:** all

Great Lakes Nursery Co.
1002 Hamilton St., Wausau, WI 54403, 888-733-3564 **fax:** 715-848-9436 **email:** grtlknur@pcpros.net **affl:** private **bus:** wholesale **min order:** inquire **contact:** Tim Gutsch **hrs:** 8–5 M–F **yrs:** 12 **yr prod:** 2,000,000/y **nat:** 100% **wild coll:** 0 **prop:** 100% **type:** bareroot **plants:** trees, shrubs, conifers, wildflowers, ferns, groundcovers, wetland plants **url:** www.greatlakesnursery.com • We are growers of primarily bareroot native plants with a wide selection of woodland and savanna species for the upper Midwest. We use sustainable agriculture methods and have *never* fumigated our soil. All species are inoculated with mycorrhizal fungi. We specialize in heavier plants (twice-transplants) for better survival.

Green Hills Nursery
40805 Upper Nestuca Rd, Beaver, OR 97108, 503-398-5965 **fax:** 503-398-5965 **email:** greenhills@oregoncoast.com **affl:** private **bus:** wholesale/contract growing **min order:** none **contact:** n/a **hrs:** 8–5 M–F **yrs:** n/a **yr prod:** n/a **nat:** 100% **wild coll:** 0 **prop:** 100% **type:** plugs, container, bareroot **plants:** all

Green Images Native Landscape Plants
1333 Taylor Creek Rd, Christmas, FL 32709, 407-568-1333 **fax:** 407-568-2061 **email:** greenimage@aol.com **affl:** private **bus:** wholesale **min order:** inquire **contact:** David Drylie **nat:** 100% **prop:** 100% **type:** container, liner

---

Great Lakes Nursery Company

If you are looking for the naturally wide genetics of "wild" plants, we would like to help you.

**Natives • Wetland Restoration
Deciduous Trees & Shrubs
Conifers • Groundcovers
Wildflowers**

www.greatlakesnursery.com
e-mail: info@greatlakesnursery.com

888-733-3564
fax 715-848-9436

1002 Hamilton Street
Wausau WI 54403

Hard to find Wisconsin, Michigan, Minnesota native plants.

Green Images (continued)

plants: trees, shrubs, grasses, forbs, palms **serv:** registered landscape architect, contract growing

Green Isle Gardens
6043 Lake Erie Rd, Groveland, FL 34736, 321-436-4932 (mobile) **fax:** 352-429-3392 **email:** godts@earthlink.net **affl:** private **bus:** wholesale **min order:** inquire **contact:** Terry Godts **nat:** 100% **wild coll:** 0 **prop:** 100% **type:** container **plants:** trees, shrubs, grasses, forbs, cycads **serv:** specializing in scrub restoration plants

Green Seasons Nursery
PO Box 539, Parrish, FL 34219, 941-776-1605 **fax:** 941-776-0197 **email:** TRIPLE7974@aol.com **affl:** private **bus:** wholesale **min order:** inquire **contact:** Roger Triplett **nat:** 100% **wild coll:** 0 **prop:** 100% **type:** container, liners **plants:** shrubs, grasses, forbs **serv:** salt tolerant native plants in large quantities

Green Tree Northwest Co.
6200 Brooklake Rd, NE, Brooks, OR 97305, 503-393-9577 **fax:** 503-393-9577 **email:** treeinfo@greentreenw.com **affl:** private **bus:** wholesale **min order:** inquire **hrs:** 8–5 M–F **yrs:** n/a **yr prod:** 1,500,000/y **nat:** 100% **wild coll:** 0 **prop:** 100% **type:** bareroot **plants:** trees

Greenbriar Farms Nursery
170 Underwood Rd, Monticello, FL 32344, 850-997-8343 **email:** greenbriarfarms@hotmail.com **affl:** private **bus:** retail/wholesale **min order:** none **contact:** n/a **hrs:** 8–5 M–F **yrs:** n/a **yr prod:** n/a **nat:** 60% **wild coll:** 0 **prop:** 100% **type:** container **plants:** trees, shrubs, forbs, grasses

Greenleaf Nursery
28406 Hwy 82, Parkhill, OK 74457, 918-457-5172 **fax:** 918-457-5550 **affl:** private **bus:** wholesale **min order:** inquire **contact:** Jim **hrs:** 8–5 M–F **yrs:** 53 **yr prod:** n/a **nat:** 25% **wild coll:** 0 **prop:** 100% **type:** container **plants:** trees, shrubs, forbs, grasses, ferns

Greenlee Nursery
241 East Franklin Ave, Pomona, CA 91766, 909-629-9045 **fax:** 909-620-9283 **affl:** private **bus:** wholesale **min order:** inquire **contact:** Dustin **hrs:** 8–5 M–F **yrs:** 18 **yr prod:** n/a **nat:** 50% **wild coll:** 0 **prop:** 100% **type:** containers, seeds **plants:** forbs, shrubs, grasses

Greg Peterson
6754 Partridge Dr. N.E., Moses Lake, WA 98837-9524, 509-765-7946 **fax:** 509-765-7946 **email:** wagrassman@hotmail.com **affl:** private **bus:** wholesale/retail **min order:** none **contact:** Greg Peterson **hrs:** 8–5pm M–Sun **yrs:** 15 **yr prod:** 0 **nat:** 50% **wild coll:** 50% **prop:** 50% **type:** seeds **plants:** grasses, forbs

Gress Evergreen Nursery, Inc.
W. 7035 Highway 64, Polar, WI 54418, 715-623-6167 **fax:** 715-627-2552 **affl:** private **bus:** wholesale **min order:** inquire **contact:** n/a **hrs:** n/a **yrs:** n/a **yr prod:** 1,150,000/y **nat:** 100% **wild coll:** 0 **prop:** 100% **type:** bareroot, container **plants:** conifers

Griffith State Forest Nursery
473 Griffith Ave., Wisconsin Rapids, WI 54494, 715-424-3700 **fax:** 715-421-7830 **affl:** state **bus:** n/a **min order:** inquire **contact:** n/a **hrs:** 8–4:30 M–F **yrs:** 98 **yr prod:** 7,000,000/y **nat:** 100% **wild coll:** 0 **prop:** 100% **type:** bareroot **plants:** conifers, trees

Guam Forestry Division, Dept. of Agriculture
192 Dairy Road, Mangilao, GU 96913, 671-734-3948 **fax:** 671-734-0111 **email:** dlimti@mail.gov.gu **affl:** state **bus:** n/a **min order:** inquire **contact:** n/a **hrs:** 8–5 M–F **yrs:** n/a **yr prod:** 58,000/y **nat:** 100% **wild coll:** 0 **prop:** 100% **type:** container, bareroot **plants:** trees

H

H. N. Hybrid Nurseries Ltd.
12682 Woolridge Rd., Pitt Meadows, BC, Canada V3Y 1Z1, 604-465-6276 **fax:** 604-465-9829 **email:** hybrid@pinc.com **affl:** private **bus:** wholesale/retail **min order:** inquire **contact:** Bruce Morton **yrs:** 25 **yr prod:** 11,500,000/y **nat:** 100% **wild coll:** 0 **prop:** 100% **type:** bareroot, container **plants:** trees

Hakalau Forest National Wildlife Refuge Native Plant Nursery
32 Kino`ole, Ste. 101, Hilo, HI, 96720, 808-933-6915 **fax:** 808-933-6917 **affl:** federal **bus:** n/a **min order:** inquire **contact:** Baron **hrs:** 9–4:30 M–F **yrs:** 13 **yr prod:** 30,000/y **nat:** 100% **wild coll:** 0 **prop:** 100% **type:** container **plants:** trees, shrubs, forbs, grasses

Haleakula National Park Native Plant Nurseries
PO Box 369, Makawao, HI 96768, 808-572-4400 **affl:** federal **bus:** n/a **min order:** inquire **contact:** Patty Welton **hrs:** 8:30–4:30 M–F **yrs:** 10 **yr prod:** 24,000/y **nat:** 100% **wild coll:** 0 **prop:** 100% **type:** container **plants:** trees, shrubs, forbs, grasses **serv:** contract growing

Halfmoon Growers, Inc.
1108 SW 186th St., Newberry, FL 32669, 352-318-2853 **fax:** 352-472-6553 **affl:** private **bus:** wholesale **min order:** inquire **contact:** Bruce McElroy **nat:** n/a **wild coll:** 0 **prop:** 100% **type:** container, liner **plants:** trees, shrubs

Hamilton Seeds and Wildflowers
16786 Brown Rd, Elk Creek, MO 65464 417-967-2190 **affl:** private **bus:** wholesale/retail **min order:** inquire for wholesale **contact:** Amy Hamilton **hrs:** 8–5 M–F **nat:** 100% **wild coll:** 0 **prop:** 100% **type:** container, bareroot, seeds **type:** forbs, grasses

Hanchars Superior Trees
RD #1, Box 118, Mahaffey, PA 15757, 814-277-6674 **fax:** 814-277-6673 **affl:** private **bus:** wholesale **min order:** inquire **contact:** n/a **hrs:** n/a **yrs:** n/a **yr prod:** 80,000/y **nat:** 100% **wild coll:** 0 **prop:** 100% **type:** bareroot **plants:** trees

Hard Scrabble Farms, Inc.
PO Box 281, Terra Ceia, FL 34250, 941-722-0414, mobile: 941-704-4397 **fax:** 941-722-0414 **email:** wildflowers@pcsonline.com **affl:** private **bus:** wholesale **min order:** inquire **contact:** Linda Osborne **nat:** 100% **wild coll:** 0 **prop:** 100% **type:** container, liner, bareroot **plants:** all **serv:** specializing in mangroves

Hartland Nursery
13737 Grand Island Rd, Walnut Grove, CA 95690, 916-775-4021 **fax:** 916-775-4022 **affl:** private

Harvest Moon Seed Co.
PO Box 532, Richfield, UT 84701, 435-979-8549 **fax:** 435-896-1762 **email:** Seed@sisna.com **affl:** private **bus:** wholesale **min order:** inquire **contact:** Jim **hrs:** 8–5 M–F **yrs:** n/a **yr prod:** n/a **nat:** 100% **wild coll:** 50% **type:** seeds **plants:** browse, forbs, legumes, grasses, mixing seed

Hawaii Reforestation Nursery
5023 Moa Rd, Kapa'a, HI 96746, 808-821-8829 **fax:** 808-821-8829 **email:** jedson@gte.net **affl:** private **bus:** wholesale/retail **min order:** inquire **contact:** John Edson **hrs:** by appt **yrs:** n/a **yr prod:** n/a **nat:** 100% **wild coll:** 0 **prop:** 100% **type:** container **plants:** trees

Hart Restoration, Inc.
Providing Practical Approaches to Complex Ecological Problems

Hartland Nursery
Specializing in Native Plants for California Wildlands and Urban Landscapes

13737 Grand Island Road
Walnut Grove, CA 95690
(916) 775-4021
e-mail: hartrestore@citlink.net

Hawaii Volcanoes National Park Native Plant Nursery
PO Box 52, Hawaii Volcanos National Park, HI 96718-0052, 808-985-6000 **fax:** 808-985-6004 **affl:** federal **bus:** n/a **min order:** inquire **contact:** Tim Tunnison **hrs:** 8–4:30 M–F **yrs:** 8 **yr prod:** n/a **nat:** 100% **wild coll:** 0 **prop:** 100% **type:** container **plants:** all

Hawaiian Gardens
PO Box 1779, Kailua-Kona, HI 96745, 808-329-5702 **affl:** private **bus:** retail **min order:** inquire **contact:** n/a **hrs:** n/a **yrs:** n/a **yr prod:** n/a **nat:** 50% **wild coll:** 0 **prop:** 100% **type:** container **plants:** trees, shrubs

Hawaiian Landscapes
47-410 Pulama Rd, Kane`ohe, HI 96744, 808-239-8264 **affl:** private **bus:** retail **min order:** inquire **contact:** Greg Boyer **hrs:** n/a **yrs:** n/a **yr prod:** n/a **nat:** 100% **wild coll:** 0 **prop:** 100% **type:** container **plants:** trees, shrubs, forbs, grasses

Hayward State Forest Nursery
Wisconsin Dept. of Natural Resources, 16133 W. Nursery Road, Hayward, WI 54843, 715-634-2717 **fax:** 715-634-7642 **email:** ChrisG@mail01.dnr.state.wi.us **affl:** state **bus:** n/a **min order:** inquire **contact:** n/a **hrs:** 8–4:30 M–F **yr prod:** 8,000,000/y **nat:** 100% **wild coll:** 0 **prop:** 100% **type:** bareroot **plants:** conifers

Heartland Nursery Co.
311 Main Street, New Madrid, MO 63869, 573-748-5515 **fax:** 573-748-9155 **affl:** private **bus:** wholesale **min order:** inquire **hrs:** 8–5 M–F **yrs:** n/a **yr prod:** 500,000/y **nat:** 100% **wild coll:** 0 **prop:** 100% **type:** bareroot **plants:** trees

Heartland Restoration Services, Inc.
349 Airport North Office Park, Fort Wayne, IN 46532, 219-489-8511 **fax:** 219-489-8607 **affl:** private **bus:** wholesale **min order:** inquire **hrs:** 8–5 M–F **yrs:** 9 **yr prod:** 40 ac **nat:** 100% **wild coll:** 0 **prop:** 100% **type:** containers, seeds **plants:** all **serv:** custom seed mixes available, restoration service

Heep's Nursery
1705 Jason #1, Edinburg, TX 78539, 512-381-8813 **affl:** private **bus:** retail/ wholesale **min order:** none **contact:** n/a **hrs:** 9–5 M–F **yrs:** n/a **yr prod:** n/a **nat:** 100% **wild coll:** 0 **prop:** 100% **type:** container **plants:** all

Hensler Nursery, Inc.
PO Box 58, 5715 North 750 East, Hamlet, IN 46532, 219-867-4192 **fax:** 219-867-4960 **email:** hensler nursery@skynet.net **affl:** private **bus:** wholesale **min order:** inquire **contact:** n/a **hrs:** 8–5 M–F **yrs:** n/a **yr prod:** 1,166,000/y **nat:** 100% **wild coll:** 0 **prop:** 100% **type:** bareroot **plants:** trees

Heritage Seedlings, Inc.
4199 75th Ave. SE, Salem, OR 97301, 503-585-9835 **fax:** 503-371-9688 **email:** jmhsi@open.org **affl:** private **bus:** wholesale/retail **min order:** inquire **hrs:** 8–5 M–F **yrs:** n/a **yr prod:** 2,500,000/y **nat:** 100% **wild coll:** 0 **prop:** 100% **type:** bareroot, container **plants:** trees

Heyne Custom Seeds
26420 510th St, Walnut, IA 51577, 712-784-3454 **fax:** 712-784-2030 **email:** heyne@netins.net **affl:** private **bus:** wholesale **min order:** inquire **hrs:** n/a **yrs:** n/a **yr prod:** n/a **nat:** 100% **wild coll:** 0 **prop:** 0 **type:** seeds **plants:** grasses, forbs **serv:** Iowa genotypes

Hickory Hill Native Nursery, Inc.
27212 Hickory Hill Rd., Brooksville, FL 34602, 352-754-9701 **fax:** 352-799-7802 **email:** shorels@atlantic.net **affl:** private **bus:** wholesale **min order:** inquire **contact:** Rick McDonnell **nat:** 100% **wild coll:** 0 **prop:** 100% **type:** container **plants:** trees, shrubs, grasses, palms, and cycads **serv:** we grow species from many FL ecosystems

High Altitude Gardens
4150 B Black Oak Dr., Hailey, ID 83333, 208-788-4363 **email:** support@ seedstrust.com **affl:** private **bus:** wholesale/retail **min order:** none **contact:** Bill McDorman **hrs:** n/a **yrs:** 19 **yr prod:** 0 **nat:** 0 **wild coll:** 0 **prop:** 80% **type:** seeds **plants:** dryland forbs, grasses, shrubs **serv:** consulting, custom seed collection

High Country Gardens
2902 Rufina Street, Department HW, Santa Fe, NM 87505-2929, 800-925-9387 **fax:** 800-925-0097 **email:** plants@highcountry.com **affl:** private **bus:** retail/mailorder **min order:** none **contact:** n/a **hrs:** 9–5 M–F **yrs:** 20 **nat:** 70% **wild coll:** 0 **prop:** 100% **type:** container **plants:** grasses, shrubs, trees, cacti **serv:** we also sell blue grama grass seed

High Country Nursery
HCR 77, Box 64, Altamont, TN 37301, 931-692-3122 **fax:** 931-692-3210 **affl:** private **bus:** wholesale **min order:** inquire **contact:** n/a **hrs:** n/a **yrs:** n/a **yr prod:** n/a **nat:** 100% **wild coll:** 0 **prop:** 100% **type:** bareroot **plants:** trees

Hillis Nursery Company, Inc.
92 Gardner Road, McMinnville, TN 37110, 931-668-4364 **fax:** 931-668-7432 **email:** hillisnsy@blomand.net **affl:** private **bus:** wholesale **min order:** inquire **contact:** n/a **hrs:** 8–5 M–F **yrs:** n/a **yr prod:** 8,000,000/y **nat:** 100% **wild coll:** 0 **prop:** 100% **type:** bareroot **plants:** trees

Hills Creek Nursery
826 Hills Creek Rd., McMinnville, TN 37110, 931-668-8071 **fax:** 931-668-2062 **affl:** private **bus:** wholesale **min order:** inquire **hrs:** n/a **yrs:** n/a **yr prod:** n/a n/a **nat:** 100% **wild coll:** 0 **prop:** 100% **type:** bareroot **plants:** trees

Hillside Nursery
107 Skinner Rd, Shelburne, MA 01370, 413-625-9251 **affl:** private **bus:** wholesale **min order:** inquire **contact:** n/a **hrs:** 8–5 M–F **yrs:** n/a **yr prod:** n/a **nat:** 50% **plants and seeds:** ask

Hilo Tree Nursery Division of Forestry & Wildlife
PO Box 4849, Hilo, HI 96720 808-933-4221 **affl:** state **bus:** wholesale **min order:** inquire **hrs:** 8–4:30 M–F **yrs:** n/a **yr prod:** 10,000/y **nat:** 100% **wild coll:** 0 **prop:** 100% **type:** container **plants:** trees, shrubs

Hobbs and Hopkins
1712 SE Ankeny, Portland, OR 97214, 800-345-3295 **fax:** 503-230-0391 **affl:** private **bus:** wholesale/retail/mailorder **min order:** inquire **contact:** n/a **hrs:** 8–5 M–F **yrs:** 12 **yr prod:** n/a **nat:** 10% **wild coll:** 0 **prop:** 100% **type:** seeds **plants:** grasses, forbs

Holden Wholesale Growers
10374 Hazel Green Rd, NE, Silverton, OR 97381, 503-873-5940 **affl:** private **bus:** wholesale **min order:** none **contact:** Paul Holden **hrs:** 8–5 M–F **yrs:** 40 **yr prod:** n/a **nat:** 60% **wild coll:** 0 **prop:** 100% **type:** liners, containers, b&b **plants:** groundcover, conifers **serv:** cultivars of natives only

Homestead Gardens
743 W. Central Ave, Davidsonville, MD 21035, 800-300-5631/410-956-4777 **fax:** 410-956-2926 **email:** www.homesteadgardens.com/contact2.htm **affl:** private **bus:** retail **contact:** Donna Sage **hrs:** 9–6 M–Sun **yrs:** n/a **yr prod:** 4.5 ac **nat:** 100% **wild coll:** 0 **prop:** 60% **type:** container **plants:** all

Hood Canal Nurseries
PO Box 36, Port Gamble, WA 98364, 360-638-2091 **fax:** 360-297-8446 **email:** nurseries@tscnet.com **affl:** private **bus:** contract growing/wholesale **min order:** inquire **contact:** Mike Driscoll **hrs:** by appt **yrs:** n/a **yr prod:** 3,000,000 bareroot/2,000,000 container **nat:** 100% **wild coll:** 0 **prop:** 100% **type:** bareroot, container **plants:** conifers

Ho'olawa Farms
PO Box 731, 3 Kahiapo Place, Haiku, Maui, HI 96708, 808-575-5099 **fax:** 808-575-5099 **email:** hoolawa@eastmaui.net **affl:** private **bus:** wholesale/retail **min order:** none **contact:** Anna Palomino **hrs:** by appt. **yrs:** n/a **yr prod:** n/a **nat:** 100% **wild coll:** 0 **prop:** 100% **type:** bareroot, container **plants:** all **serv:** consultation, over 100 native Hawaiian species

Horticultural Systems, Inc.
PO Box 70, Parrish, FL 34219, 800-771-4114/941-776-2751 **fax:** 941-776-3700 **email:** hort@ecomgmt.com **affl:** private **bus:** wholesale **min order:** request a quote **contact:** Mike Bundy **hrs:** 8–5 M–F **yrs:** 19 **yr prod:** n/a **nat:** 100% **wild coll:** 0

Horticultural Systems, Inc. (continued)
prop: 100% **type:** liners, bareroot, container, micropropagation **plants:** all **serv:** project mangement services, coastal, freshwater, and saline habitats worldwide

Howard Nursery
Pennsylvania State Game Commission, RD #2, Box 139, Howard, PA 16841, 814-355-4434 **affl:** state **bus:** n/a **min order:** inquire **hrs:** 8–4:30 M–F **yrs:** n/a **yr prod:** 5,500,000/y **nat:** 100% **wild coll:** 0 **prop:** 100% **type:** bareroot **plants:** trees

Hoyt Arboretum
4000 SW Fairview Blvd, Portland, OR 97221, 503-228-8733 **fax:** 503-823-4213 **email:** http://www.hoytarboretum.org/feedback.html **affl:** nonprofit **bus:** n/a **min order:** inquire **hrs:** 8–5 M–Sat **yrs:** n/a **yr prod:** 100% **nat:** 100% **wild coll:** 0 **prop:** 100% **type:** container **plants:** trees, shrubs **serv:** plant sales to the public on specific dates

Hramor Nursery
515 9th Street, Manistee, MI 49660, 231-723-4846 **fax:** 231-723-5580 **email:** hramor@jackpine.com **affl:** private **bus:** wholesale **min order:** inquire **contact:** n/a **hrs:** 8–5 M–F **yrs:** n/a **yr prod:** 5,500,000/y **nat:** 100% **wild coll:** 0 **prop:** 100% **type:** bareroot, container **plants:** trees

Hsu's Ginseng Enterprises, Inc.
PO Box 509, 16819 County Hwy W, Wausau, WI 54402, 715-675-2325 **email:** info@hsuginseng.com **affl:** private **bus:** wholesale **min order:** inquire **contact:** n/a **hrs:** 8–5 M–F **yrs:** 30 **yr prod:** 1,000 ac **nat:** 100% **wild coll:** 0 **prop:** 100% **type:** bareroot, seeds **plants:** American ginseng

Huckleberry Lane Nursery
69117 Huckleberry Rd, North Bend, OR 97459, 541-756-7328 **fax:** 541-756-7328 **affl:** private **bus:** wholesale **min order:** none **contact:** Mel or Kathy Stewart **hrs:** n/a **yrs:** 20 **yr prod:** n/a **nat:** 95% **wild coll:** 0 **prop:** 100% **type:** container, b&b **plants:** trees, shrubs, some wetland species **serv:** contract growing, specialize in OR coast natives

Hughes Water Gardens
25289 SW Stafford Rd, Tualatin, OR 97062, 800-858-1709 **fax:** 503-638-9035 **email:** water@teleport.com **affl:** private **bus:** wholesale/retail **min order:** inquire **nat:** 20% **wild coll:** 0 **prop:** 100% **type:** container, bareroot **plants:** forbs, grasses, wetland, aquatic, riparian

I

Idaho Grimm Growers
PO Box 276, 395 South Broadway, Blackfoot, ID 83221, 208-785-0830 **fax:** 208-785-0841 **email:** idgrimm@ida.net **affl:** private **bus:** wholesale **min order:** none **contact:** Alan **hrs:** 8–4:30 M–F **yrs:** 82 **yr prod:** 0 **nat:** 0 **wild coll:** 0 **prop:** 100% **type:** seeds **plants:** shrubs, grasses, forbs **serv:** custom mixes

IFA Humboldt Nursery
4886 Cottage Grove Ave., McKinleyville, CA 95519, 707-839-3256 **fax:** 707-839-1975 **email:** Humboldt nursery@wcinet.net **affl:** private **bus:** wholesale **min order:** inquire **contact:** n/a **hrs:** 8–5 M–F **yrs:** n/a **yr prod:** n/a **nat:** 100% **wild coll:** 0 **prop:** 100% **type:** container, bareroot **plants:** conifers, shrubs **serv:** contract growing

IFA Little River Nursery
4886 Cottage Grove Ave., McKinleyville, CA 95519, 707-839-3256 **affl:** private **bus:** wholesale **min order:** inquire **contact:** Larry or Dave **hrs:** 8–4:30 **yrs:** n/a **yr prod:** 25,000,000 **nat:** 100% **wild coll:** 0 **prop:** 100% **type:** bareroot **plants:** conifers, contract grow grasses, forbs, shrubs **serv:** contract growing of diverse species

Illinois Forest Products
8727 Arenzville Rd., Beardstown, IL 62618, 217-323-4540 **fax:** 217-323-7861 **affl:** private **bus:** wholesale **min order:** inquire **yr prod:** 550,000/y **nat:** 100% **wild coll:** 0 **prop:** 100% **type:** container, bareroot **plants:** trees

Indian Mound Nursery – Texas Forest Service
PO Box 617, Alto, TX 75925-0167,

936-858-4202 **fax:** 936-858-4303 **email:** hvanderveer@tfs.tamu.edu **affl:** state **bus:** wholesale **min order:** inquire **contact:** Harry Vandeveer **hrs:** 8–4:30 M–F **yrs:** 52 **yr prod:** 27,000,000/y **nat:** 100% **wild coll:** 0 **prop:** 100% **type:** bareroot **plants:** trees, conifers **serv:** providing trees to local landowners

Indian Trails Native Nursery
6315 Park Ln W, Lake Worth, FL 33467-6606, 561-641-9488 **fax:** 561-641-9309 **email:** injntails@aol.com **affl:** private **bus:** wholesale/retail **min order:** inquire for wholesale **contact:** Jane Thompson **hrs:** 9–5 M–Sat **yrs:** n/a **yr prod:** 10 ac **nat:** 100% **wild coll:** 0 **prop:** 100% **type:** container **plants:** trees, shrubs **serv:** contract grower, landscape design

Inland NW Native Plants
PO Box 30292, Spokane, WA 99223, 509-448-7992 **fax:** 509-448-7992 **affl:** private **bus:** wholesale/retail **min order:** none **contact:** n/a **hrs:** 9–5 M–F **yrs:** n/a **yr prod:** n/a **nat:** 100% **wild coll:** 0 **prop:** 100% **type:** container **plants:** all

Inside Passage Seeds and Native Plant Services
PO Box 639, Port Townsend, WA 98368, 800-361-9657 wholesale only/ 360-385-6114 retail **fax:** 360-385-5760 **email:** inspass@whidbey.net **affl:** private **bus:** wholesale/retail/mailorder **min order:** none **contact:** Forest Shomer **hrs:** 9–4 M–F **yrs:** 30 **yr prod:** n/a **nat:** 0 **wild coll:** 90% **prop:** 0 **type:** seeds **plants:** trees, shrubs, grasses, forbs, riparian, wetland **serv:** consulting, site specific collection

Insti-Trees Nursery
PO Box 1370, Rhinelander, WI 54501, 715-369-2801 **affl:** private **bus:** wholesale/retail **min order:** inquire **contact:** n/a **hrs:** n/a **yrs:** n/a **yr prod:** n/a **nat:** n/a **wild coll:** 0 **type:** container **plants:** trees, shrubs

Intermountain Seed Co.
270 W. 300 N., Ephraim, UT 84627, 435-283-4703 **fax:** 435-283-4388 **email:** ecc3@sisna.com **affl:** private **bus:** retail/wholesale **min order:** inquire **contact:** Eric **hrs:** 8–5 M–F **yrs:** 25 **yr prod:** n/a **nat:** 100% **type:** seeds **plants:** all **serv:** custom cleaning

International Forest Company
PO Box 490, Odenville, AL 35120, 800-633-4506 **fax:** 205-629-6671 **email:** bhammons@interforestry.com **affl:** private **bus:** wholesale **min order:** inquire **contact:** Bruce Hammons **hrs:** 8–5 M–F **yrs:** n/a **yr prod:** 5,200,000/y **nat:** 100% **wild coll:** 0 **prop:** 100% **type:** container **plants:** conifers

International Forest Company
770 Nursery Road (C.R. 23), Vina, AL 35593, 256-356-9700 **fax:** 256-356-9703 **email:** kweaks@Interforestry.com **affl:** private **bus:** wholesale **min order:** inquire **contact:** n/a **hrs:** 8–5 M–F **yrs:** n/a **nat:** 100% **wild coll:** 0 **prop:** 100% **type:** bareroot **plants:** conifers

INSIDE PASSAGE
Seeds & Native Plant Services

Nearly 200 species of NW Coastal Native Plants Wholesale Prices

❖

Retail Sales direct from the source to you!

Custom Seed Mixes uniquely formulated for each site

Consulting Services on-site or on-line

- Trees
- Shrubs
- Wildflowers
- Wetland Grasses

Wholesale Orders 1-800-361-9657
Other Calls 360-385-6114
e-mail inspass@whidbey.net
FAX 360-385-5760

www.insidepassageseeds.com
PO Box 639 • Port Townsend WA 98368 USA

International Forest Company
PO Box 1477, Statesboro, GA 30459,
912-587-5402 **fax:** 912-587-5117
email: infco@bulloch.com **affl:** private
min order: inquire **hrs:** 8–5 M–F **yrs:** n/a
yr prod: n/a **nat:** 100% **wild coll:** 0
prop: 100% **type:** container **plants:** conifers

International Forest Company
PO Box 607, Ashburn, GA 31714,
912-567-8074 **fax:** 912-567-8075
email: treesifc@planttel.net **affl:** private
bus: wholesale **min order:** inquire
hrs: 8–5 M–F **plants and seeds:** ask

International Forest Company
PO Box 539, Buena Vista, GA 31809,
912-649-6625 **fax:** 912-649-7626
email: ifcobv@sowega.net **affl:** private
min order: inquire **hrs:** 8–5 M–F **plants and seeds:** ask

International Forest Company
PO Box 539, Buena Vista, GA 31803,
912-649-6625 **fax:** 912-649-7626
affl: private **bus:** forest industry **min order:** inquire **contact:** n/a **hrs:** 8–5 M–F
yr prod: 40,000,000/y **nat:** 100%
wild coll: 0 **prop:** 100% **type:** bareroot **plants:** conifers

International Forest Company
PO Box 868 Tifton, GA 31793,
912-382-3842 **fax:** 912-382-2096 **email:** nealk@surfsouth.com **affl:** private **bus:** forest industry **min order:** inquire
contact: n/a **hrs:** 8–5 M–F **yrs:** n/a **yr prod:** 10,000,000/y **nat:** 100% **wild coll:** 0 **prop:** 100% **type:** container **plants:** conifers

International Forest Company
6547 Kitchen Street, Rowland, NC 28383,
800-633-4506 **fax:** 205-629-6671
email: info@inerforestry.com **affl:** private
bus: forest industry **min order:** inquire
hrs: 8–5 M–F **yrs:** n/a **yr prod:** 47,000,000/y **nat:** 100% **wild coll:** 0
prop: 100% **type:** bareroot **plants:** trees

International Paper Company, Florida/Georgia/Carolina SuperTree Sales
115 Harmony Lane, Eatonton, GA 31024,
877-600-8302 **fax:** 706-485-0570

affl: private **bus:** forest industry
min order: inquire **contact:** n/a **hrs:** 8–5 M–F **yr prod:** 20,000,000/y **nat:** 100%
wild coll: 0 **prop:** 100% **type:** container **plants:** conifers

International Paper Company, Georgia SuperTree Nursery
Rt. 1 Box 1097, Shellman, GA 31786,
800-554-6550 **fax:** 229-679-5628
email: robert.cross@ipaper.com
affl: private **bus:** wholesale **min order:** inquire **contact:** Robert Cross **hrs:** 8–5 M–F **yr prod:** 70,000,000/y **nat:** 100%
wild coll: 0 **prop:** 100% **type:** bareroot **plants:** conifers

International Paper Company, Livingston SuperTree Nursery
Route 11, Box 1886, Livingston, TX
77351, 936-563-2302 **fax:** 936-563-2027
email: Livingston.Supertree@ipaper.com
affl: private **bus:** wholesale **min order:** inquire **contact:** 888-888-7158 **hrs:** 8–5 M–F **yrs:** n/a **yr prod:** 50,000,000/y
nat: 100% **wild coll:** 0 **prop:** 100%
type: bareroot **plants:** conifers, trees, supertree seedlings

International Paper Company, South Carolina SuperTree Nursery
5594 Highway 38 South, Blenheim, SC
29516, 800-222-1290 **fax:** 803-528-3943
email: gary.nelson@ipaper.com **affl:** private **bus:** forest industry **min order:** inquire **contact:** Gary Nelson **hrs:** 8–5 M–F **yrs:** n/a **yr prod:** 48,000,000/y
nat: 100% **wild coll:** 0 **prop:** 100%
type: bareroot **plants:** conifers

International Paper Company, Swansea SuperTree Nursery
2341 Redmond Mill Road, Swansea, SC
29160, 803-568-2436 **fax:** 803-568-2718
email: john.conn@ipaper.com **affl:** private **bus:** forest industry **min order:** inquire **hrs:** 8–5 M–F **yrs:** n/a **yr prod:** 31,000,000/y **nat:** 100% **wild coll:** 0
prop: 100% **type:** bareroot **plants:** conifers

International Paper Company, Texas SuperTree Nursery
Rt. 6, Box 314-A, Bullard, TX 75757,
800-642-2264 **fax:** 903-825-2876
email: beverly.peoples@ipaper.com

Ion Exchange

Native Seed & Plant Nursery

- Over 250 prairie, wetland and woodland species
- Phone Consultations – No charge
- Friendly and immediate service
- Free brochure

Become a part of the natural world by creating your own natural landscape

(800) 291-2143 Fax: (563) 535-7362
hbright@acegroup.cc www.ionxchange.com

International Paper Company (continued)
affl: private **bus:** forest industry **min order:** inquire **contact:** n/a **hrs:** 8–5 M–F **yrs:** n/a **yr prod:** 28,000,000/y **nat:** 100% **wild coll:** 0 **prop:** 100% **type:** bareroot **plants:** trees

International Paper Company, Union Springs SuperTree Nursery
686 Co. Rd 28, Union Springs, AL 36089, 334-474-3229
fax: 334-474-3246 **email:** super treeseedlings.com **affl:** private **bus:** forest industry **min order:** inquire **contact:** n/a **hrs:** 8–5 M–F **yrs:** n/a **yr prod:** 25,000,000/y **nat:** 100% **wild coll:** 0 **prop:** 100% **type:** bareroot, container **plants:** conifers

International Paper Company, Virginia SuperTree Nursery
18229 Eppes Drive, Capron, VA 23851, 804-658-4184 **fax:** 804-658-4399 **email:** doyle.webber@ipaper.com **affl:** private **bus:** forest industry **min order:** inquire **contact:** n/a **hrs:** 8–5 M–F **yrs:** n/a **yr prod:** 18,000,000/y **nat:** 100% **wild coll:** 0 **prop:** 100% **type:** container, bareroot **plants:** trees

Io Makuahine
46-281 Auna St, Kane'ohe, HI 96744, 808-235-0578 **fax:** 808-235-5161 **email** tomlou@hawaii.rr.com **affl:** private **bus:** wholesale/retail **min order:** inquire **contact:** Tom Loudat **hrs:** n/a **yrs:** n/a **yr prod:** n/a **nat:** 100% **wild coll:** 0 **prop:** 100% **type:** container **plants:** trees **serv:** Koa grower and researcher

Ion Exchange
1878 Old Mission Drive, Harpers Ferry, IA 52146-7533, 800-291-2143 **fax:** 563-535-7362 **email:** hbright@acegroup.cc **affl:** private **bus:** wholesale/retail **min order:** $10 **contact:** Howard and Donna Bright **yrs:** n/a **yr prod:** n/a **nat:** 100% **wild coll:** 0 **prop:** 100% **type:** containers, plugs, seeds **plants:** forbs, grasses, wetland, riparian

Iowa Prairie Seed Company
1740 220th St, Sheffield, IA 50475, 515-892-4111 **affl:** private **bus:** wholesale **min order:** inquire **type:** seeds

Island Botanics Environmental Consultants
3734 Flour Bluff Dr., Corpus Christi, TX 78418, 512-937-4873 **affl:** private **bus:** wholesale **min order:** inquire **contact:** Paul Carangelo **hrs:** by appt **yrs:** n/a **yr prod:** n/a **nat:** 100% **wild coll:** 0 **prop:** 100% **type:** container **plants:** grasses, dune species **serv:** wetland restoration, consulting, contract grow

Itasca Greenhouse, Inc.
Old State Hwy. 6, PO Box 273, Cohasset, MN 55721, 218-328-6261 **fax:** 218-328-9843 **email:** Info@itascagreenhouse.com **affl:** private **bus:** wholesale **min order:** inquire **contact:** n/a **hrs:** 8–5 M–F **yrs:** n/a **yr prod:** 11,500,000/y **nat:** 100% **wild coll:** 0 **prop:** 100% **type:** bareroot, container **plants:** trees

J

J&J Transplant Aquatic Nursery
PO Box 227, W 4980 County Rd W., Wild Rose, WI 54984, 715-256-0059 **fax:** 715-256-0039 **affl:** private **bus:** wholesale/retail **min order:** inquire **contact:** n/a **hrs:** n/a **yrs:** n/a **yr prod:** n/a **nat:** 100% **wild coll:** 0 **prop:** 100% **type:** container **plants:** all

J. Frank Gaudet Nursery
Upton Road, PO Box 2000, Charlottetown, Prince Edward Island Canada C1A 7N8, 902-368-4711 **fax:** 902-368-4713 **email:** babutler@gov.pe.ca **affl:** provincial **bus:** n/a **min order:** inquire **yr prod:** 6,500,000/y **nat:** 100% **wild coll:** 0 **prop:** 100% **type:** bareroot, container **plants:** trees

J. Frank Schmidt and Son Co.
PO Box 189, Boring, OR 97009, 503-663-4128 **fax:** 503-663-2121 **affl:** private **bus:** wholesale **min order:** inquire **plants and seeds:** ask

J. Herbert Stone Nursery – USDA Forest Service
2606 Old Stage Rd, Central Point, OR 97502, 541-858-6100 **fax:** 541-858-6110

affl: federal bus: n/a min order: inquire contact: n/a hrs: 7:45–4:15 M–F yrs: 25 yr prod: 4–10,000,000/y nat: 100% wild coll: 0 prop: n/a type: bareroot, plugs, container plants: conifers, shrubs, trees, forbs, grasses, wetland, riparian serv: grow for public agencies only

J.B. Lattay
Forest Tree Nursery
International Paper Co., 4037 Hwy. 211 W, Lumberton, NC 28360, 910-737-9669 fax: 910-737-6340 email: David.Sparkman@ipaper.com affl: private bus: forest industry min order: inquire contact: n/a hrs: 8–5 M–F yrs: n/a yr prod: 40,000,000/y nat: 100% wild coll: 0 prop: 100% type: bareroot plants: trees

J.D. Irving Juniper Nursery
201 South West Road, Juniper, NB Canada E7L 4S7, 506-246-5268 fax: 506-246-8110 email: dionne.maurice@jdirving.com affl: private bus: forest industry contact: Dionne Maurice

yr prod: 20,000,000/y nat: 100% wild coll: 0 prop: 100% type: bareroot, container plants: trees

J.M. Oak Tree Nursery
430 La Lata Place, Buellton, CA 93427, 805-688-5563 affl: private bus: retail/wholesale for local sales only contact: n/a hrs: by appt only yrs: n/a yr prod: n/a nat: 100% wild coll: 0 prop: 100% type: container plants: trees serv: 1 gallon to 36 inch

J.W. Toumey Nursery
PO Box 445, Watersmeet, MI 49969, 906-358-4523 affl: federal bus: n/a min order: inquire contact: n/a hrs: 8–4:30 M–F yr prod: 4,150,000/y nat: 100% wild coll: 0 prop: 100% type: bareroot, container plants: trees, shrubs, forb and grass seed

James Reneau Seed Co.
PO Box 40, 119 S. Main, Shamrock, TX 79079, 806-256-3216 fax: 806-256-5335 affl: private bus: wholesale/retail min

James Reneau Seed Co. (continued)
order: inquire **contact:** n/a **hrs:** 8–5 M–F **yrs:** n/a **yr prod:** n/a **nat:** 100% **wild coll:** 0 **prop:** 0 **type:** seeds **plants:** grasses

Jamestown Native Plants
1033 Old Blyn Highway, Sequim, WA 98382, 360-683-1109 **fax:** 360-681-3405 **email:** Padams@jamestowntribe.org **affl:** tribal **bus:** wholesale **min order:** 500 plants **contact:** Peg Adams or Lori DeLorm **hrs:** 8–4:30 M–F **yrs:** 1 **yr prod:** n/a **nat:** 100% **wild coll:** 10% **prop:** 90% **type:** container **plants:** trees, shrubs, groundcovers, grasses, forbs **serv:** outplanting

Jane's Native Seeds
1860 Kays Branch Rd, Quenton, KY 40359, 502-484-2044 **affl:** private **bus:** wholesale **min order:** inquire **contact:** Jane **yrs:** 10 **yr prod:** n/a **nat:** 95% **wild coll:** 0 **prop:** 100% **type:** container, liner, plugs, seeds **plants:** all **serv:** contract growing, seed collection, installation, consulting services

Jansen's Specialty Nursery
20555 SE Webfoot Rd, Dayton, OR 97114, 503-868-7353 **fax:** 503-868-7353 **affl:** private **bus:** wholesale **min order:** none **contact:** Bob/Betty **hrs:** n/a **yrs:** 43 **yr prod:** n/a **nat:** 5% **prop:** 100% **type:** container, bareroot **plants:** grasses, forbs, oaks **serv:** source native plant materials

Jasper-Pulaski State Nursery
Indiana Division of Forestry, 15508 W 700 N, Medaryville, IN 47955, 219-843-4827 **fax:** 219-843-6671 **email:** jpnrsry@home.ffni.com **affl:** state **bus:** n/a **min order:** inquire **contact:** n/a **yr prod:** 2,000,000/y **nat:** 90% **wild coll:** 0 **prop:** 100% **type:** bareroot **plants:** trees, shrubs

Jayker Wholesale Nursery, Inc.
4042 W. Chinden, Meridian, ID 83642, 208-887-1790 **fax:** 208-887-9330 **email:** info@jayker.com **affl:** private **bus:** wholesale **min order:** $300 **contact:** Sherrill **hrs:** 8–4:30 M–F, Sat seasonally **yrs:** 20+ **yr prod:** n/a **nat:** 10% **wild coll:** 0 **prop:** 100% **type:** container **plants:** trees and shrubs **url:** www.jayker.com • We are a wholesale grower of cold hardy nursery stock specializing in field grown conifers & deciduous trees as well as container grown trees, natives, perennials, & ornamental shrubs. We are located in southern Idaho and have a harsh desert climate. Visit our website for information & availability. (SEE AD PAGE 49)

Jeane Farms
11627 Highway 4, Castor, LA 71016, 318-544-8501 **fax:** 318-544-9333 **affl:** private **bus:** wholesale **min order:** inquire **contact:** n/a **hrs:** n/a **nat:** 100% **wild coll:** 0 **prop:** 100% **type:** bareroot **plants:** conifers

JFNew Native Plant Nursery
128 Sunset Dr, Walkerton, IN 46574, 574-586-2412 **fax:** 574-586-2718 **email:** sales@jfnewnursery.com **affl:** private **bus:** wholesale **min order:** inquire **contact:** Mark O'Brien **hrs:** 8–5 M–F **years:** 10 **yr prod:** 350,000/y **nat:** 95% **wild coll:** 0 **prop:** 0 **type:** bareroot, seeds **plants:** wetland, prairie, & woodland **url:** www.jfnewnursery.com • We are one of the leading native plant nurseries in the Great Lakes basin serving Illinois, Indiana, Kentucky, Michigan, Ohio, & Wisconsin. We grow prairie, wetland, & woodland plants & seed. Additional services include design review, site inspections, installation, & contract growing. Please visit our website for additional information. (SEE AD INSIDE FRONT COVER)

Jicarilla Agency – USDI Bureau of Indian Affairs
1 Forestry Drive, PO Box 167, Dulce, NM 87528, 505-759-3966 **fax:** 505-759-3985 **email:** steve_thomas@bia.gov **affl:** federal **bus:** n/a **min order:** inquire **contact:** Steve Thomas **hrs:** 8–4:30 M–F **yrs:** n/a **nat:** 100% **wild coll:** 0 **prop:** 100% **type:** container **plants:** trees

John Arnoldink Nursery
723 Old Orchard Road, Holland, MI 49423, 616-335-9823 **affl:** private **bus:** wholesale **min order:** inquire **yr prod:** 800,000/y **nat:** 100% **wild coll:** 0 **prop:** 100% **type:** bareroot **plants:** trees

John P. Rhody Nursery
Kentucky Division of Forestry, PO Box 97, Gilbertsville, KY 42044, 270-362-8331 **fax:** 270-362-7229 **email:** Jim.Funk@mail.state.ky.us **affl:** state **bus:** n/a **min order:** inquire **contact:** n/a **hrs:** 8–4:30 M–F **yrs:** n/a **yr prod:** 4,000,000/y **nat:** 100% **wild coll:** 0 **prop:** 100% **type:** bareroot **plants:** trees

John S. Ayton State Tree Nursery
3424 Gallagher Rd., Preston, MD 21665, 410-673-2467 **fax:** 410-673-7285 **email:** anursery@dnr.state.md.us **affl:** state **bus:** n/a **min order:** inquire **contact:** Richard Garrett **hrs:** 8–4 M–F **yrs:** 52 **yr prod:** 1,000,000/y **nat:** 100% **wild coll:** 0 **prop:** 100% **type:** bareroot **plants:** trees, shrubs **serv:** contract grower

Johnston Nurseries
RD #1, Box 100, Creekside, PA 15732-9710, 724-463-8456 **fax:** 724-465-5833 **email:** seedlings@hotmail.com **affl:** private **bus:** wholesale **min order:** inquire **contact:** n/a **hrs:** 8–5 M–F **yrs:** n/a **yr prod:** 150,000/y **nat:** 100% **wild coll:** 0 **prop:** 100% **type:** bareroot **plants:** trees

Johnston Seed Company
PO Box 1392, 319 West Chestnut, Enid, OK 73701, 580-233-5800 **fax:** 580-249-5324 **email:** johnseed@johnstonseed.com **affl:** private **bus:** retail/wholesale/mailorder **min order:** none **contact:** n/a **hrs:** 8–5 M–F **yrs:** 57 **yr prod:** 0 **nat:** 0 **wild coll:** 0 **prop:** 0 **type:** seeds **plants:** grasses, forbs **serv:** custom mixes for crp & restoration projects

Joy Creek Nursery
20300 NW Watson Rd, Scappoose, OR 97056, 503-543-7474 **fax:** 503-543-6933 **affl:** private **bus:** retail/mailorder **min order:** none **contact:** n/a **hrs:** Mar–Oct 9–5 M–Sun/Nov–Feb 9–5 M–F **yrs:** 10 **yr prod:** n/a **nat:** 5% **wild coll:** 0 **prop:** 100% **type:** container **plants:** herbaceous perennials, shrubs

Judd Creek Nursery
20929 111th Avenue SW, PO Box 13378, Vashon, WA 98070-6467, 206-463-9641 **email:** jb4juddcreek@webtv.net **affl:** private **bus:** wholesale/retail **min order:** none **contact:** John Browne **hrs:** by appt **yrs:** 10 **yr prod:** n/a **nat:** 100% **wild coll:** 0 **prop:** 100% **type:** container **plants:** all **serv:** mailorder/contract growing • We collect most of our own seeds (and other propagules), which has given us a better understanding of the conditions under which our plants should thrive. We hope to promote an appreciation of aesthetics and ecology among the general population so that native landscapes are appreciated in every aspect.

K

K&C Silviculture Farms Ltd.
PO Box 459, Oliver, BC, Canada V0H 1T0, 250-498-4974 **fax:** 250-498-2133 **email:** mail@silviculture.com **affl:** private **bus:** forest industry **min order:** inquire **yr prod:** 30,000,000/y **nat:** 100% **wild coll:** 0 **prop:** 100% **type:** container, bareroot **plants:** trees

K&C Silviculture Farms Ltd.
PO Box 25019, Red Deer, Joffre, Alberta Canada T4R 2M2, 403-347-3002 **fax:** 403-347-3899 **email:** kcsf@agt.net **affl:** private **bus:** forest industry **min order:** inquire **yr prod:** 30,000,000/y **nat:** 100% **wild coll:** 0 **prop:** 100% **type:** bareroot, container **plants:** trees

Kalaupapa National Historic Park Native Plant Nursery
PO Box 2222, Kalaupapa, HI 96742, **affl:** federal **bus:** n/a **min order:** inquire **contact:** Bill Garnett **hrs:** 9–5 M–F **yrs:** n/a **yr prod:** n/a **nat:** 100% **wild coll:** 0 **prop:** 100% **type:** container **plants:** all

Kamuela State Tree Nursery
66-1220A Lalmilo Rd, Kamuela, HI 96743, 808-887-6061 **fax:** 808-887-6065 **affl:** state **bus:** wholesale **min order:** inquire n/a **hrs:** 9–5 M–F **nat:** 100% **wild coll:** 0 **prop:** 100% **type:** container **plants:** trees, shrubs

Kansas Forest Service
2610 Claflin Rd., Manhattan, KS 66502-1798, 785-532-3312 **fax:** 785-532-3305 **email:** bloucks@oznet.ksu.edu **affl:** state **bus:** n/a **min order:** inquire **contact:** Joshua Pease **hrs:** 8–4:30 **yrs:** 46

Kansas Forest Service (continued)
yr prod: 70,000/y **nat:** 100% **wild coll:** 0 **prop:** 100% **type:** containers **plants:** conifers **serv:** we provide trees for windbreaks to private

Kapoho Kai Nursery
RR 2 Box 4024, Pahoa, HI 96778, 808-965-8839 **affl:** private **bus:** retail **min order:** inquire **nat:** 30% **wild coll:** 0 **prop:** 100% **type:** container **plants:** trees, shrubs

Kaste, Inc.
11779 410th St SE, Fertile, MN 56540, 218-945-6738 **fax:** 218-945-6303 **email:** Kasteinc@gvtel.com **affl:** private **bus:** wholesale/retail/mailorder **min order:** inquire **contact:** Garth **hrs:** 8–5 M–F **yrs:** 24 **yr prod:** n/a **nat:** 100% **wild coll:** 0 **prop:** 0 **type:** seeds **plants:** forbs, grasses **serv:** contract production available

Kauai District Nursery
Hawaii Division of Forestry & Wildlife, 3060 Eiwa Street, Room 306, Lihue, HI 96766-1875, 808-241-3433 **fax:** 808-241-3605 **affl:** state **bus:** wholesale **min order:** inquire **contact:** n/a **hrs:** 9–5 M–F **yrs:** n/a **yr prod:** n/a **nat:** 100% **wild coll:** 0 **prop:** 100% **type:** container **plants:** trees, shrubs

Kauai Nursery and Landscaping, Inc.
PO Box 3013, Lihue, HI 96766, 808-245-7747 **affl:** private **bus:** wholesale/retail **min order:** none **contact:** n/a **hrs:** 9–5 M–Sat **yrs:** n/a **yr prod:** n/a **nat:** 10% **wild coll:** 0 **prop:** 100% **type:** containers **plants:** trees, shrubs, ferns, forbs **serv:** landscaping services

Keen Forest Management
Route 1, Box 449-2 Mayo, FL 32066, 904-294-2234 **fax:** 904-294-2950 **affl:** private **bus:** wholesale **min order:** inquire **contact:** n/a **hrs:** 8–5 M–F **yrs:** n/a **yr prod:** 10,000,000/y **nat:** 100% **wild coll:** 0 **prop:** 100% **type:** bareroot, container **plants:** conifers

---

KASTE, INC.
Growers and Marketers of Native Grass and Wildflower Seeds

Purple Prairie Clover

We are your primary wholesale source for northern grown:

Big Bluestem
Little Bluestem
Sideoats Grama
Blue Grama
Canada Wildrye
Switchgrass
Indiangrass
Prairie Cordgrass
Purple Prairie Clover
White Prairie Clover
Yellow Coneflower

Little Bluestem

11779 410th St. SE
Fertile MN 56540
218-945-6738 • Fax 218-945-6303
Email: kasteinc@gvtel.com

Growing native seeds since 1983.

Switchgrass

Keenan Nursery, Inc.
6341 Menge Ave, Pass Christian, MS 79571, 228-452-3723 **affl:** private **bus:** retail **min order:** none **contact:** Susan Keenan **hrs:** 9–5 M–F, Wed closed, 12–4 Sun **yrs:** n/a **yr prod:** n/a **nat:** 30% **wild coll:** 0 **prop:** 100% **type:** container **plants:** trees, shrubs, forbs, grasses **serv:** large container grown material available

Kelly Green Trees, Inc.
PO Box 10, Marana, AZ 85653, 520-682-2616 **fax:** 520-682-3579 **email:** kgtrees@aol.com **affl:** private **bus:** wholesale **min order:** none **contact:** Tim **hrs:** 7:30–4:30 M–TH, 7:30–1:30 Fri **yrs:** 27 **yr prod:** n/a **nat:** 100% **wild coll:** 0 **prop:** 100% **type:** container **plants:** trees

Kenaitze Greenhouse and Gardens
PO Box 988, 255 N. Ames, Kenai, AK 99611, 907-283-3052 **fax:** 907-283-3052 **email:** lobelia@hotmail.com **affl:** private **bus:** retail/wholesale **min order:** inquire **contact:** n/a **plants and seeds:** ask

Kilauea Lighthouse National Wildlife Refuge Native Plant Nursery
PO Box 1128, Kilauea, HI 96754, 808-828-1413 **affl:** federal **bus:** n/a **min order:** inquire **contact:** Ron Langdon **hrs:** 8–4:30 M–F **yrs:** n/a **yr prod:** n/a **nat:** 100% **wild coll:** 0 **prop:** 100% **type:** container **plants:** trees, shrubs

King Nursery
6849 Rt. 34, Oswego, IL 60543, 708-554-1171 **fax:** 708-554-1348 **affl:** private **bus:** wholesale **min order:** inquire **contact:** n/a **hrs:** 8–5 M–F **yrs:** n/a **yr prod:** 400,000/y **nat:** 50% **wild coll:** 0 **prop:** 100% **type:** container, bareroot **plants:** trees, shrubs **serv:** natives for the landscape industry

Kingfisher Farms
29633 170th Ave, Long Grove, IA 52756, 563-285-5406 **affl:** private **bus:** wholesale/retail **min order:** none **contact:** Jim **hrs:** n/a **yrs:** 20 **yr prod:** n/a **nat:** 100% **wild coll:** 0 **prop:** 100% **type:** seeds **plants:** forbs, grasses **serv:** IA ecotype

Kintigh's Mountain Home Ranch
38865 E. Cedar Flat Rd., Springfield, OR 97478, 541-746-1842 **fax:** 541-746-1842 **affl:** private **bus:** wholesale **min order:** 100 trees **contact:** Cheryl **hrs:** 7:30–4 M–F **yrs:** n/a **yr prod:** 1,500,000/y **nat:** 10% **wild coll:** 0 **prop:** 100% **type:** plugs **plants:** conifers **serv:** West Coast orders only

Klamath Forest Nursery – US Timberlands
7680 Happy Hollow Lane, Bonanza, OR 97623, 541-545-6432 **fax:** 541-545-6886 **email:** jdixon@ustimberlands.com **affl:** private **bus:** forest industry **min order:** inquire **hrs:** 8–5 M–F **yrs:** n/a **yr prod:** 500,000/y **nat:** 100% **wild coll:** 0 **prop:** 100% **type:** bareroot **plants:** trees

Kneght's Nurseries
14805 Dixon Path, Northfield, MN 55057, 507-645-5015/800-924-5015 **fax:** 507-645-6259 **affl:** private **min order:** inquire **plants and seeds:** ask

Kobe Nurseries
60315 CR 653, Paw Paw, MI 49079, 616-957-3094 **affl:** private **bus:** wholesale **min order:** inquire **contact:** n/a **yr prod:** 1,000,000/y **nat:** 100% **wild coll:** 0 **prop:** 100% **type:** bareroot **plants:** trees

Kokee State Park Native Plant Nursery
PO Box 100, Kekaha, HI 96752, 808-335-9975 **affl:** state **bus:** n/a **min order:** inquire **contact:** Katie Cassel **hrs:** 9–4 M–F **yrs:** 5 **yr prod:** n/a **nat:** 100% **wild coll:** 100% **prop:** 100% **type:** container **plants:** trees, shrubs, grasses, forbs

Korbel Forest Nursery, Simpson Timber Co.
PO Box 68, Korbel, CA 95550, 707-668-4539 **fax:** 707-668-5196 **email:** glehar@simpson.com **affl:** private **bus:** private **contact:** n/a **hrs:** 8–4:30 M–F **yrs:** n/a **nat:** 100% **wild coll:** 0 **prop:** 100% **type:** container, bareroot **plants:** conifers

Krueger's Northwoods Nursery
3682 Limberlost Rd, Rhinelander, WI 54501, 715-369-3959 **affl:** private

Krueger's Northwoods Nursery (continued)
bus: wholesale **min order:** inquire
contact: n/a **hrs:** n/a **yrs:** n/a **yr prod:** 500,000/y **nat:** 100% **wild coll:** 0
prop: 100% **type:** bareroot
plants: conifers

Kulani Correctional Facility Nursery
PO Box 6247, Hilo, HI 96720,
808-966-4977 **fax:** 808-966-4977 **email:** f.aceplan@verizon.net **affl:** state **bus:** n/a
min order: inquire **contact:** James Ferrell
hrs: 8:30–4:30 M–F **yrs:** n/a **yr prod:** 30,000/y **nat:** 100% **wild coll:** 0
prop: 100% **type:** container **plants:** trees, shrubs, forbs, grasses

L

L&H Seeds, Inc.
4756 W Hwy 260, Connell, WA 99326,
509-234-4433 **fax:** 509-234-0202 **email:** lhseeds@aol.com **affl:** private
bus: wholesale/retail **min order:** none
contact: Paul Herrman **hrs:** 8–4:30 M–F
yrs: 15 **yr prod:** n/a **nat:** 40%
wild coll: 0 **prop:** 0 **type:** seeds **plants:** grasses, forbs **serv:** contract seed increase, collection

L.A. Moran Reforestation Center, California Dept. of Forestry
PO Box 1590, Davis, CA 95617,
530-753-2441 **fax:** 530-323-3401
email: laurie_lippitt@fire.ca.gov
affl: state **bus:** wholesale/retail
min order: bareroot 100/container 50
contact: n/a **hrs:** 8–4:30 M–F **yrs:** 65
yr prod: 8,000,000/y **nat:** 100%
wild coll: 0 **prop:** 100% **type:** container, bareroot, plugs **plants:** conifers, trees, shrubs **serv:** contract grow forbs, grasses

Lafayette Home Nursery, Inc.
RR Box 1A, Lafayette, IL 61449,
309-995-3311 **fax:** 309-995-3909
affl: private **bus:** wholesale
min order: inquire **nat:** 100% **wild coll:** 0
prop: 100% **type:** container, seeds
plants: all **serv:** mixes available

Lake Superior Nursery
Route 1, Box 360, Barag, MI 49908,
916-353-6906 **affl:** private
bus: wholesale **min order:** inquire **yr prod:** 2,000,000/y **nat:** 100% **wild coll:** 0
prop: 100% **type:** bareroot **plants:** trees

Land Grant Forestry Extension
American Samoa Community College,
PO Box 5319, Pago Pago, AS 96799,
684-699-1394 **fax:** 684-699-5011
email: ssuemann@yahoo.com
affl: private **bus:** n/a **min order:** inquire
contact: n/a **hrs:** n/a **yrs:** n/a **yr prod:** n/a
nat: 100% **wild coll:** 0 **prop:** 100% **type:** bareroot **plants:** trees

Land Reforms Greenhouse
35703 Loop Rd, Rutland, OH 45775,
740-742-3478 **affl:** private
bus: wholesale/retail/mailorder **min order:** inquire **contact:** n/a **hrs:** n/a
yrs: 7 **yr prod:** n/a **nat:** 90% **wild coll:** 0
prop: 100% **type:** container, bareroot, plugs, seeds **plants:** trees, shrubs, forbs, grasses **serv:** all restoration services, landscape design

Landmark Seed Co.
N. 120 Wall St., Suite 400, Spokane, WA 99201, 800-268-0180 **fax:** 509-835-4969
email: landmar@landmarkseed.com
affl: private **bus:** wholesale **min order:** none **contact:** Mark Mustoe **hrs:** 8–5 M–F **yrs:** 20 **yr prod:** n/a **nat:** 90% **wild coll:** 0 **prop:** 100% **type:** seeds
plants: grasses, forbs

Landscape Alaska
PO Box 32654, Juneau, AK 99803,
907-790-4916 **fax:** 907-790-2629
affl: private **bus:** wholesale/retail/mailorder **min order:** inquire **contact:** n/a **hrs:** 9–5 M–F **yrs:** 17 **yr prod:** n/a
nat: 25% **wild coll:** 50% **prop:** 100%
type: container, bareroot, b&b, seeds
plants: all **serv:** full service restoration and landscaping

Landscape Alternatives
1705 St. Albans St., Roseville, MN 55113,
651-488-3142 **email:** landscapealt@earthlink.net **affl:** private **bus:** retail/wholesale **min order:** inquire
contact: n/a **hrs:** 9–5 M–Sat **yrs:** n/a
yr prod: n/a **nat:** 100% **wild coll:** 0
prop: 100% **type:** containers **plants:** all
serv: contract growing services

Larner Seeds
PO Box 407, Bolinas, CA 94924, 415-868-9407 **fax:** 415-868-2592 **email** info@larnerseeds.com **affl:** private **bus:** retail/wholesale/mailorder **min order:** none **contact:** Judith **hrs:** 8–4:30 M–F **yrs:** 21 **yr prod:** n/a **nat:** 0 **wild coll:** 0 **prop:** 100% **type:** seeds **plants:** all **serv:** consulting

Las Pilitas Nursery
3232 Las Palitas Rd., Santa Margarita, CA 93453, 805-438-5992 **fax:** 805-438-5993 **email:** bawilson@slonet.org **affl:** private **bus:** wholesale/retail **min order:** none **contact:** n/a **hrs:** 8–4:30 M–F **yrs:** 28 **yr prod:** n/a **nat:** 100% **wild coll:** 0 **prop:** 100% **type:** container **plants:** all

Las Pilitas Nursery-Escondido
8331 Nelson Way, Escondido, CA 92026, 760-749-5930 **affl:** private **bus:** wholesale/retail **min order:** none **contact:** n/a **hrs:** 9–4 M–S **yrs:** 3 **yr prod:** n/a **nat:** 100% **wild coll:** 0 **prop:** 100% **type:** ask **plants:** all

Las Vegas Nursery Nevada Division of Forestry
9600 Tule Springs Road, Las Vegas, NV 89131, 702-486-5411 **fax:** 702-486-5449 **affl:** state **bus:** wholesale **min order:** $30 **contact:** Steve DeRicco **hrs:** 8–4:30 M–F **yrs:** n/a **yr prod:** n/a **nat:** 100% **wild coll:** 0 **prop:** 100% **type:** container **plants:** conifers, shrubs, trees

Laura's Lane Nursery
Box 232, Plainfield, WI 54966, 715-366-2477 **fax:** 715-366-8201 **affl:** private **bus:** wholesale **min order:** inquire **contact:** n/a **hrs:** n/a **yrs:** n/a **yr prod:** 2,000,000/y **nat:** 100% **wild coll:** 0 **prop:** 100% **type:** bareroot **plants:** conifers

Lava Nursery, Inc.
PO Box 370, Parkdale, OR 97041, 541-352-7303 **fax:** 541-352-7325 **email:** lavanursery@aol.com **affl:** private **bus:** wholesale **min order:** inquire **hrs:** 8–5 M–F **yrs:** n/a **yr prod:** 7,200,000/y **nat:** 100% **wild coll:** 0 **prop:** 100% **type:** bareroot, container **plants:** trees

Lawrence Mountain Nurseries
PO Box 185, Mars Hill, ME 04758, 207-429-9786 **fax:** 207-429-9786 **email:** marshill1@aol.com **affl:** private **bus:** wholesale **min order:** inquire **contact:** n/a **hrs:** 8–5 M–F **yrs:** n/a **yr prod:** 400,000/y **nat:** 100% **wild coll:** 0 **prop:** 100% **type:** bareroot, container **plants:** trees

Lawyer Nursery, Inc.
7515 Meridian Rd. S.E., Olympia, WA 98513, 360-456-1839 **fax:** 360-438-0344 **email:** trees@lawyernursery.com seeds@lawyernursery.com **affl:** private **bus:** wholesale/retail **min order:** $200 **contact:** n/a **hrs:** 7–6 M–F, 8–4 Sat **yrs:** 45 **yr prod:** 175 ac **nat:** 40% **wild coll:** 0 **prop:** 100% **type:** bareroot **plants:** trees, shrubs

Lawyer Nursery, Inc.
950 Highway 200 West, Plains, MT 59859, 800-551-9875 **fax:** 406-826-5700 **email:** trees@lawyernursery.com

Your native woody plant source
- native woody species with native seed sources
- restoration plant material
- reforestation plant material
- seeds of woody plants
- growers of bareroot nursery stock for over 40 years

LAWYER NURSERY INC.
950 Highway 200 West   (800) 551-9875
Plains, Montana 59859   fax (406) 826-5700
www.lawyernursery.com

Lawyer Nursery, Inc. (continued)
affl: private **bus:** wholesale **min order:** 200 trees/50 lb seeds **contact:** Michael Johnson **hrs:** 7–6 M–F, Sat 8–4 **yrs:** 47 **yr prod:** 3,565,000/y **nat:** 25% **wild coll:** 0 **prop:** 100% **type:** bareroot **plants:** conifers, trees, shrubs

Lazy K Nursery, Inc.
705 Wright Road, Pine Mountain, GA 31822, 706-663-4991
fax: 706-663-0939 **email:** info@lazyknursery.com **affl:** private **bus:** wholesale/mailorder **min order:** inquire **contact:** Ernest Koone III **hrs:** 9–5 M–F **yrs:** 45 **yr prod:** n/a **nat:** 90% **wild coll:** 0 **prop:** 100% **type:** container **plants:** woody plants/herbaceous perennials **url:** www.nativeazaleas.com • Largest grower of native azaleas in the southeastern U.S. offering over 100 varieties – species, cultivars & hybrids in container sizes from 1 to 15 gallon. Additionally we grow more than 200 species of southeastern native plants including ferns, carnivorous, & wetland.

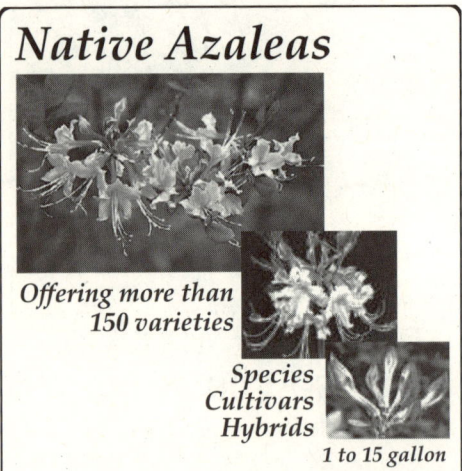

Native Azaleas
Offering more than 150 varieties
Species Cultivars Hybrids
1 to 15 gallon

Lazy K Nursery, Inc.
Propagators and Growers of Southeastern Native Plants

explore our website & catalog
www.nativeazaleas.com

705 Wright Road
Pine Mountain GA 31822
706-663-4991 • fax 706-663-0939

Lebanon Forest Regeneration Center – Roseburg Forest Products
34937 Tennessee Road, Lebanon, OR 97355, 541-259-2651 **fax:** 541-259-3661 **email:** Lfrc@rfpco.com **affl:** private **bus:** wholesale **min order:** inquire **hrs:** 8–5 M–F **contact:** n/a **yr prod:** 200,000/y **nat:** 100% **wild coll:** 0 **prop:** 100% **type:** bareroot, container **plants:** trees

Lee Nursery
11880 360th St. SW, Fertile, MN 56540, 218-574-2237 **fax:** 218-574-2238 **email:** sales@leenursery.com **affl:** private **bus:** wholesale **min order:** inquire **contact:** Gary Lee **hrs:** 8–5 M–F **yrs:** 40 **yr prod:** 2,500,000/y **nat:** 100% **wild coll:** 0 **prop:** 100% **type:** bareroot, container **plants:** trees

Lemoine Seedlings
10587 Hill Ave., Bastrop, LA 71220, 318-281-3414 **fax:** 318-556-3815 **affl:** private **bus:** wholesale **min order:** inquire **contact:** n/a **hrs:** n/a **yrs:** n/a **yr prod:** n/a **nat:** 100% **wild coll:** 0 **prop:** 100% **type:** bareroot **plants:** conifers

Lewis River Reforestation, Inc.
1203 NW Hayes Road, Woodland, WA 98674, 360-225-6357 **fax:** 360-225-1307 **affl:** private **bus:** wholesale **min order:** inquire **contact:** n/a **hrs:** 8–5 M–F **yrs:** n/a **yr prod:** 4,500,000/y **nat:** 100% **wild coll:** 0 **prop:** 100% **type:** bareroot **plants:** conifers **serv:** contract growing

Lincoln-Oakes Nurseries
PO Box 1601, Bismarck, ND 58502, 701-223-8575 **fax:** 701-223-1291 **email:** lincoln@tic.bisman.com **affl:** soil conservation district **bus:** n/a **min order:** inquire **contact:** Greg Morgenson **hrs:** 8–4:30 M–F **yrs:** n/a **yr prod:** 500,000/y **nat:** 80% **wild coll:** 0 **prop:** 100% **type:** bareroot **plants:** trees, shrubs

Liner Farm, Inc.
PO Box 701369, St. Cloud, FL 34770, 407-892-1484 **fax:** 407-892-3593 **affl:** private **bus:** wholesale **min order:** inquire **contact:** David Biggar **hrs:** 8–5 M–F **yrs:** 26 **yr prod:** 40,000,000/y **nat:** 35% **wild coll:** 0 **prop:** 100% **type:**

plugs, liners, bareroot, b&b **plants:** all **serv:** contract grower

Linnaea Nurseries Ltd.
3666 224th St., Langley, BC
Canada V2Z 2G7, 604-857-2139
fax: 604-533-8246 **affl:** private
bus: wholesale **contact:** John Folkerts
type: container, seeds, b&b
plants: trees, shrubs, forbs
serv: contract grower

Linville River Nursery, Division of Forest Resources
6321 Linville Falls Hwy., Newland, NC 28657, 828-733-5236 **fax:** 828-733-9399
email: lrnursery@skybest.com **affl:** state
bus: n/a **min order:** 1 bundle **contact:** n/a
hrs: 8–4:30 M–F **yrs:** n/a **yr prod:** 2,000,000/y **nat:** 100% **wild coll:** 0
prop: 100% **type:** bareroot **plants:** trees
serv: trees available to private landowners

Little Valley Farm
5693 Snead Creek Rd, Spring Green, WI 53588, 608-935-3324 **affl:** private
min order: inquire **contact:** Barbara Glass
plants and seeds: ask

Live Oak Nursery
PO Box 2463, Oakdale, CA 95361, 209-847-3444 **fax:** 209-847-3444
affl: private **bus:** wholesale/retail
min order: none **contact:** n/a **hrs:** 8–5 M–Sat **yrs:** n/a **yr prod:** n/a **nat:** 100%
wild coll: 0 **prop:** 100% **type:** container
plants: trees, shrubs, grasses, forbs

Lodholz North Star Acres, Inc.
420 Highway A, Tomahawk, WI 54487, 800-713-9077 **affl:** private
bus: wholesale **min order:** inquire
hrs: 8–5 M–F **yr prod:** 402,000/y
nat: 100% **wild coll:** 0 **prop:** 100% **type:** bareroot, container **plants:** conifers

Lone Elder Nursery
8051 S. Lone Elder Rd, Canby, OR 97013, 503-266-9251 **fax:** 503-266-3819 **affl:** private **bus:** wholesale
min order: inquire **plants and seeds:** ask

Lone Peak State Nursery
271 West Bitterbrush Lane, Draper, UT 84020, 801-571-0900 **fax:** 801-571-0468
email: glennbeagle@utah.gov or edietrimmer@utah.gov **affl:** state
bus: wholesale/contract growing
min order: 100 plants **contact:** Glenn Beagle/Edie Trimmer **hrs:** 8–4:30 M–F
yrs: 47 **yr prod:** 650,000y **nat:** 85% **wild coll:** 0 **prop:** 100% **type:** container, bareroot **plants:** trees, shrubs, wetland emergents, forbs **serv:** consulting **url:** www.nr.utah.gov/slf/lonepeak/lonepeaknursery.htm • Lone Peak State Nursery grows locally adapted, source-identified seedlings for conservation plantings within the Basin and Range, middle Rocky Mtn., Colorado Plateau and Mojave Desert provinces. Seed sources are selected for elevation, precipitation, soil conditions, and temperature. The nursery also does custom growing as well as education and services to support conservation plantings.

Louisiana Dept. of Agriculture & Forestry
PO Box 1628, Baton Rouge, LA 70821, 225-925-4515 **fax:** 225-922-1356
affl: state **bus:** wholesale **min order:** inquire **hrs:** 8–4:30 M–F **yrs:** n/a **yr prod:** n/a **nat:** 100% **wild coll:** 0
prop: 100% **type:** bareroot **plants:** conifers

Louisiana Forest Seed Co., Inc.
303 Forestry Rd., Lecompte, LA 71346 318-443-5026 **fax:** 318-487-0316
email: info@lfsco.com **affl:** private
bus: wholesale **min order:** inquire
contact: n/a **hrs:** 8–5 M–F **yrs:** n/a
nat: 100% **wild coll:** 0 **prop:** 0 **type:** seeds
plants: conifers, trees, shrubs **serv:** seed collection and cleaning (SEE AD PAGE 58)

Louisiana Growers
63279 Lowery Rd, Amite, LA 70422, 504-748-5850 **fax:** 504-748-5850
email: rwebb@i-55.com **affl:** private
bus: wholesale **min order:** inquire
contact: Rick Webb **hrs:** 8–4 M–F **yrs:** n/a
yr prod: n/a **nat:** 50% **wild coll:** 0
prop: 100% **type:** container, b&b **plants:** trees, shrubs, ferns **serv:** contract growing and consulting

Louisiana Nursery
5853 Hwy 182, Opelouse, LA 70570, 318-948-3696 **fax:** 318-942-6404

Louisiana Nursery (continued)
affl: private bus: wholesale/retail/mailorder min order: inquire contact: n/a hrs: 8–5 M–F yrs: 52 yr prod: n/a nat: 70% wild coll: 0 prop: 100% type: bareroot, container plants: all serv: contract growing

Lower Marlboro Nursery
PO Box 1013, Dunkirk, MD 20754, 301-812-0808 fax: 301-812-0808 email: Contact@lowermarlboronursery.com affl: private bus: retail/mailorder min order: none contact: Mary Stuart Sierra hrs: by appt. yrs: 13 yr prod: n/a nat: 80% wild coll: 0 prop: 100% type: container plants: all serv: descriptive catalog, specializing in natives of the mid-Atlantic region

Lowes Creek Tree Farm
59475 Lowes Creek Rd, Eleva, WI 54738, 715-878-4166 fax: 715-878-4166 email: lowesck@discover-net.com affl: private bus: wholesale min order: inquire contact: n/a hrs: n/a yrs: n/a yr prod: n/a

nat: 100% wild coll: 0 prop: 100% type: container, bareroot plants: conifers

Lucky Peak Nursery
15169 E Hwy. 21, Boise, ID 83716, 208-343-1977 fax: 208-389-1416 email: cfleege@fs.fed.us affl: federal bus: federal min order: inquire contact: n/a hrs: 8–4:30 M–F yrs: 44 yr prod: 6,500,000 bareroot/2,500,000 container nat: 100% wild coll: 0 prop: 100% type: bareroot, container, seeds plants: conifers, shrubs, forbs, grasses serv: state and federal agencies only

Lyon Arboretum
3860 Manoa Rd, Honolulu, HI 96822, 808-988-7378 affl: nonprofit bus: n/a min order: inquire contact: n/a hrs: 9–4 M–Sat yrs: n/a yr prod: n/a nat: 100% wild coll: 0 prop: 100% type: container plants: trees, shrubs serv: semi-annual plant sale to public

M

M&M Native Grass Seed Co.
Rt 1 Box 18, Stephensport, KY 40170, 270-547-6855

Madrona Nursery
815 38th Ave., Seattle, WA 98122, 206-323-8325 fax: 206-323-8325 affl: private bus: wholesale/retail min order: none contact: n/a hrs: 8–5 M–F yrs: 12 yr prod: n/a nat: 20% wild coll: 0 prop: 100% type: container plants: trees, shrubs, forbs

Madrone Nursery
2318 Hilliard Rd., San Marcos, TX 78666, 512-353-3944 affl: private bus: wholesale min order: inquire contact: n/a hrs: 8–5 M–F yrs: n/a nat: 98% wild coll: 0 prop: 100% type: container plants: trees, forbs serv: restoration services

Magalia Reforestation Nursery
664 Steiffer Rd., Magalia, CA 95954, 530-873-0400 fax: 530-873-1473 affl: state bus: wholesale min order: bareroot 100/ container 50 contact: n/a hrs: 8–4:30 M–F yrs: 51 yr prod:

Louisiana Forest Seed Company, Inc.

TREE & SHRUB SEEDS
CALL FOR OUR FREE BROCHURE!

303 Forestry Rd. • Lecompte LA 71346
Voice: 318-443-5026 • fax: 318-487-0316
E-mail: info@lfsco.com

3,000,000/y **nat:** 100% **wild coll:** 0 **prop:** 100% **type:** bareroot, container, plugs **plants:** conifers, trees, shrubs **serv:** contract grow forbs, grasses, emergents

Mahanoy Valley Nurseries
RD 2, Box 2138, Duncannon, PA 17020, 717-834-3996 **affl:** private
bus: wholesale **min order:** inquire **contact:** n/a **hrs:** 8–5 M–F **yrs:** n/a **yr prod:** 101,000/y **nat:** 100% **wild coll:** 0 **prop:** 100% **type:** bareroot, container **plants:** trees

Mail-order Natives
POB 9366, Lee, FL 32059, 850-973-4688 **affl:** private **bus:** mailorder **min order:** inquire **contact:** Amy Webb **hrs:** n/a **yrs:** n/a **yr prod:** n/a **nat:** 100% **wild coll:** 0 **prop:** 100% **type:** bareroot, container **plants:** all

Makah Tribal Nursery
PO Box 116, Neah Bay, WA 98357, 360-645-2753 **fax:** 360-645-2162 **email:** vantilborg@excite.com **affl:** private **bus:** contract growing **min order:** inquire **hrs:** 8–5 M–F **yrs:** 4 **yr prod:** n/a **nat:** 100% **wild coll:** 0 **prop:** 100% **type:** container **plants:** all **serv:** contract growing service

Makani Gardens
1625 West Kuiaha Rd, Ha'iku, Maui, HI 96708, 808-572-6337 **fax:** 808-572-6337 **affl:** private **bus:** wholesale **min order:** none **contact:** Gordon **hrs:** by appt **yrs:** n/a **yr prod:** n/a **type:** container **plants:** trees, shrubs **serv:** contract growing

Manzanita Native Plant Nursery
1496 Vista de la Sierra, Boulevard, CA 91905, 619-733-9823 **affl:** private **bus:** wholesale/retail **min order:** inquire for wholesale **hrs:** 9–5 M–F 12–6 Sat (retail) **contact:** n/a **yrs:** n/a **nat:** 100% **wild coll:** 0 **prop:** 100% **type:** container **plants:** trees, shrubs, grasses, forbs **serv:** contract growing

Maple Hill Farms
PO Box 648, Lewisburg, PA 17837-0648, 570-524-0791 **fax:** 570-524-0791 **affl:** private **bus:** wholesale **min order:** inquire **contact:** n/a **hrs:** 8–5 M–F **yrs:** n/a **yr prod:** 800,000/y **nat:** 100% **wild coll:** 0 **prop:** 100% **type:** bareroot **plants:** trees

Maple Street Natives
2395 Maple St W, Melbourne, FL 32904 321-729-6857 **email:** info@maplestreetnatives.com **affl:** private **bus:** wholesale/retail **min order:** inquire **contact:** Sharon or Brent Dolan **hrs:** 9–5 M–Sat **yrs:** 15 **yr prod:** n/a **nat:** 100% **wild coll:** 0 **prop:** 100% **type:** container **plants:** trees, shrubs, grasses, forbs **serv:** dune and river restoration services

Mapleton Nurseries
PO Box 396, Kingston, NJ 08528-0396, 609-430-0366 **fax:** 609-430-0367 **email:** mapletonurseries@hotmail.com **affl:** private **bus:** wholesale **min order:** inquire **contact:** David Reid **hrs:** 8–5 M–F **yrs:** 5 **yr prod:** n/a **nat:** 50% **wild coll:** 0 **prop:** 100% **type:** container, bareroot, b&b **plants:** trees, shrubs, forbs, grasses, ferns, sedges **serv:** contract grower, installation

Marietta State Nursery Ohio Division of Forestry
PO Box 42, RR #1, Box 128A, Reno, OH 45773-0428, 704-373-7410 **fax:** 704-373-5200 **email:** roger.hendershot@dnr.state.oh.us **affl:** state **bus:** n/a **min order:** inquire **contact:** n/a **hrs:** n/a **yrs:** n/a **yr prod:** 2,700,000/y **nat:** 100% **wild coll:** 0 **prop:** 100% **type:** bareroot **plants:** trees

Mark E. Gullickson
10990 423rd St SE, Fertile, MN 56540-9272, 218-945-6894 **affl:** private **bus:** wholesale/retail **min order:** inquire **contact:** Mark **hrs:** 8–5 M–F **yrs:** 13 **yr prod:** n/a **nat:** 100% **wild coll:** 0 **prop:** 0 **type:** seeds **plants:** grasses, forbs **serv:** sales principally to wholesalers

Marshall Tree Farm
17350 SE 65th St., Morriston, FL 32668, 800-786-1422 **fax:** 352-528-3778 **email:** michael@marshalltreefarm.com **affl:** private **bus:** wholesale **min order:** inquire **contact:** Michael Marshall **yrs:** 20 **yr prod:** 100 ac **nat:** 100% **wild coll:** 0 **prop:** 100% **type:** container, field grown **plants:** trees, shrubs

Marshland Transplant Aquatic Nursery
PO Box 1, Berlin, WI 54923, 920-361-4200 **fax:** 920-361-4200 **email:** Marshland@voyager.net **affl:** private **bus:** wholesale **min order:** inquire **contact:** Thomas Traxler Jr. **hrs:** 8–5 M–F **yrs:** 15 **yr prod:** n/a **nat:** 100% **wild coll:** 0 **prop:** 100% **type:** container, bareroot **plants:** wetland **serv:** wetland restoration

Martin Perennial Farms, Inc.
RT 2 Box 750, Fort Cobb, OK 73038, 800-554-3139 **fax:** 580-637-2569 **email:** martinpf@carnegie.net **affl:** private **bus:** wholesale **min order:** inquire **contact:** n/a **yrs:** 52 **yr prod:** n/a **nat:** 75% **wild coll:** 0 **prop:** 100% **type:** plugs/bareroot **plants:** shrubs, forbs, grasses **serv:** contract grower, plugs shipped nationwide

Maryland Natives Nursery
9120 Hines Rd, Baltimore, MD 21234, 410-529-0552 **fax:** 410-529-3883 **email:** mdn@qis.net **affl:** private **bus:** wholesale **min order:** $200 **contact:** Mike McConnell **hrs:** n/a **yrs:** 11 **yr prod:** n/a **nat:** 100% **wild coll:** 0 **prop:** 100% **type:** bareroot, container **plants:** all **serv:** contract grower, site assessment

Mary's Plant Farm
2410 Lanes Mill Rd, Hamilton, OH 45013-9181, 513-894-0022 **fax:** 513-892-2053 **email:** Marysplantfarm@voyager.net **affl:** private **bus:** retail/mailorder **min order:** inquire **contact:** Mary **hrs:** Tues–Sat 9:30–6:30/Sun 12–5 **yrs:** 28 **yr prod:** n/a **nat:** 80% **wild coll:** 0 **prop:** 100% **type:** container, bareroot **plants:** trees, shrubs, forbs, grasses, ferns **serv:** mailorder catalog available

Mason State Nursery
IL Dept. of Natural Resources, Forest Resources, 17855 N. Country Road 2400 E, Topeka, IL 61567, 309-535-2185 **fax:** 309-535-3286 **email:** dhorvath@dnrmail.state.il.us **affl:** state **bus:** n/a **min order:** inquire **contact:** n/a **hrs:** 8–4:30 M–F **yrs:** n/a **yr prod:** 3,700,000/y **nat:** 100% **wild coll:** 0 **prop:** 100% **type:** bareroot, container, seeds **plants:** trees, shrubs, forbs, grasses

Matlack Tree Farm
PO Box 67, Minneola, FL 34755, 352-406-9735 **fax:** 352-394-2830 **affl:** private **bus:** wholesale **min order:** 3 to 65 gallon sizes **contact:** Ty Matlack **nat:** 100% **wild coll:** 0 **prop:** 100% **type:** container **plants:** trees **serv:** specializing in container oaks with quality roots

Maughan Seed Company
PO Box 72, 700 W. 200 S., Manti, UT 84642-0072, 435-835-0404 **fax:** 435-835-0405 **affl:** private **bus:** wholesale/retail/mailorder **min order:** none **contact:** Brad Maughan **hrs:** 9–4:30 M–F **yrs:** 10 **yr prod:** n/a **nat:** 100% **wild coll:** 0 **prop:** 100% **type:** seeds **plants:** all **serv:** custom seed cleaning

Maui District Nursery, Division of Forestry & Wildlife
54 South High Street, Rm 101, Wailuku, Maui, HI 96793, 808-984-8100 **fax:** 808-984-8111 **email:** madofaw@aloha.net **affl:** state **bus:** n/a **min order:** inquire **contact:** n/a **hrs:** 7:45–4:30 M–F **yrs:** n/a **yr prod:** n/a **nat:** 100% **wild coll:** 0 **prop:** 0 **type:** container **plants:** trees and shrubs **serv:** for agency restoration projects only

McCormick Seeds
PO Box 590, Muleshoe, TX 79347, 806-272-3156 **fax:** 806-272-5602 **affl:** private **bus:** wholesale/retail **min order:** inquire **type:** seeds

McGinnis Farms
5610 McGinnis Ferry Rd, Alpharetta, GA 30005, 770-442-8881 **fax:** 770-442-3214 **affl:** private **bus:** retail **min order:** none **contact:** n/a **hrs:** 9–5 M–Sat **yrs:** n/a **yr prod:** n/a **nat:** 40% **wild coll:** 0 **prop:** 100% **type:** container **plants:** forbs, shrubs, grasses, trees

McGinnis Tree and Seed Company
309 E. Florence, Glenwood, IA 51534, 712-527-4308 **fax:** 712-527-4783 **affl:** private **bus:** retail/mailorder **min order:** inquire **type:** seeds

McKeithen Growers, Inc.
24005 71st Ave E., Myakka City, FL 34251, 941-322-8060 **fax:** 941-322-2397 **email:** e.mckeithen@att.net **affl:** private **bus:** wholesale **min order:** inquire **contact:** Eddie McKeithen **nat:** 100% **wild coll:** 0 **prop:** 100% **type:** container **plants:** trees, shrubs

McNary Greenhouse
Bureau of Indian Affairs, PO Box 560, Whiteriver, AZ 85941, 602-338-5311 **fax:** 602-338-5385 **affl:** federal **bus:** n/a **min order:** inquire **contact:** n/a **hrs:** 8–4:30 M–F **yrs:** n/a **yr prod:** n/a **nat:** 100% **wild coll:** 0 **prop:** 100% **type:** container **plants:** trees **serv:** contract growing

Meadow Beauty Nursery
5782 Ranches Rd, Lake Worth, FL 33463 561-966-6848 **affl:** private **bus:** retail/wholesale **min order:** inquire **contact:** Donna, Leone, Carl Terwilliger **hrs:** 9–5 M–F **yrs:** n/a **yr prod:** n/a **nat:** 100% **wild coll:** 0 **prop:** 100% **type:** container **plants:** trees, shrubs, forbs

Meadowlake Nursery Company
3500 N.E. Hawn Creek Road, PO Box 1302, McMinnville, OR 97128-1302, 503-435-2000 **fax:** 503-435-1312 **email:** info@meadow-lake.com **affl:** private **bus:** wholesale **min order:** inquire **hrs:** 8–5 M–F **contact:** n/a **yr prod:** 3,000,000/y **nat:** 100% **wild coll:** 0 **prop:** 100% **type:** bareroot, container, seeds **plants and seeds:** trees

Meeks Farms
168 Flanders Rd., Kite, GA 31049, 478-469-3370 **fax:** 478-469-3150 **email:** snmek@pineland.net **affl:** private **min order:** inquire **yr prod:** n/a **wild coll:** 0 **prop:** 100% **type:** container

Mellow Marsh Farm
205 Anolis Rd., Pittsboro, NC 27312, 919-742-1200 **fax:** 919-542-3532 **email:** mellowmarsh@mindspring.com **affl:** private **bus:** wholesale/retail **min order:** inquire **contact:** M.H. or Sharon Day **hrs:** 8–5 M–F **yrs:** 6 **yr prod:** n/a **nat:** 100% **wild coll:** 0 **prop:** 100% **type:** container, bareroot, plugs, seeds **plants:** all **serv:** contract grower, seed hand collected, consulting

Mesozoic Landscapes, Inc.
7667 Park Lane Rd., Lake Worth, FL 33467-6728, 561-967-2630 **fax:** 561-276-8102 **email:** moyroud@prodigy.net **affl:** private **bus:** wholesale **min order:** inquire **contact:** Richard Moyroud **nat:** 100% **wild coll:** 0 **prop:** 100% **type:** container **plants:** trees, shrubs, palms, forbs, grasses **serv:** large landscape material available

Mesquite Valley Growers
8005 East Speedway, Tucson, AZ 85710, 520-721-8600 **fax:** 520-722-2909 **affl:** private **bus:** wholesale/retail **min order:** none **hrs:** 8–5 M–Sun **yrs:** 13 **yr prod:** n/a **nat:** 22% **wild coll:** 0 **prop:** 100% **type:** container, forb, seeds **plants:** trees, shrubs, forbs, grasses

Methow Natives
19 Aspen Lane, Winthrop, WA 98862, 509-996-3562 **fax:** 509-996-3562 **email:** methownatives@methow.com **affl:** private **bus:** wholesale/retail **min**

Revitalize your wetland projects for satisfied clients and a healthy environment.

Mellow Marsh Farm
Quality Wetland Plants and Seeds
919-742-1200
mellowmarsh@mindspring.com

Custom grown native plants for the inland Northwest

Suitable for Restoration and Landscape Plantings

Wide range of shrub-steppe and riparian species

Container and bareroot stock
Contract growing available

Full line of Restoration and Landscaping Services

Contact us about your growing concerns!
e-mail availability list ready to send

❊ ❊ ❊

509-996-3562

methownatives@methow.com

Methow Natives
19 Aspen Lane • Winthrop WA 98862

Methow Natives (continued)
order: $50 mailorders only **contact:** Rob Crandall **hrs:** 9–5 M–F **yrs:** 5 **yr prod:** n/a **nat:** 100% **wild coll:** 0 **prop:** 100% **type:** container, bareroot **plants:** all **serv:** restoration, landscaping, consulting **url:** www.methownatives.com
• Methow Natives is a regional native plant nursery. From locally collected seed, we produce a variety of native trees, shrubs, forbs, & grasses for restoration & landscaping projects. We work with small landowners & large organizations including WDOT, USFS, USFWS, & OCD. Call for availability.

Michigan State Forest Tree Improvement Center
4631 Bishop Lake Road, Howell, MI 48843, 810-229-9152 **fax:** 810-229-0827 **email:** mergener@state.mi.us **affl:** state **bus:** n/a **min order:** inquire **contact:** n/a **hrs:** 8–4:30 M–F **yr prod:** 3,000,000/y **nat:** 100% **wild coll:** 0 **prop:** 100% **type:** bareroot, container **plants:** trees

Michigan Wildflower Farm
11770 Cutler Rd, Portland, MI 48875-9452, 517-647-6010 **fax:** 517-647-6072 **email:** wildflowers@voyager.net **affl:** private **bus:** retail/mailorder **min order:** inquire **contact:** n/a **hrs:** n/a **yrs:** n/a **yr prod:** n/a **nat:** 99% **wild coll:** 0 **prop:** 100% **type:** bareroot, container, seeds **plants:** forbs, grasses **serv:** consulting, installation, maintainence, & seed producers

Microseed Nursery
PO Box 35, Ridgefield, WA 98642, 360-887-4477 **fax:** 360-887-4477 **email:** microseed@aol.com **affl:** private **bus:** contract growing only **min order:** none **contact:** Raul Moreno **hrs:** 8–5 **yrs:** 12 **yr prod:** n/a **nat:** 100% **wild coll:** 0 **prop:** 100% **type:** container **plants:** trees, shrubs

Middletown Rancheria
PO Box 1345, Middletown, CA 95461, 707-987-8105 **fax:** 707-987-8116 **affl:** tribal **bus:** wholesale **min order:** inquire **contact:** Luva Rivera **hrs:** 8–4:30 M–F **yrs:** n/a **yr prod:** n/a **nat:** 100% **wild coll:** 0 **prop:** 100% **type:** container **plants:** trees, shrubs, grasses, forbs

Miles W. Fry & Son
300 Frysville Rd., Ephrata, PA 17522, 717-354-4501 **fax:** 717-354-8423 **affl:** private **bus:** wholesale **min order:** inquire **contact:** n/a **hrs:** n/a **yrs:** n/a **yr prod:** 100,000/y **nat:** 100% **wild coll:** 0 **prop:** 100% **type:** bareroot **plants:** trees

Milestone Nursery
PO Box 907, 620 State St., Lyle, WA 98635, 509-365-5222 **fax:** 509-365-4245 **affl:** private **bus:** wholesale **min order:** $100 **contact:** Modene Miles **hrs:** by appt only **yrs:** 9 **yr prod:** n/a **nat:** 100% **wild coll:** 100% **prop:** 100% **type:** container, plugs, seeds **plants:** trees, shrubs, forbs, grasses **serv:** wetland species grown by contract

Mineland Reclamation Division
PO Box 392, Highway 169 West, Chisholm, MN 55719, 218-254-7967 **fax:** 218-254-7973 **email:** dan.jordan@irrrb.org **affl:** state **bus:** n/a **min order:** inquire **contact:** Dan Jordan **hrs:** 8–4:30 M–F **yrs:** n/a **yr prod:** 2,500,000/y **nat:** 100% **wild coll:** 0 **prop:** 100% **type:** bareroot **plants:** trees, shrubs

Minnesota State Forest Nurseries
Minnesota Dept. of Natural Resources, PO Box 95, Willow River, MN 55795, 218-652-2383 **email:** craig.vansickle@dnr.state.mn.us **affl:** state **bus:** n/a **min order:** inquire **contact:** Craig **hrs:** 8–4:30 M–F **yrs:** n/a **yr prod:** 11,120,000/y **nat:** 100% **wild coll:** 0 **prop:** 100% **type:** bareroot, container **plants:** trees, shrubs

Mississippi Forestry Commission, Waynesboro Nursery
1063 Buckatunna-Mt. Zion Rd., Waynesboro, MS 39367, 601-735-9512 **fax:** 601-735-3163 **email:** pwilson@mfc.state.ms.us **affl:** state **bus:** wholesale **min order:** inquire **contact:** n/a **hrs:** 8–4:30 M–F **yrs:** n/a **yr prod:** 40,000,000/y **nat:** 100% **wild coll:** 0 **prop:** 100% **type:** bareroot **plants:** conifers

Mississippi Forestry Commission, Winona Nursery
90 Hwy. 51, Winona, MS 38967, 662-283-1456 **fax:** 662-283-4097 **email:** galldread@mfc.state.ms.us **affl:** state **bus:** wholesale **min order:** inquire **contact:** n/a **hrs:** 8–4:30 M–F **yrs:** n/a **yr prod:** 10,000,000/y **nat:** 100% **wild coll:** 0 **prop:** 100% **type:** bareroot **plants:** conifers

Missouri Wildflower Nursery
9814 Pleasant Hill Rd, Jefferson City, MO 65109-9805, 573-496-3492 **fax:** 573-496-3003 **email:** mowldflrs@socket.net **affl:** private **bus:** wholesale/retail **min order:** inquire for wholesale **contact:** Mervin Wallace **hrs:** 9–5 M–F seasonally **yrs:** n/a **yr prod:** n/a **nat:** 100% **wild coll:** 0 **prop:** 100% **type:** container, bareroot, seeds

Mobley Greenhouse, Inc.
1265 Ga. Hwy. 133 N., Moultrie, GA 31768, 912-985-5544 **fax:** 912-985-0567 **affl:** private **bus:** wholesale **min order:** inquire **hrs:** 8–5 M–F **contact:** n/a **nat:** 100% **wild coll:** 0 **prop:** 100% **type:** container **plants:** conifers

Mockingbird Nurseries, Inc.
1670 Jackson St, Riverside, CA 92504, 909-780-3571 **fax:** 909-780-4037 **affl:** private **bus:** wholesale/retail **min order:** none **contact:** Joany Clayton **hrs:** 8–4 M–F **yrs:** 18 **yr prod:** n/a **nat:** 75% **wild coll:** 0 **prop:** 100% **type:** ask **plants:** all

Mohave Joshua Company
PO 3222, Kingman, AZ 86402, 928-757-2818 **fax:** 928-757-5098 **affl:** private **bus:** wholesale **min order:** none **contact:** n/a **hrs:** 8–5 M–Sat **yrs:** n/a **yr prod:** n/a **nat:** 0 **wild coll:** 0 **prop:** 0 **type:** seeds **plants:** trees, forbs **serv:** we sell Joshua Tree, octillo, CA poppy seeds only

Mohn Seed Co.
Rt 1, Box 192, Cottonwood, MN 56229, 507-423-6482 **fax:** 507-423-5552 **email:** mohnseed@mvtvwireless.com **affl:** private **bus:** retail/wholesale **min order:** inquire **contact:** n/a **hrs:** 8–5 M–F **yrs:** n/a **yr prod:** n/a **nat:** 100% **wild coll:** 0 **prop:** 100% **type:** seeds **plants:** grasses, forbs

Monico Greenhouses
Consolidated Papers, Inc., 1825 Highway 8, Rhinelander, WI 54501, 715-487-5264 **fax:** 715-365-4787 **affl:** private

Monico Greenhouses (continued)
bus: private **min order:** inquire **contact:** n/a **hrs:** 8–5 M–F **yr prod:** 1,256,000/y **nat:** 100% **wild coll:** 0 **prop:** 100% **type:** container **plants:** conifers

Montana Conservation Seedling Nursery
Montana Dept. of Natural Resources & Conservation, 2705 Spurgin Road, Missoula, MT 59804, 406-542-4244 **fax:** 406-542-4203 **email:** jjustin@state.mt.us **affl:** state **min order:** inquire **plants and seeds:** ask

Moon Mountain Wildflowers
PO Box 725, Carpinteria, CA 93014, 805-684-2565 **fax:** 805-684-2498 **email:** ssseeds@silcom.com **affl:** private **bus:** retail **min order:** none **contact:** n/a **hrs:** 8–5 M–F **yrs:** n/a **yr prod:** n/a **nat:** 60% **wild coll:** 0 **prop:** 0 **type:** seeds **plants:** forbs

Morgan County Nursery
438 Tree Nursery Road, West Liberty, KY 41472, 606-743-3511 **fax:** 606-743-1999 **email:** Phillip.Leach@mail.state.ky.us **affl:** state **bus:** n/a **min order:** inquire **contact:** n/a **hrs:** 8–4:30 M–F **yrs:** n/a **yr prod:** 3,000,000/y **nat:** 100% **wild coll:** 0 **prop:** 100% **type:** bareroot, container **plants:** trees

Morning Sky Greenery
24774 450th Ave., Hancock, MN 56244, 320-392-5282 **fax:** 320-392-5286 **email:** mornsky@fedtel.net **affl:** private **bus:** wholesale/retail/mailorder **min order:** inquire for wholesale **contact:** Sally Finzel **hrs:** inquire for retail hours **yrs:** 12 **yr prod:** n/a **nat:** 100% **wild coll:** 0 **prop:** 100% **type:** containers, plugs **plants:** forbs, grasses, wetland, riparian **serv:** consulting and contract growing

Moses Lake Conservation
1775 SE Hwy 17, Moses Lake, WA 98837, 509-765-5333 **fax:** 509-765-7665 **email:** mlcd@qosi.net **affl:** soil conservation district **bus:** wholesale/retail/contract grower **min order:** none **contact:** Cary Munce **hrs:** 8–6 T–Sat **yrs:** 50 **yr prod:** n/a **nat:** 60% **wild coll:** 0 **prop:** 100% **type:** container, bareroot, plugs **plants:** trees, shrubs, wetland, forbs, grasses **serv:** consulting

Mosterman Plant Propagators
43233 Lumsden Rd, Chilliwack, BC Canada V2R 4R4, 604-823-4713 **fax:** 604-823-4749 **affl:** private **bus:** wholesale **contact:** Theo or Sylvia Mosterman **type:** containers, liners **plants:** trees, shrubs **serv:** contract grower/mail order wholesale only

Mostly Natives
PO Box 258, 27235 Hwy 1, Tomales, CA 94971, 707-878-2009 **fax:** 707-878-2079 **email:** plants@mostlynatives.com **affl:** private **bus:** retail **min order:** none **contact:** n/a **hrs:** 9–5 W-Sat 10–4 Sun **yrs:** n/a **yr prod:** n/a **nat:** 50% **wild coll:** 0 **prop:** 100% **type:** container **plants:** all

Mount Arbor Nursery
201 E. Fergusen, PO Box 129, Shenandoah, IA 51601, 712-246-4250 **fax:** 712-246-1841 **affl:** private **bus:** wholesale/retail **min order:** inquire **plants:** ask

Mount Jefferson Farms
3394 Brown's Island, Salem, OR 97307, 503-363-0467 **fax:** 503-362-5248 **affl:** private **bus:** wholesale **min order:** inquire **hrs:** 8–5 M–F **yrs:** 32 **yr prod:** n/a **nat:** 75% **wild coll:** 0 **prop:** 100% **type:** plugs, container, bioengineering material **plants:** trees, shrubs, grasses **serv:** streambank restoration

Mount Rainier National Park Native Plant Nursery
Tahoma Woods, Star Route, WA 98304-9751, 360-569-2211 **fax:** 360-569-2170 **affl:** federal **bus:** n/a **min order:** inquire **contact:** Laurie Kurth or Libby Roberts **hrs:** 8–4:30 M–F **yrs:** 12 **yr prod:** n/a **nat:** 100% **wild coll:** 0 **prop:** 100% **type:** container **plants:** all

Mountain Home Nursery
PO Box 127, DeBorgia, MT 59830, 406-678-4221 **affl:** private **min order:** inquire **plants and seeds:** ask

Mountain States Wholesale Nursery
PO Box 2500, Litchfield Park, AZ 85340, 623-247-8509 **fax:** 623-247-6354 **email:** sales@mswn.com **affl:** private **bus:** wholesale **min order:** inquire **contact:** Dan Goodspeed **hrs:** 7–4 M–F **yrs:** 32 **yr prod:** n/a **nat:** 80% **wild coll:** 0 **prop:** 100% **type:** container **plants:** trees, shrubs, grasses, forbs

Mountain West Seed Co., Inc.
19 N. 100 W., Ephraim, UT 84627, 435-283-4704 **fax:** 435-283-4704 **email:** mtnwseed@cut.net **affl:** private **bus:** wholesale **min order:** inquire **hrs:** 8–5 M–F **yrs:** n/a **type:** seeds

Munchkin Nursery and Gardens LLC
323 Woodside Dr. N.W, Depauw, IN 47115-9039, 812-633-4858 **fax:** 812-633-4858 **email:** genebush@munchkinnursery.com **affl:** private **bus:** retail **min order:** none **contact:** Gene Bush **hrs:** 9–6 Mon–Sun **yrs:** n/a **yr prod:** n/a **nat:** 75% **wild coll:** 0 **prop:** 100% **type:** container

Musser Forests, Inc.
PO Box 340, Dept. 34-00 Route 119 N, Indiana, PA 15701-0310, 724-465-5685 **fax:** 724-465-9893 **email:** info@musserforests.com **affl:** private **bus:** wholesale/retail/mailorder **min order:** inquire for wholesale **contact:** Jim Cristin **hrs:** 8–5 M–S **yrs:** 72 **yr prod:** 20,250,000/y **nat:** 50% **wild coll:** 0 **prop:** 100% **type:** plugs, containers, liners, bareroot **plants:** trees, shrubs, forbs, grasses, ferns

Myers Cove Nursery, Inc.
PO Box 191, 3876 Myers Cove Rd, McMinnville, TN 37110, 731-668-3155 **fax:** 931-668-3207 **email:** myers@blomand.net **affl:** private **bus:** wholesale **min order:** inquire **contact:** n/a **hrs:** 8–5 M–F **yrs:** 31 **yr prod:** 200 ac **nat:** 50% **wild coll:** 0 **prop:** 100% **type:** container, b&b, liners **plants:** trees, shrubs, forbs, grasses, ferns

N

N.A.T.S. Nursery Ltd.
17127 Fraser Highway, Surrey, BC Canada V3S 4R5, 604-576-1300 **fax:** 604-576-9383 **email:** Rod@natsnursery.com **affl:** private **bus:** wholesale **contact:** Rod Nataros **yrs:** 15 **nat:** 75% **prop:** 100% **type:** containers, plugs, b&b **plants:** trees, shrubs, forbs

N.R.C.S. Rose Lake Plant Materials Center
7472 Stoll Road, East Lansing, MI 48823, 517-641-6300 **fax:** 517-641-4421 **email:** tbush@mi.usda.nrc.gov **affl:** federal **bus:** n/a **min order:** inquire **contact:** Tony Bush **hrs:** 8–4:30 M–F **yrs:** 45 **yr prod:** 45 ac **nat:** 70% **wild coll:** 0 **prop:** 100% **type:** bareroot, container, seeds **plants:** all

Napa Native Plant Nursery, California Conservation Corps
PO Box 7199, Napa, CA 94558, 707-253-7783 **fax:** 707-253-1421 **affl:** state **bus:** wholesale/contract growing **min order:** inquire **contact:** Eric **hrs:** 8–4:30 M–F **yrs:** 25 **yr prod:** 350,000/y **nat:** 100% **wild coll:** 0 **prop:** 100% **type:** container **plants:** all

Natchez Trace Gardens
1113 S. Huntington St., Kosciusko, MS 39090, 662-289-4979 **affl:** private **bus:** retail **min order:** none **contact:** n/a **hrs:** 9–6 M–F, 9–4 Sat **yrs:** n/a **yr prod:** n/a **nat:** 60% **wild coll:** 0 **prop:** 100% **type:** containers **plants:** trees, shrubs, forbs, wetland, aquatic

Nathan Creek Nursery
7321 272nd St., Langley, BC Canada V3A 4P9, 604-856-8802 **fax:** 604-856-0453 **affl:** private **bus:** wholesale **contact:** Annie Cassels **type:** container

National Tropical Botanical Garden
3530 Papalina Rd, Kalaheo, HI 96741, 808-742-1011 **fax:** 808-332-9765 **affl:** nonprofit **bus:** n/a **min order:** inquire **contact:** n/a **hrs:** 9–4:30 M–F **yrs:** 20 **yr prod:** n/a **nat:** 95% **wild coll:** 0 **prop:**

National Tropical Botanical Garden (continued)
100% **type:** container **plants:** all **serv:** botanical garden collection of HI native species

Native American Seeds
PO Box 185 Junction, TX 76849, 800-728-4043 **fax:** 800-728-3943 **email:** info@seedsource.com. **affl:** private **bus:** wholesale/mailorder **min order:** inquire **contact:** n/a **hrs:** 8–5 M–Sat **yrs:** 20 **yr prod:** n/a **nat:** 100% **wild coll:** 0 **prop:** 0 **type:** seeds **plants:** forbs, grasses **serv:** consulting services, forbs native to our bioregion

Native and Uncommon Plants
4157 Ortega Blvd, Jacksonville, FL 32210-4421, 904-388-9851 **fax:** 904-388-9851 **email:** lespierpont@att.net **affl:** private **bus:** retail **min order:** inquire **contact:** Leslie Pierpont **yr:** 2 **nat:** 50% **wild coll:** 0 **prop:** 100% **type:** container **plants:** trees, shrubs, forbs, grasses

Native Creations
28200 Tammi Dr., Tavares, FL 32778; 35540 N. Treasure Island Rd, Leesburg, FL, 352-343-3854 **fax:** 352-343-6327 **affl:** private **bus:** wholesale **min order:** inquire **contact:** Gary Barnett **hrs:** 7:30–3:30 M–F **yrs:** 8 **yr prod:** 15 ac **nat:** 100% **wild coll:** 0 **prop:** 100% **type:** container **plants:** all **serv:** full service restoration, contract growing

Native Gardens
5737 Fisher Lane, Greenback, TN 37742, 865-856-0220 **fax:** 865-856-0220 **email:** mclebsch@earthlink.net **affl:** private **bus:** wholesale/ mailorder **min order:** none **contact:** Ed or Meredith **hrs:** 8–8 M–F **yrs:** 16 **yr prod:** n/a **nat:** 90% **wild coll:** 0 **prop:** 100% **type:** container **plants:** all

Native Here Nursery
101 Golf Course Rd, Berkeley, CA 94708, 510-549-0211 **fax:** 510-444-4198 **affl:** private **bus:** retail **min order:** none **contact:** n/a **hrs:** Fridays 9–12 **contact:** n/a **yr prod:** n/a **nat:** 100% **wild coll:** 0 **prop:** 100% **type:** ask **plants:** all **serv:** operated by the CA native plant society

Native Nurseries of Tallahassee, Inc.
1661 Centerville Rd, Tallahassee, FL 32308, 850-386-8882 **fax:** 850-386-2747

email: dlegare@unr.net **affl:** private **bus:** retail **min order:** inquire **contact:** Donna Legare **hrs:** 8–6 M–Sat **nat:** 100% **wild coll:** 0 **prop:** 100% **type:** container **plants:** trees, shrubs, forbs, grasses, palms, cycads

Native Nursery
17025 S. Golden Rd, Golden, CO 80401, 303-278-3750 **fax:** 303-278-1127 **affl:** private **bus:** retail **min order:** none **contact:** n/a **hrs:** 9–5 M–Sat **yrs:** n/a **yr prod:** n/a **nat:** 15% **wild coll:** 0 **prop:** 100% **type:** containers, b&b **plants:** trees, shrubs, forbs, grasses

Native Ornamentals
PO Box 997, Mertzon, TX 76941, 915-835-2021 **email:** Natvor@gte.net **affl:** private **bus:** retail/wholesale **min order:** inquire for wholesale **contact:** Steve or Valorie Lewis **hrs:** 10–5 T–S Sun/Mon by appt **yrs:** 16 **yr prod:** n/a **nat:** 100% **wild coll:** 0 **prop:** 100% **type:** container, seeds **plants:** trees, forbs, grasses, shrubs

Native Plant Brokerage
PO Box 206, Terra Ceia, FL 34250, 941-723-5091 **fax:** 941-723-5075 **email:** natplant@aol.com **affl:** private **bus:** wholesale **min order:** inquire **contact:** Sandy Mazer **nat:** 100% **wild coll:** 0 **prop:** 100% **type:** liner, container, bareroot **plants:** all

The Native Plant Nursery
PO Box 7841, Ann Arbor, MI 48107, 734-994-9592 **email:** plants@nativeplants.com **affl:** private **bus:** retail/wholesale **min order:** inquire **contact:** Mike or Greg **hrs:** n/a **yrs:** n/a **yr prod:** n/a **nat:** 100% **wild coll:** 0 **prop:** 100% **type:** container **plants:** all **serv:** consulting, landscape installation

Native Plant Restoration, Inc.
3208 Bearpaw Dr. NW, Calgary, AB Canada T21 IT2, 403-282-6516 **affl:** private **type:** plants and seeds **plants:** ask

Native Revival Nursery
2600 Mar Vista Dr, Aptos, CA 95003, 831-684-1811 **fax:** 831-684-1811 **email:** plants@nativerevival.com **affl:** private **bus:** wholesale/retail **min order:** none **contact:** Ken, Evans Arin O'Dhohtary **hrs:** 8:30–4 T–Sat, 10–4 Sun **yrs:** 11 **yr prod:** n/a **nat:** 95% **wild coll:** 0 **prop:** 100% **type:** container **plants:** all **serv:** 1,000 species grown

Native Seed Foundation
Star Route, Moyie Springs, ID 83845, 208-267-7938 **fax:** 208-267-3265 **email:** smallpotatoes@ronnigers.com **affl:** private **bus:** wholesale mailorder **min order:** inquire **contact:** David or Ben Ronniger **hrs:** 8–5 M–F **yrs:** n/a **yr prod:** n/a **nat:** 100% **wild coll:** 100% **prop:** 0 **type:** seeds **plants:** all **serv:** wild collected seeds from PNW

Native Seed, Inc.
14590 Triadelphia Mill Rd, Dayton, MD 21036, 301-596-9818 **fax:** 301-854-3195 **affl:** private **bus:** wholesale/retail/mailorder **min order:** inquire **yrs:** 27 **yr prod:** n/a

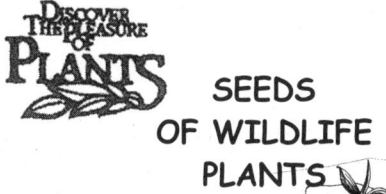

SEEDS OF WILDLIFE PLANTS

Hardy native Northwest shrub seeds collected from healthy stands. Specializing for over 20 years in the collection of shrub seeds, some trees and grasses native to the Northwest mountain region of the United States. Species provide excellent forage and/or cover for wildlife, slope stabilization, erosion control, vital forest understory and many other restoration necessities.

e-mail: nativeseeds@ronnigers.com
website: nativeseedfoundation.com

Write for free catalog!

alphabetical listings

Native Seeds
7327 Haefork Ln, Gloucester Point, VA 23062, 804-642-0736 **affl:** private **bus:** mailorder/wholesale/retail **min order:** inquire **contact:** n/a **hrs:** 8–5 M–F **yrs:** 11 **yr prod:** n/a **nat:** 90% **wild coll:** 0 **prop:** 100% **type:** seeds, bareroot **plants:** trees, shrubs, forbs, grasses

The Natives, Inc.
2929 JB Carter Rd, Davenport, FL 33837, 863-422-6664 **fax:** 863-421-6520 **email:** natives@gate.net **affl:** private **bus:** wholesale/retail **min order:** inquire for wholesale **contact:** Nancy or Sarah **hrs:** 8–4 M–F **yrs:** 20 **yr prod:** n/a **nat:** 100% **wild coll:** 0 **prop:** 100% **type:** container **plants:** all **serv:** retail by appt only • 190 species available of landscape quality plants. Native ornamental grasses, sandhill & scrub species; wetland trees, shrubs & herbacious; wildflowers & butterfly attractors. Upland restoration specialists. Land preparation, seeding, planting, maintenance, & monitoring. In Central Florida since 1982.

Native Son
7400 McNeil Dr, Austin, TX 78729, 512-444-2610 **affl:** private **bus:** retail/wholesale **min order:** none **contact:** n/a **hrs:** 9–5 M–F **yrs:** 42 **yr prod:** n/a **nat:** 100% **wild coll:** 0 **prop:** 100% **type:** container **plants:** trees, shrubs, forbs **serv:** landscaping, consulting

Native Sons, Inc.
379 W El Campo Rd, Arroyo Grande, CA 93420, 805-481-5996 **fax:** 805-489-1991 **email:** native.son@nativeson.com **affl:** private **bus:** wholesale **min order:** inquire **contact:** Tim **hrs:** 9–4 M–S **yrs:** 20 **yr prod:** n/a **nat:** 100% **wild coll:** 0 **prop:** 100% **type:** container **plants:** all

Native Texas Nursery, Inc.
1141 Penion Dr, Austin, TX 78748, 512-276-9801 **fax:** 512-276-9820 **affl:** private **bus:** wholesale **min order:** inquire **yrs:** n/a **yr prod:** n/a **nat:** 80% **wild coll:** 0 **prop:** 100% **type:** container **plants:** trees, shrubs •

Native Texas Nursery, Inc. is a grower of landscape material native or naturalized to Texas, northern Mexico and the southwest, specializing in container grown trees and shrubs and perennials 1 gallon to 65 gallon in size. We are wholesale only and can arrange deliveries within the state of Texas.

Native Texas Nursery
1004 Mopac Circle, 16019 Milo Road, Austin, TX 78725, 877-962-8483/ 512-276-9801 **fax:** 512-276-9820 **email:** sales@nativetexasnursery.com **affl:** private **bus:** wholesale **min order:** inquire **contact:** n/a **hrs:** 8–5 M–F **yrs:** n/a **yr prod:** 8 ac **nat:** 100% **wild coll:** 0 **prop:** 100% **type:** container **plants:** trees, shrubs, forbs, grasses **serv:** delivery in TX, no shipping

Native Tree Farm
Hwy 29 E FM 1660, Georgetown, TX 78628, 512-635-0103 **affl:** private **bus:** retail/wholesale **min order:** inquire **yrs:** n/a **yr prod:** n/a **nat:** 100% **wild coll:** 0 **prop:** 100% **type:** container **plants:** trees **serv:** installation service

Native Tree Nursery, Inc.
17250 SW 232 St, Goulds, FL 33170, 305-247-4499 **fax:** 305-247-4471 **affl:** private **bus:** wholesale **min order:** inquire **contact:** Hugh Forthman, Jr. **nat:** 100% **wild coll:** 0 **prop:** 100% container, b&b, field grown **plants:** trees, shrubs, palms

Native Wetland Resources
PO Box 417, Slocomb, AL 36375, 334-678-7089 **affl:** private **bus:** wholesale **min order:** inquire **contact:** n/a **hrs:** 8–5 M–F **yrs:** 4 **yr prod:** n/a **nat:** 100% **wild coll:** 0 **prop:** 100% **type:** bareroot, container, plugs **plants:** riparian, wetland grasses and forbs **serv:** contract growing and installation

Natives of Texas
6520 Medina Hwy, Kerrville, TX 78028, 830-896-2169 **email:** bettyw@ktc.com **affl:** private **bus:** wholesale/retail **min order:** inquire **contact:** Betty **hrs:** by appt/F–Sat 9–4 **yrs:** n/a **yr prod:** n/a **nat:** 100% **wild coll:** 0 **prop:** 100% **type:** container, seeds **plants:** trees, shrubs,

grasses, forbs **serv:** we specialize in TX madrone trees

The Natural Garden, Inc.
38W443 Hwy 64, St. Charles, IL 60175, 630-584-0150 **affl:** private **bus:** wholesale/retail **min order:** 1 flat of 32 **contact:** Jan **hrs:** n/a **yrs:** 50 **yr prod:** n/a **nat:** 100% **wild coll:** 0 **prop:** 100% **type:** container, bareroot **plants:** forbs **serv:** consulting, custom planting

Natural Legacy Seed
RR2 C1 Laird, Armstrong, BC Canada V0E 1B0, 250-546-9799 **affl:** private **bus:** wholesale **contact:** Graham Ware **type:** seeds **plants:** forbs

The Nature Conservancy Kanepu`u Preserve Nursery
PO Box 630-362, Lana`i City, HI 96763, 808-565-7430 **email:** Bvalley@tnc.org **affl:** private **min order:** inquire **contact:** Brian Valley **hrs:** n/a **yrs:** 7 **yr prod:** n/a **nat:** 100% **wild coll:** 0 **prop:** 100% **type:** container **plants:** all

Nature's Acres
14088 Highway 95 NE, Foley, MN 56329-9733, 320-968-8309 **fax:** 320-968-4223 **email:** info@mnnativelandscapes.com **affl:** private **bus:** retail/wholesale **min order:** inquire **contact:** n/a **hrs:** 9–5 M–F **yrs:** n/a **yr prod:** n/a **nat:** 100% **wild coll:** 0 **prop:** 100% **type:** containers, seeds **plants:** wild strain seeds & container plants **serv:** consulting, contract seed harvesting & growing

Nature's Enhancement, Inc.
2980 Eastside Hwy, Stevensville, MT 59870, 406-777-3560 **fax:** 406-777-3560 **email:** natures_enhancement_inc@msn.com **affl:** private **bus:** wholesale **min order:** $100 retail min/none for wholesale **contact:** Julie Monk **hrs:** 8–4:30 M–F **yrs:** 8 **yr prod:** n/a **nat:** 100% **wild coll:** 0 **prop:** 100% **type:** container, b&b **plants:** trees, conifers, shrubs, forbs, grasses **serv:** landscape/restoration services, installation, sprinkler systems

Nature's Garden
40611 Hwy 226 Scio, OR 97374-9351 503-394-3217, **affl:** private **bus:** retail/wholesale/mailorder **min order:** inquire **plants and seeds:** ask

Nature's Garden Seed Company
PO Box 40121, 905 Gordon Street, Victoria, BC Canada V8W 3N3, 250-595-2062 **fax:** 250-595-2062 **affl:** private **bus:** wholesale **contact:** Dianne Collins **type:** seeds **plants:** trees, shrubs, forbs

Nature's Way Wholesale
8905 Edith NE, Albuquerque, NM 87113, 505-898-9358 **affl:** private **bus:** wholesale **min order:** inquire **contact:** n/a **hrs:** 9–5 M–F **yrs:** 20+ **yr prod:** n/a **nat:** 10% **wild coll:** 0 **prop:** 100% **type:** container **plants:** shrubs, forbs

Navajo Forestry Nursery
PO Box 230, Fort Defiance, AZ 86504, 520-729-4007 **fax:** 520-729-4225 **affl:** tribal **bus:** n/a **min order:** inquire **contact:** A.K. Arbab **hrs:** 8–4:30 M–F **yrs:** 17 **yr prod:** n/a **nat:** 100% **wild coll:** 0 **prop:** 100% **type:** container **plants:** trees, shrubs, grasses, forbs **serv:** contract growing

Needlefast Evergreens, Inc.
4075 W. Hansen Road, Ludington, MI 49431, 877-255-0535 **fax:** 231-843-1887 **email:** nickel@needlefastevergreens.com **affl:** private **bus:** wholesale **min order:** inquire **contact:** Jim Nickelson **yr prod:** 5,000,000/y **nat:** 100% **wild coll:** 0 **prop:** 100% **type:** bareroot **plants:** trees

Nesta Prairie Perennials
1019 Miller Rd., Kalamazoo, MI 49001, 616-343-1669 **fax:** 616-343-0768 **affl:** private **bus:** retail/wholesale **min order:** inquire **contact:** Steve **hrs:** n/a **yrs:** n/a **yr prod:** n/a **nat:** 100% **wild coll:** 0 **prop:** 100% **type:** container, plugs **plants:** all **serv:** Great Lakes ecotypes

New England Wetland Plants
820 West St., Amherst, MA 01002, 413-548-8000 **fax:** 413-549-4000 **email:** info@newp.com **affl:** private **bus:** wholesale **min order:** inquire **contact:** n/a **hrs:** 8–5 M–F **yrs:** n/a

New England Wetland Plants (continued)
yr prod: n/a nat: 100% wild coll: 0
prop: 100% type: container, plugs,
bareroot, seeds plants: all serv: erosion
control products

New Hampshire State Forest Nursery
405 Daniel Webster Hwy, Boscawen, NH
03303, 603-796-2323 fax: 603-271-6488
email: nurseryc@dred.state.nh.us
affl: state min order: inquire contact:
nursery manager hrs: 8–4 M–F yrs: 93
yr prod: 320,000/y nat: 100% wild coll:
0 prop: 100% type: bareroot plants:
trees, shrubs

New Jersey Forest Tree Nursery
370 East Veterans Highway, Jackson, NJ
08527, 732-928-0029
fax: 732-928-4925 affl: state min order:
inquire about sales to public contact:
nursery manager hrs: 8–4 M–F yrs: 20
yr prod: n/a nat: 25% wild coll: 0 prop:
100% type: container, bareroot plants:
trees, shrubs serv: contract grower

New Kent Forestry Center
11301 Pocahontas Trail, Providence
Forge, VA 23140, 804-966-2201
fax: 804-966-9801 email: nfc@dof.state.
va.us affl: state bus: n/a min order:
inquire contact: n/a hrs: 8–4:30 M–F
yrs: n/a yr prod: 30,000,000/y
nat: 100% wild coll: 0 prop: 100%
type: bareroot plants: trees

New Mexico Energy, Minerals, and Natural Resources Department Forestry Division
PO Box 1948, Santa Fe, NM 87504-
1948, 505-827-5830 fax: 505-827-3903
affl: state bus: n/a min order: inquire
hrs: 8–4:30 M–F yrs: n/a yr prod:
375,000/y nat: 100% wild coll: 0
prop: 100% type: container plants: trees

Newaygo Conservation District Nursery
1725 E. 72nd Street, Newaygo, MI
49337, 231-652-7493 fax: 231-652-4776
affl: state bus: n/a min order: inquire
hrs: 8–4:30 M–F yrs: n/a yr prod:
2,050,000/y nat: 100% wild coll: 0
prop: 100% type: bareroot, container
plants: trees, shrubs

Niche Gardens
1111 Dawson Rd, Chapel Hill, NC 27516,
919-967-0078 fax: 919-967-4026 email:
mail@nichegardens.com affl: private
bus: wholesale/mailorder min order:
inquire contact: n/a hrs: 9–5 M–F yrs:
n/a yr prod: n/a nat: 75% prop: 100%
type: bareroot, container plants: all

NMSU-MORA Research Center
PO Box 359 Mora, NM 87732,
505-387-2319 fax: 505-387-9012 email:
moraasc@nmsu.edu affl: state bus: n/a
min order: inquire hrs: 8–4:30 M–F
yrs: n/a yr prod: 375,000/y nat: 100%
wild coll: 0 prop: 100% type: container
plants: trees, shrubs

Noback's Farm Nursery
5943 Wool Mill Rd, Glenville, PA 17329,
717-235-0419 email: millienoback@
netscape.net affl: private bus: retail/
wholesale min order: inquire contact:
Millie Noback hrs: n/a yrs: n/a yr prod:
n/a nat: 100% wild coll: 0 prop: 100%
type: container plants: forbs, shrubs

Nolin River Nut Tree Nursery
797 Port Wooden Rd., Upton, KY 42784,
270-369-8551 email: john.brittain@
gte.net affl: private bus: wholesale/retail
min order: inquire contact: John and Lisa
Brittain hrs: 7–7 M–Sat yrs: 18
yr prod: n/a nat: 90% wild coll: 0 prop:
100% type: bareroot plants: trees serv:
grafted native nut trees

Norfarm Seeds, Inc.
PO Box 725, 104 Minnesota Ave. NW,
Bemidji, MN 56619, 218-751-3350 affl:
private bus: wholesale/retail min order:
inquire contact: n/a hrs: 9–5 M–F
yrs: n/a yr prod: n/a nat: 100%
wild coll: 0 prop: 0 type: seeds
plants: grasses, forbs serv: consulting,
contract growing, contract processing

Norman's Native Plants Plus
2150 US 27 N, Avon Park, FL 33825,
863-414-4729 fax: 863-453-6303
email: normansnativeplants@yahoo.com
affl: private bus: wholesale min order:
inquire contact: Norman Cook
nat: 100% wild coll: 0 prop: 100% type:
liner, bareroot, container, seeds plants:
trees, shrubs serv: contract growing
services

North American Prairies Company
11754 Jarvis Ave., Annadale, MN 55302, 320-274-5316 **email:** info@northamericanprairies.com **affl:** private **bus:** retail/wholesale/mailorder **min order:** inquire **contact:** n/a **hrs:** 9–5 M–Sat **yrs:** n/a **yr prod:** n/a **nat:** 100% **wild coll:** 0 **prop:** 100% **type:** container, plugs, seeds **plants:** shrubs, grasses, forbs, wetland, riparian **serv:** consulting and installation

North Cascades National Park Native Plant Nursery
810 State Route 20, Sedro-Woolley, WA 98284-1239, 360-856-5700 **fax:** 360-856-1934 **affl:** federal **bus:** n/a **contact:** Regina Rouqefort **hrs:** 8–4:30 M–F **yrs:** 15 **yr prod:** n/a **nat:** 100% **wild coll:** 0 **prop:** 100% **type:** container **plants:** all

North Central Reforestation, Inc.
10466 405th Ave., Evansville, MN 56326, 218-747-2622 **fax:** 218-747-2621 **email:** ncrtrees@prtel.com **affl:** private **bus:** wholesale **min order:** inquire **contact:** Dave and Michelle Olsen **hrs:** 8–5 M–F **yrs:** n/a **yr prod:** 2,500,000/y **nat:** 100% **wild coll:** 0 **prop:** 100% **type:** bareroot **plants:** trees containerized

North Coast Native Nursery
PO Box 660, Petaluma, CA 94953, 707-769-1213 **fax:** 707-769-1230 **affl:** private **bus:** wholesale/retail **min order:** inquire **contact:** nursery mgr **hrs:** 8–4 M–F **yrs:** 15 **yr prod:** n/a **nat:** 100% **wild coll:** 0 **prop:** 100% **type:** bareroot, container **plants:** all **serv:** full service restoration

North Creek Nurseries, Inc.
388 N. Creek Rd, Landenberg, PA 19350, 610-255-0100 **fax:** 610-255-4762 **email:** Info@northcreeknurseries.com **affl:** private **bus:** wholesale **min order:** inquire **contact:** Dale Hendricks **hrs:** 9–5 M–F **yrs:** 13 **yr prod:** 6,000,000/y **nat:** 70% **wild coll:** 0 **prop:** 100% **type:** container, plugs, seeds **plants:** forbs, grasses, wetland, riparian, shrubs

North Sun Gardens, Ltd.
PO Box 49, Lot 6, Concession 4, Playfair Township, Ramore, Ontario Canada P0K 1R0 705-236-4142 **fax:** 705-236-4142 **email:** northsun@ntl.sympatico.ca **affl:** private **min order:** inquire **yr prod:** 2,500,000/y **nat:** 100% **wild coll:** 0 **prop:** 100% **type:** bareroot **plants:** trees **plants and seeds:** ask

North Woods Nursery, Inc.
PO Box 149, Elk River, ID 83827-0149, 208-826-3408 **fax:** 208-826-3441 **email:** available on request **affl:** private **min order:** inquire **seeds:** seeds

Northeast Delta RC & D Hardwood Seedling Nursery
1056 Highway 852, Rayville, LA 71269, 318-728-7328 **fax:** 318-728-7328 **affl:** private **bus:** wholesale **min order:** inquire **yrs:** n/a **yr prod:** n/a **nat:** 100% **wild coll:** 0 **prop:** 100% **type:** bareroot **plants:** conifers

Northeast Florida Native Nursery
1524 Smith St, Orange Park, FL 32703, 904-264-6699 **fax:** 904-264-6605 **affl:** private **bus:** retail **min order:** inquire **contact:** Ben Dinkins **nat:** 100% **wild coll:** 0 **prop:** 100% **type:** container **plants:** trees, shrubs, forbs, grasses **serv:** NE FL native species, landscaping

Northern Arizona Tree Farm
884 N Hwy 89, Chino Valley, AZ 86323, 928-636-2663 **affl:** private **bus:** retail **min order:** none **contact:** n/a **hrs:** 8–5 M–Sat, 10–4 Sun **yrs:** 5 **yr prod:** n/a **nat:** 60% **wild coll:** 0 **prop:** 100% **type:** container, seeds **plants:** trees, shrubs, grasses, forbs **serv:** landscaping services, sell salvaged material

Northern Lights Silviculture
6075 Highway 95 NW, Princeton, MN 55371-9336, 612-389-9287 **affl:** private **min order:** inquire **plants and seeds:** ask

Northern Pines Nursery
2300 South Morey Road, Lake City, MI 49651, 231-839-3277 **fax:** 231-839-3331 **email:** npn@voyager.net **affl:** private **bus:** wholesale **min order:** inquire **yr prod:** 1,400,000/y **nat:** 100% **wild coll:** 0 **prop:** 100% **type:** bareroot **plants:** trees

Northern Tree Nursery
International Paper Co.
RR1 Box 2189, Carmel, ME 04419,
207-848-3347 **fax:** 207-947-0825
email: jonathan.beattie@ipaper.com
affl: private **bus:** forest industry **min order:** inquire **contact:** n/a **hrs:** 8–5 M–F **yrs:** n/a **yr prod:** 1,000,000/y **nat:** 100% **wild coll:** 0 **prop:** 100% **type:** bareroot **plants:** trees

Northwest Native Plants
4262 Wriths Rd., Clayburn, BC Canada V0X 1E0, 604-859-7344 **affl:** private **bus:** wholesale **type:** container

Northwest Native Plants, Inc.
23501 S. Beatlie Road, Oregon City, OR 97405, 503-632-7079 **affl:** private **bus:** wholesale **min order:** none **contact:** Gary **hrs:** 7–4:30 M–F **yrs:** n/a **yr prod:** n/a **nat:** 100% **wild coll:** 0 **prop:** 100% **type:** container and some bareroot **plants:** all

Northwest Native Seed
915 Davis Place S, Seattle, WA 98114, 206-329-5804 **affl:** private **bus:** mailorder **min order:** inquire **contact:** n/a **hrs:** n/a **yrs:** n/a **yr prod:** n/a **nat:** 100% **wild coll:** 0 **prop:** 100% **type:** container **plants:** trees, shrubs, forbs, grasses

Northwoods Greenhouse
Rt. 1, Box 97, Cooks, MI 49817, 906-644-2065 **affl:** private **bus:** wholesale **min order:** inquire **contact:** n/a **hrs:** 8–5 M–F **yrs:** n/a **yr prod:** 2,000,000/y **nat:** 100% **wild coll:** 0 **prop:** 100% **type:** bareroot, container **plants:** trees

Nothing But Northwest Natives & Robson Botanical Consultants
306 Wyman Rd, Woodland, WA 98674, 360-225-6440 **fax:** 360-225-6440
email: nwplants@teleport.com
affl: private **bus:** wholesale/retail **min order:** none **contact:** Tom or Kali **hrs:** 10–6 Th–Sun closed Nov to Feb **yrs:** 7 **yr prod:** n/a **nat:** 100% **wild coll:** 0 **prop:** 100% **type:** container **plants:** trees, shrubs, wetland, forb, grasses **url.** www.nothingbutnwnatives.com • Retail nursery offering perennials, shrubs, & trees native to the PNW. Plants for bird & butterfly, pond, shade, rock gardens, & backyard wildlife habitat. Hours: Th–Sun 10–6 Mar–July & Sept–Oct or by appt.; mailorder. Botanical surveys, professional consulting. Additional info on website.

Nursery and Greenhouses Potlatch Corporation
105 Arch St., PO Box 504, Cloquet, MN 55720, 218-879-2362 **fax:** 218-879-0452
email: m.j.fastel@potlatchcorp.com
affl: private **min order:** inquire **contact:** n/a **hrs:** 8–5 M–F **yrs:** n/a **yr prod:** 300,000/y **nat:** 100% **wild coll:** 0 **prop:** 100% **type:** container **plants:** trees

Nursery Solutions, Inc.
PO Box 1146, Kailu-Kona, HI 96745, 808-331-8535 **fax:** 808-331-8455
email: nurssolu@aloha.net **affl:** private **bus:** wholesale **min order:** none **contact:** John Preising **hrs:** n/a **yrs:** n/a **yr prod:** n/a **nat:** 100% **wild coll:** 0 **prop:** 100% **type:** container **plants:** all

O

O'Neal Nursery
4420 Harrion Ferry Rd, McMinnville, TN 37110, 931-668-7749 **fax:** 931-668-7855
email: onealnursery@blomand.net
affl: private **bus:** wholesale/retail **min order:** inquire **contact:** Dwight O'Neal **hrs:** 8–4 M–F **yrs:** n/a **yr prod:** n/a **nat:** 50% **wild coll:** 0 **prop:** 100% **type:** container, b&b, liners **plants:** trees, shrubs **serv:** native species and cultivars

Oberlin Nursery
Louisiana Dept. of Agriculture & Forestry, PO Box N, Oberlin, LA 70655, 318-639-2911 **affl:** state **bus:** wholesale **min order:** inquire **contact:** n/a **hrs:** 8–4:30 M–F **yrs:** n/a **yr prod:** 25,000,000/y **nat:** 100% **wild coll:** 0 **prop:** 100% **type:** bareroot **plants:** conifers, trees **serv:** contract growing

Octoraro Native Plant Nursery
6126 Street Rd Kirkwood, PA 17536-9647, 717-529-3160 **fax:** 717-529-4099

email: octoraro@octoraro.com
affl: private **bus:** wholesale
min order: inquire **contact:** Jim MacKenzie **hrs:** 8–5 M–F **yrs:** 12
yr prod: 750,000y **nat:** 100% **wild coll:** 0
prop: 100% **type:** container **plants:** all
serv: contract grower **url:** www.octoraro.com • Octoraro Native Plant Nursery is a wholesale nursery specializing in quality container-grown, eastern regional native plants. We grow aquatic & herbaceous plugs, woody container seedlings, & #1 to #7 gallon woody trees & shrubs. We also supply coir erosion control products & tree shelters.

O'Donnells Fairfax Nursery
1700 Sir Francis Drake Blvd, Fairfax, CA 94930, 415-453-0372 **fax:** 415-453-3109
affl: private **bus:** retail **min order:** none
contact: Paul O'Donnell 9:30–5 M–Sun
yrs: 17 **yr prod:** n/a **nat:** 50% **wild coll:** 0
prop: 100% **type:** container **plants:** all
serv: installation, all organic

Oikos Tree Crops
PO Box 19425, Kalamazoo, MI 49019, 269-624-6233 **fax:** 269-624-4019
email: oak24@aol.com **affl:** private
bus: wholesale/retail **min order:** $25
contact: Ken Asmus **hrs:** n/a **yrs:** 15 **yr prod:** 90,000/y **nat:** 50% **wild coll:** 0
prop: 90% **type:** bareroot, container
plants: trees, shrubs, perennials **serv:** tree crop farm design

Okanagon Plant Propagators
Box 947, Winfield, BC Canada V0H 2C0, 205-766-3439 **fax:** 205-766-2439
affl: private **bus:** wholesale **contact:** Ken or Wendy Salvail **type:** container
plants: trees, shrubs, forbs

Okefenokee Growers
PO Box 4488, Jacksonville, FL 32201-4488, 877-356-5577/904-356-5577
fax: 904-356-4884 **email:** Varnco@bellsouth.net **affl:** private **bus:** wholesale
min order: inquire **contact:** Merrill Varn
nat: 100% **wild coll:** 0 **prop:** 100% **type:** container, bareroot **plants:** all

Oklahoma Department of Ag. Forestry Services
830 NE 12th Ave, Goldsby, OK 73093, 405-288-2385 **fax:** 405-288-6326

email: ok4stree@icon.net **affl:** state
bus: wholesale **min order:** inquire
contact: n/a **hrs:** 8–4:30 M–F **yrs:** n/a
yr prod: n/a **nat:** 90% **wild coll:** 0
prop: 100% **type:** containers
plants: trees, conifers

Old Ridge Nursery
PO Box 334, Calais, ME 04619-0334, 506-466-2770 **fax:** 506-465-0881
email: oldridge@nbnet.nb.ca **affl:** private
min order: inquire **plants and seeds:** ask

Olympic National Park Native Plant Nursery
600 East Park Avenue, Port Angeles, WA 98362-6798, 360-565-3130
fax: 360-565-3147 **affl:** federal **bus:** n/a
min order: inquire **contact:** Matt Albright
hrs: 8–4:30 M–F **yrs:** 12 **yr prod:** n/a
nat: 100% **wild coll:** 0 **prop:** 100%
type: container **plants:** all

Olympic Nursery
16507 140th Pl NE, Woodinville, WA 98072, 800-570-8883 **fax:** 425-485-9451

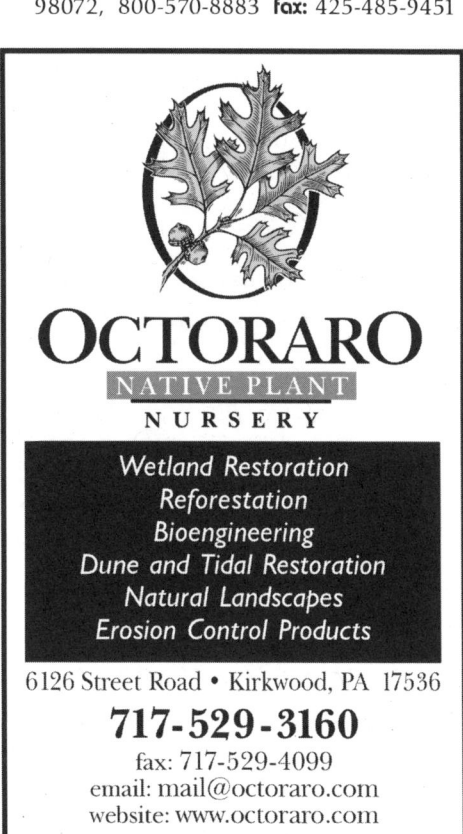

OCTORARO
NATIVE PLANT NURSERY

Wetland Restoration
Reforestation
Bioengineering
Dune and Tidal Restoration
Natural Landscapes
Erosion Control Products

6126 Street Road • Kirkwood, PA 17536
717-529-3160
fax: 717-529-4099
email: mail@octoraro.com
website: www.octoraro.com

Olympic Nursery (continued)
email: natives@olympicnursery.com
affl: private **bus:** retail/wholesale
min order: inquire **contact:** n/a **hrs:** 9–5 M–S 10–4 Sun **yrs:** n/a **yr prod:** n/a **nat:** 50% **wild coll:** 0 **prop:** 100% **type:** container, b&b **plants:** trees, shrubs

Ontario Native Plants, Inc.
60 Carl Hall Rd, Downsview, Ontario Canada M3K 2C1, 416-633-1797 **fax:** 416-633-6326 **email:** info@nativeplants.ca **affl:** private **type:** plants and seeds **plants:** ask

Oregon Wholesale Seed Co.
PO Box 885, Silverton, OR 97381, 503-874-8221 **fax:** 503-873-8861
email: seed@teleport.com **affl:** private **bus:** wholesale **contact:** Kevin, Mark or Angela **hrs:** 8–5 M–F **yrs:** 3 **yr prod:** n/a **nat:** 100% **wild coll:** 0 **prop:** 0 **type:** seeds **plants:** grasses, forbs **serv:** seed sales, contract production, seed processing

Oregon/Idaho Native Plant Seed Growers Association
5000 N.W. 1st Ave,
New Plymouth, ID 83655,
208-278-3789 **email:** jskinner261@msn.com **affl:** nonprofit **bus:** n/a **min order:** inquire **serv:** Native Seed Growers Association

Ornamental Plants and Trees, Inc.
1171 CR 20-A, Hawthorne, FL 32640, 352-481-0038 **fax:** 352-481-3366 **affl:** private **bus:** wholesale **min order:** inquire **contact:** David Dickerson **hrs:** 8–5 M–F **yrs:** n/a **yr prod:** n/a **nat:** 50% **wild coll:** 0 **prop:** 100% **type:** liners **plants:** trees, shrubs, forbs

Osenbach Grass Seed
RR Box 44, Lucas, IA 50151,
800-582-2788 **affl:** private
bus: wholesale/retail **min order:** inquire **hrs:** n/a **yrs:** n/a **yr prod:** n/a **nat:** 100% **wild coll:** 0 **prop:** 0 **type:** seeds **plants:** grasses, forbs

Otter Valley Native Plants
PO Box 31, RR 1, Eden, Ontario
Canada N0J 1H0, 519-856-5639
affl: private **type:** plants and seeds **plants:** ask

'Our' Bamboo Nursery
30 Myers Road, Summertown, TN 38483-7323, 931-964-4151
fax: 931-964-4228 **email:** www.growit.com/bamboo **affl:** earth advocates research farm **bus:** wholesale grower **min order:** for shipping $1,000 (no min. for pick-up) **contact:** Adam or Sue Turtle **hrs:** (office) 7–6 (central) M–F, nursery by appt. only **yrs:** 13 **yr prod:** 5,000 ± plants **nat:** 10–20% **wild coll:** 0% **prop:** 100% **type:** b&b (dug to order and stabilized) or container **plants:** bamboos – native & exotic – groundcovers, shrubs, tree types – select eco-types from extensive trials **serv:** consulting, speakers, custom growing • We are a Bamboo specialist nursery with over 250 species/forms of Bambusoideae under trial including about a dozen ecotypes of *Arundinaria gigantea* (River Cane). We work with restorationists, landscapers and zoos providing high quality information and dug-to-order plants. Deposit and 5-6 weeks lead time needed,

Oregon Wholesale Seed Company

Tom Barnes

Wildflower Seed • Native Seeds
Cool-Season Grass Seed • Other Seeds

Seed
Plants
Seed Collection
Contract Production
Seed Conditioning Facilities

www.oregonwholesaleseed.com

P.O. Box 885 • Silverton OR 97301
(503)874-8221 • FAX (503) 873-8861
e-mail: seed@teleport.com

to hand-dig/stabilize plants, before pick-up or delivery.

Outback Nursery, Inc.
15280 110th St. S, Hastings, MN 55033, 651-438-2771 **fax:** 651-438-3816 **email:** info@outbacknursery.com **affl:** private **bus:** wholesale/retail **min order:** inquire **contact:** n/a **hrs:** 8–4:30 M–F **yrs:** 9 **yr prod:** n/a **nat:** 100% **wild coll:** 0 **prop:** 100% **type:** container **plants:** all **serv:** MN ecotypes

Overlook Nurseries
7465 Howells Ferry Rd, Mobile, AL 36618-3408, 334-344-1222 **fax:** 334-344-5848 **email:** oln@bellsouth.net **affl:** private **bus:** wholesale **min order:** inquire **contact:** n/a **hrs:** 8–5 M–F **yrs:** n/a **yr prod:** n/a **nat:** 30% **wild coll:** 0 **prop:** 100% **type:** container **plants:** trees, shrubs, forbs

Owyhee Trail Seed
737 Enterprise Ave., Nyssa, OR 97913 541-372-5523 **fax:** 541-372-2166 **email:** kurtz@fmtc.com **affl:** private **bus:** wholesale **contact:** n/a **hrs:** n/a **type:** seeds **plants:** grasses, shrubs

Ozark Wildflower Company
HC 70 Box 169, Jasper, AR 72641, 870-446-5629 **email:** dogwood@eritter.net **affl:** private **bus:** wholesale/retail **min order:** inquire **contact:** n/a **hrs:** open to public by appt **yrs:** n/a **yr prod:** n/a **nat:** 75% **wild coll:** 0 **prop:** 100% **type:** container **plants:** trees, shrubs, forbs

P

Pacific Coast Seed
6144 Industrial Way, Livermore, CA 94550, 510-373-4417 **fax:** 510-373-6855 **email:** pcseed@worldnet.att.net **affl:** private **bus:** wholesale **min order:** inquire **contact:** n/a **hrs:** 8–5 M–F **yrs:** n/a **yr prod:** n/a **nat:** 100% **wild coll:** 0 **prop:** n/a **type:** seeds **plants:** grasses, forbs

Pacific Natives and Ornamentals
PO Box 23, Bothell, WA 98041, 206-483-8108 **fax:** 206-487-6198 **affl:** private **bus:** wholesale **min order:** inquire **contact:** n/a **hrs:** 9–5 M–F **yrs:** n/a **yr prod:** n/a **nat:** 50% **wild coll:** 0 **prop:** 100% **type:** container **plants:** trees, shrubs, forbs, grasses

Pacific Northwest Natives
1525 Laurel Hts. Drive N.W., Albany, OR 97321, 541-928-8239 **fax:** 541-924-8855 **email:** cwe@proaxis.com **affl:** private **bus:** wholesale/retail **min order:** 1lb. **contact:** Craig W. Edminster **hrs:** 8–5 M–F **yrs:** 6 **type:** seeds **plants:** native grass, forbs, legumes, wildflowers **serv:** contract production, consulting

Pahole Rare Plant Facility
Kalanimoku Building, Rm 130, 1151 Punchbowl St., Honolulu, HI 96813 **affl:** state **bus:** n/a **min order:** inquire **hrs:** 9–5 M–F **yrs:** n/a **yr prod:** 30,000/y **nat:** 100% **wild coll:** 0 **prop:** 100% **type:** container **plants:** all

---

Our Bamboo Nursery

is

a **specialized grower**

of

Bambusoideae

featuring

an elite strain

of

River Cane

(*Arundinaria gigantea* 'Macon')

for

Restoration

and

Habitat

(1-931-964-4151)
www.growit.com/bamboo

Pacific Rim Native Plants, Ltd.
44305 Old Orchard Rd., Sardis, BC
Canada V2R 1A9 604-792-9279
fax: 604-792-1891 **affl:** private
bus: wholesale/retail by appt.
contact: Paige or Pat Woodward
type: containers, b&b **plants:** trees, shrubs, forbs **serv:** mailorder available

Pajarito Greenhouse
PO Box 1119, Los Alamos, NM 87544, 505-672-3023 **affl:** private **bus:** retail
min order: none **contact:** C.B. Fox **hrs:** April–Jul 9–6 M–Sat Sun 10–4 **yrs:** n/a
yr prod: 0 **nat:** 50% **wild coll:** 0
prop: 100% **type:** container **plants:** trees, shrubs, forbs, grasses **serv:** organic; we also sell soil amendments

Palisade Greenhouse
3895 North River Rd, Palisade, CO 81526, 970-464-5133 **fax:** 970-464-0842
affl: private **bus:** wholesale/mailorder
min order: inquire **contact:** n/a **hrs:** 8–5 M–F **yrs:** 6 **yr prod:** n/a **nat:** 70% **wild coll:** 0 **prop:** 100% **type:** containers, liners, tissue culture, b&b, bareroot
plants: trees, forbs, shrubs, grasses

Palmer Nursery
389 Palmer Ln, McMinnville, TN 37110, 931-621-9145/800-621-7936
fax: 931-668-9190 **affl:** private
bus: wholesale/retail **min order:** none
contact: n/a **hrs:** 8–3 M–F **yrs:** 30
yr prod: n/a **nat:** 80% **wild coll:** 0
prop: 100% **type:** bareroot, b&b, liners
plants: trees, shrubs

Pat Ford's Nursery, Inc.
8400 96th Ct S, Boynton Beach, FL 33437, 561-734-7188 **fax:** 561-732-3653
email: patfordsnursery@aol.com
affl: private **bus:** wholesale **min order:** inquire **contact:** Pat Ford **yr prod:** 10 ac
nat: 100% **wild coll:** 0 **prop:** 100% **type:** liners **plants:** trees, shrubs, forbs, grasses

Pawnee Buttes Seed, Inc.
605 25th St, Greeley, CO 80631, 970-356-7002 **fax:** 970-356-7263
email: PawneeSeed@ctos.com
affl: private **bus:** wholesale/retail
min order: inquire **contact:** n/a **hrs:** 8–5 M–F **yrs:** 20 **yr prod:** n/a **nat:** 60% **wild coll:** 0 **prop:** 0 **type:** seeds **plants:** grass, forb, shrubs **serv:** custom mixes available

Pechanga Band of Luiseno Indians
PO Box 1477, Temecula, CA 92593, 909-676-2768 **fax:** 909-695-1778
affl: tribal **bus:** wholesale
min order: inquire **contact:** Jill Sherman
hrs: 8–4:30 M–F **yrs:** n/a **yr prod:** n/a
nat: 100% **wild coll:** 0 **prop:** 100%
type: container **plants:** trees, shrubs, forbs, grasses

Peel's Nurseries, Ltd.
11610 Sylvester Rd, Mission, BC
Canada V2V 4J1, 604-820-7381
fax: 604-820-7382 **email:** Peels@uniserve.com **affl:** private **bus:** wholesale
contact: Bruce or Lauren Peel **yrs:** 10
nat: 100% **wild coll:** 0 **prop:** 100%
type: containers, bareroot, b&b, liners
plants: trees, shrubs, forbs, grasses

Pelton's Nursery, Inc.
PO Box 560912, Miami, FL 33256-0912, 305-447-7667 **fax:** 305-233-7188
email: pelton@peltonsnurseries.com
affl: private **bus:** wholesale
min order: inquire **contact:** Donald Pelton **yrs:** 27 **nat:** 30% **wild coll:** 0
prop: 100% **type:** container **plants:** trees, shrubs, palms **serv:** landscape design and installation

Penn Nursery
Pennsylvania Bureau Forestry
RR 1, Box 127, Spring Mills, PA 16875, 814-364-5150 **fax:** 814-364-5152
email: penn.nursery@a1.dcnr.state.pa.us
affl: state **bus:** n/a **min order:** inquire
hrs: 8–4:30 M–F **yrs:** n/a
yr prod: 2,500,000/y **nat:** 100%
wild coll: 0 **prop:** 100% **type:** bareroot
plants: trees

Pepperwood Hollow and Company
PO Box 900, Kilauea, HI 96754, 808-828-2834 **fax:** 808-828-2834 **email:** shooks@aloha.net **affl:** private
bus: retail **min order:** none **contact:** Dan Shook **hrs:** 8–5 M–F **yrs:** n/a
yr prod: n/a **nat:** 50% **wild coll:** 0
prop: 100% **type:** container **plants:** all
serv: consulting and design services

Perkins Nursery, Inc.
PO Box 2460, LaBelle, FL 33975, 863-675-3006 **fax:** 863-675-8281

email: spalmetto@aol.com affl: private
bus: wholesale min order: inquire
contact: Dan or Debbie Perkins
nat: 100% wild coll: 0 prop: 100%
type: container plants: trees, palms, saw palmetto, cycads serv: contract growing

Peterson's Riverview Nursery
873 26th St, Allegan, MI 49010,
616-673-2440 fax: 616-673-2440
email: jptrees@accn.org affl: private
bus: wholesale min order: inquire yr prod: 1,250,000/y nat: 100% wild coll: 0 prop: 100% type: bareroot, container plants: trees

Piedmont Growers
1877 Hunter Rd, Catula, GA 31804,
706-596-9393 fax: 706-243-2692
affl: private bus: wholesale
min order: inquire contact: n/a hrs: 8-5 M-F yrs: 12 yr prod: n/a nat: 50% wild coll: 0 prop: 100% type: container, liner, plugs plants: trees, shrubs, forbs, ferns serv: contract grower, consulting, reforestation, wetland mitigation

Pierson Nurseries, Inc.
24 Buzzell Rd, Biddeford, ME 04005,
207-499-2994 fax: 207-499-2912
email: piersonnurseries@prexar.com
affl: private bus: wholesale min order: inquire contact: Dale Pierson hrs: 8-5 M-F yrs: 20 yr prod: n/a nat: 95% wild coll: 0 prop: 100% type: container, b&b plants: all serv: contract grower, seed collection, consulting, installation

Pikes Peak Nurseries
8289 Rt 422, Hwy. E.,
Penn Run, PA 15765, 800-787-6730
fax: 724-463-0775 affl: private
bus: wholesale min order: inquire
contact: n/a hrs: 8-5 M-F yrs: n/a yr prod: 4,600,000/y nat: 100% wild coll: 0 prop: 100% type: bareroot plants: trees

Pine Breeze Nursery
PO Box 0702, Bokeelia, FL 33922-0702,
941-283-7200 fax: 941-283-7200
email: pbnursery@aol.com affl: private
bus: wholesale min order: inquire
contact: Harald Riehm nat: 100%
wild coll: 0 prop: 100% type: container

WHOLESALE SUPPLIER OF NATIVE, WETLAND, AND NURSERY STOCK

PIERSON NURSERIES, INC.

24 BUZZELL RD
BIDDEFORD, ME 04005
(207) 499-2994 OR
(207) 282-7235
FAX: (207) 499-2912
piersonnurseries@prexar.com
www.piersonnurseries.com

We carry a full line of Natives, Woody and Herbaceous Wetland Plants, Ferns, Shrubs, Shade & Ornamental Trees, Groundcovers, Ornamentals, Vines, and Perennials.
Call, fax, or e-mail to request our catalog or for pricing and availability.

CALL FOR SAMPLES OR QUOTES OF WETLAND & EROSION CONTROL FABRICS

CONTRACT GROWING AVAILABLE

Pine Breeze Nursery (continued)
plants: all **serv:** native and salt tolerant plants for dune and coast

Pine Grove Nursery, Inc.
RD #3, Box 146, Pine Grove Nursery Road, Clearfield, PA 16830-9154, 814-765-2363 **fax:** 814-765-2363 **affl:** private **bus:** wholesale **min order:** inquire **hrs:** n/a **yrs:** n/a **yr prod:** 1,100,000/y **nat:** 100% **wild coll:** 0 **prop:** 100% **type:** bareroot **plants:** trees

Pine Ridge Gardens
PO Box 200, 832 Sycamore Road, London, AR 72847-0200, 479-293-4359 **fax:** 479-293-4659 **email:** office@pineridgegardens.com **affl:** private **bus:** mailorder **min order:** inquire **contact:** Mary Ann King **hrs:** by appt **yrs:** 11 **yr prod:** n/a **nat:** 95% **wild coll:** 0 **prop:** 100% **type:** container **plants:** forbs, grasses, trees, shrubs, vines

Pine Tree Management
PO Box 1026, Roberta, GA 31078, 912-836-5883 **email:** pinetreenursery@aol.com **affl:** private **bus:** private **min order:** inquire **contact:** n/a **hrs:** 8–5 M–F **yrs:** n/a **yr prod:** 37,000,000/y **nat:** 100% **wild coll:** 0 **prop:** 100% **type:** bareroot, container **plants:** conifers

Pinelands Nursery
323 Island Rd., Columbus, NJ 08022, 800-667-2729 **fax:** 609-298-8939 **email:** sales@pinelandsnursery.com **affl:** private **bus:** wholesale **min order:** inquire **contact:** Don Knezick **hrs:** 8–5 M–F **yrs:** 20 **yr prod:** n/a **nat:** 100% **wild coll:** 0 **prop:** 100% **type:** container, bareroot, liners, plugs **plants:** all **serv:** contract grower, bio engineering plant materials

Pinelands Nursery, Inc.
8877 Richmond Rd, Taono, VA 23168, 800-667-2729 **fax:** 609-298-8939 **email:** sales@pinelandsnursery.com **affl:** private **bus:** wholesale **min order:** inquire **contact:** Debbie Phares **hrs:** 8–5 M–F **yrs:** 20 **yr prod:** 30,000,000/y **nat:** 100% **wild coll:** 0 **prop:** 100% **type:** container, bareroot, plugs **plants:** all **serv:** contract grower, bio engineering materials

Plant Oregon
The Nursery on Wagner Creek
8677 Wagner Creek Road
Talent, OR 97540

Field Grown, Specimen size, NATIVE PLANTS.
Inventory & Ordering Available online.
Wholesale Nursery, Open to the Public.

www.plantoregon.com

541-535-3531 ◆ 800-853-8733 ◆ fx 541-535-2537 ◆ dan@plantoregon.com

Placerville Nursery, USDA Forest Service
2375 Fruitridge Road, Camino, CA 95709, 530-642-5000 **fax:** 530-642-5099 **affl:** federal **bus:** n/a **min order:** inquire **contact:** n/a **hrs:** 8–4:30 M–F **yrs:** 50 **yr prod:** n/a **nat:** 100% **wild coll:** 0 **prop:** 100% **type:** container, bareroot **plants:** conifers

Plant Creations, Inc.
28301 SW 172 Ave, Homestead, FL 33030, 305-248-8147 **fax:** 305-248-8151 **affl:** private **bus:** wholesale **min order:** inquire **contact:** Ken Cook **hrs:** 8–5 M–F **yrs:** n/a **yr prod:** n/a **nat:** 90% **wild coll:** 0 **prop:** 100% **type:** container **plants:** all

Plant Delights Nursery
9241 Sauls Rd, Raleigh, NC 27603, 919-772-4794 **fax:** 919-662-0370 **email:** office@plantdelights.com **affl:** private **bus:** wholesale/mailorder **min order:** inquire **contact:** David Lee **hrs:** by appt **yrs:** n/a **yr prod:** n/a **nat:** 100% **wild coll:** 0 **prop:** 100% **type:** container, bareroot **plants:** forbs, grasses, trees, shrubs

Plant Materials Center Forest Nursery
State of Alaska Department of Nat. Resources, HCO2 Box 7440, Palmer, AK 99645, 907-745-3562 **fax:** 907-745-3568 **affl:** state **bus:** n/a **min order:** inquire **contact:** n/a **hrs:** 8–4:30 M–F **yrs:** n/a **yr prod:** n/a **nat:** 90% **wild coll:** 0 **prop:** 100% **type:** container, bareroot **plants:** trees, shrubs, forbs, grasses

Plant Oregon
8677 Wagner Creek Rd, Talent, OR 97540, 541-535-3531 **fax:** 541-535-2537 **email:** dan@plantoregon.com **affl:** private **bus:** wholesale/retail **min order:** none **contact:** Daniel Bish **hrs:** 8–5 M–S **yrs:** n/a **yr prod:** n/a **nat:** 60% **wild coll:** 0 **prop:** 100% **type:** container, bareroot **plants:** conifers, trees, shrubs, wetland, riparian, forbs, grasses

Plant Propagation Technologies, Inc.
PO Box 599, 250 South Crawford, Las Cruces, NM 88005, 505-527-9820 **fax:** 505-527-9838 **email:** ppt@zianet.com **affl:** private **bus:** wholesale **min order:** inquire **contact:** Rick Eaknes **hrs:** n/a **yrs:** 20 **yr prod:** 1,200,000/y **nat:** 100% **wild coll:** 0 **prop:** 100% **type:** liners, containers, b&b, bareroot **plants:** trees, shrubs, grasses, forbs **serv:** reforestation, revegetation, custom propagation

Plantas Nativa LLC
PO Box 636, Twisp, WA 98856, 509-997-0379 **fax:** 509-997-0380 **email:** camden@plantasnativa.com **affl:** private **bus:** wholesale/retail **min order:** none **contact:** Camden Shaw **hrs:** 7–4 M–F **yrs:** 8 **yr prod:** n/a **nat:** 100% **wild coll:** 0 **prop:** 100 **type:** seeds, container, bareroot **plants:** all **serv:** full restoration services

Plantas Nativa LLC
PO Box 5271, Bellingham, WA 98227, 360-715-9655 **fax:** 360-734-6612 **email:** bay@plantasnativa.com **affl:** private **bus:** wholesale/retail/mailorder **min order:** none **contact:** Bay Renaud **hrs:** 7–4 M–F **yrs:** 8 **yr prod:** n/a **nat:** 100% **wild coll:** 0 **prop:** 100% **type:** seeds, container, bareroot **plants:** all **serv:** site specific seed collection, full restoration services (SEE AD PAGE 80)

Plants of the Southwest
1409 Aqua Fria Rd, Route 6, Box 11A, Santa Fe, NM 87505, 800-788-7333 **fax:** 505-438-8800 **email:** contact@plantsofthesouthwest.com **affl:** private **bus:** retail/mailorder **min order:** inquire **contact:** n/a **hrs:** M–Sat 8–5 Sun during summer **yrs:** 30 **yr prod:** n/a **nat:** 90% **wild coll:** 0 **prop:** 100% **type:** container, seeds **plants:** trees, shrubs, forbs, grasses **serv:** we sell bulk grass and forb seeds

Plants of the Wild/Seeds, Inc.
PO Box 866, Tekoa, WA 99033 509-284-2848 **fax:** 509-284-6464 **email:** kathy@plantsofthewild.com **affl:** private **bus:** wholesale **min order:** none **contact:** Kathy Hutton **hrs:** 8–5 M–F **yrs:** 22 **yr prod:** n/a **nat:** 100% **wild coll:** 0 **prop:** 100% **type:** container **plants:** trees, shrubs, wetland, aquatics, grasses, forbs **serv:** consulting, landscape planning

Pleasant Avenue Nursery, Inc.
PO Box 1669, Buena Vista, CO 81211, 719-395-6955 **fax:** 719-395-5718

Plantas nativa, LLC

Native seed and plants, restoration, and consulting

Est. 1994

NATIVE PLANT SEED SUPPLIERS

- Sourced from East and West of Cascade Mountains.
- Most common species in stock and cataloged by watershed and elevation.

CRP / EQIP / CREP PROJECT INSTALLATION

- 40,000 CREP program plants installed and growing.

RESTORATION AND MITIGATION PROJECT DESIGN AND INSTALLATION

- Small acreage wildlife enhancement, stormwater treatment, wetland creation and enhancement projects.

Tom Barnes

Eastern Washington Office
Camden Shaw
PO Box 636
Twisp WA 98856
Phone 509.997.0379
509.429.3375/cell
FAX 509.997.0380
camden@plantasnativa.com

Western Washington Office
Bay Renaud
PO Box 5271
Bellingham WA 98227-5271
Phone 360.715.9655
FAX 360.734.6612
bay@plantasnativa.com

Pleasant Avenue Nursery, Inc. (continued)
email: Pan@amigo.net **affl:** private **bus:** wholesale/retail **min order:** none **hrs:** 9–5 T–S **yrs:** 30 **yr prod:** n/a **nat:** 60% **wild coll:** 0 **prop:** 99% **type:** containers, plugs **plants:** trees, shrubs, forbs **serv:** custom growing, from locally collected seeds and cuttings

Pleasant Hill Farms
1011 Anderson Road, Troy, ID 83871, 208-877-1600 **fax:** 208-877-1356 **email:** mason@moscow.com **affl:** private **bus:** wholesale/retail **min order:** 20 trees **contact:** n/a **hrs:** 8–5 M–F **yrs:** n/a **yr prod:** n/a **nat:** 100% **wild coll:** 0 **prop:** 100% **type:** container **plants:** conifers

Plum Creek Forest Nursery
PO Box 188, Pablo, MT 59855, 406-675-3500 **fax:** 406-675-3504 **email:** Kcameron@plumcreek.com **affl:** private **bus:** forest industry **min order:** inquire **hrs:** 8–5 M–F **yrs:** n/a **yr prod:** 2,000,000/y **nat:** 100% **wild coll:** 0 **prop:** 100% **type:** container, bareroot **plants:** conifers

Plum Creek Nursery
7212 County Z, Wisconsin Rapids, WI 54494, 715-887-4444 **fax:** 715-887-4441 **affl:** private **bus:** forest industry **min order:** inquire **contact:** n/a **hrs:** 8–5 M–F **yrs:** n/a **yr prod:** 2,500,000/y **nat:** 100% **wild coll:** 0 **prop:** 100% **type:** bareroot **plants:** conifers

Plum Creek Timber Co.
Vivian Nursery, 410 Lake Road, Bivins, TX 75555, 903-672-4625 **fax:** 903-672-4627 **affl:** private **bus:** wholesale **min order:** inquire **contact:** n/a **hrs:** 8–5 M–F **yrs:** 40 **yr prod:** n/a **nat:** 100% **wild coll:** 0 **prop:** 100% **type:** bareroot **plants:** conifers

Plummer Seed Co.
PO Box 70, Ephraim, UT 84627, 435-283-4844 or cell 435-851-0715 **fax:** 435-283-4030 **email:** Mark plummer@plummerseedco.com **affl:** private **bus:** wholesale/retail **min order:** inquire **contact:** Mark **hrs:** 8–5 M–F **yrs:** n/a **yr prod:** n/a **type:** seeds **plants:** all

Portland Nursery
5050 SE Stark, Portland, OR 97215, 503-231-5050 **fax:** 503-231-7123 **affl:** private **bus:** retail **min order:** none **contact:** Peggy Acott **hrs:** 9–6 M–Sun **yrs:** n/a **yr prod:** n/a **nat:** 15% **wild coll:** 0 **prop:** 100% **type:** container **plants:** trees, shrubs, forbs, grasses

Possibility Place Nursery
7548 W. Monee-Manhattan Road, Monee, IL 60449, 708-534-3988 **fax:** 708-534-6272 **email:** info@possibilityplace.com **affl:** private **bus:** retail/wholesale **min order:** inquire **contact:** n/a **seeds:** ask **plants:** trees, shrubs, grasses, forbs **serv:** genotypes of northern IL

Potlatch Nursery
PO Box 1388, Lewiston, ID 83501-1388, 208-799-1138 **fax:** 208-799-1920 **email:** Abbie.Acuff@potlatchcorp.com **affl:** forest industry **bus:** wholesale **min order:** inquire **contact:** Abbie **hrs:** 8–4:30 M–F **yrs:** 40 **yr prod:** 4,000,000/y **nat:** 100% **wild coll:** 0 **prop:** 100% **type:** container **plants:** conifers

Powell Propagators and Nursery, Inc.
6801 Warm Springs Rd, Columbus, GA 31909, 404-568-1271 **fax:** 706-568-6664 **affl:** private **bus:** wholesale **min order:** inquire **contact:** n/a **hrs:** 8–5 M–F **yr prod:** 35,000,000/y **nat:** 100% **wild coll:** 0 **prop:** 100% **type:** bareroot, container **plants:** conifers

Prairie Basse
217 St. Fidelis St, Rt 2 Box 491 F, Carenco, LA 70520, 337-896-9187 **affl:** private **bus:** retail **min order:** none **contact:** Bill or Lydia Fontenot **hrs:** n/a **yrs:** n/a **yr prod:** n/a **nat:** 60% **wild coll:** 0 **prop:** 100% **type:** container **plants:** forbs, grasses, shrubs, trees

Prairie Earth Nursery
RR 1 Box 151, Bradford, IL 61421, 309-897-9911 **email:** Jim_alwill@yahoo.com **affl:** private **bus:** wholesale/retail **min order:** inquire **contact:** Jim **hrs:** call **type:** container, liners, bareroot, seeds **plants:** forbs, grasses, wetland,

Plummer Seed
Reclamation Seed Mixes
Seed Conditioning & Testing
Custom Mixing

Seeds are collected from throughout the West. Clients include mining companies, the USFS, BLM, other seed users.

Shrubs
Forbs
Native Wildflowers

PO Box 70
Ephraim UT 84627
435.283.4844
fax 435.283.4030

mark@plummerseed.com

Prairie
Wetland Consulting
Installation

Serving all of Illinois and parts of Iowa, Missouri, Wisconsin, Michigan, Indiana.

We have the equipment and experience to add Forbs to existing grass dominated prairies with little or no disturbance to existing field.

Clients include Illinois DOT, homeowners, public institutions, schools, volunteer groups, park districts, villages, other land stewards.

309-897-9911
jim_alwill@yahoo.com
RR 1 Box 151, Bradford IL 61421

Prairie Earth Nursery (continued)

prairie **serv:** consulting, installation • Serving all of Illinois, eastern Iowa, eastern Missouri, southern Wisconsin, southern Michigan and western Indiana. Customers include IL DOT, homeowners, public institutions, schools, volunteer groups, park districts, villages, etc. Machinery and equipment to add forbs to existing grass dominated prairies with little/no disturbance to existing established field.

Prairie Future Seed Company
PO Box 644, Menomonee, WI 53052-0644, 414-820-0211 **fax:** 414-325-1228 **affl:** private **bus:** wholesale **min order:** inquire **nat:** 97% **wild coll:** 0 **prop:** 100% **type:** container, seeds **plants:** all

Prairie Grass Unlimited
PO Box 59, 4100 Y-Camp Road, Burlington, IA 52601, 319-754-8839

Prairie Hill Wildflowers
8955 Lemond Rd, Ellendale, MN 56026, 507-451-7791 **fax:** 507-451-3812 **email:** Seedman191@hotmail.com **affl:** private **bus:** retail/wholesale/mailorder **min order:** inquire **contact:** John Hofmann **hrs:** 8–5 **yrs:** 16 **yr prod:** n/a **nat:** 100% **wild coll:** 0 **prop:** 100% **type:** containers **plants:** native prairie, savannah, woodland & wetland forbs, grasses **serv:** custom mixes

Prairie Moon Nursery
Rt 3 Box 163, Winona, MN 55987, 507-452-1362 **fax:** 507-454-5238 **email:** pmnursery@luminet.net **affl:** private **bus:** wholesale/retail/mailorder **min order:** inquire **contact:** Bill Carter **hrs:** 8–5 M–F **yrs:** 19 **yr prod:** n/a **nat:** 100% **wild coll:** 0 **prop:** 100% **type:** bareroot, seeds **plants:** all **serv:** consulting services and custom seed mixes

Prairie Nursery
PO Box 306, Westfield, WI 53964, 800-476-9453/608-296-3679 **fax:** 608-296-2741 **email:** sharon@prairienursery.com **affl:** private **bus:** wholesale/retail **min order:** inquire **contact:** Sharon **hrs:** 8–5 M–F **yrs:** 31 **yr prod:** n/a **nat:** 100% **wild coll:** 0 **prop:** 100% **type:** container, seeds **plants:** trees, shrubs, forbs, grasses **serv:** consulting services, custom seed mixes

The Prairie-Oak Group
PO Box 93, Pleasant Valley, IA 52767, 309-786-0935 **affl:** private **bus:** wholesale/retail **min order:** inquire **type:** seeds

Prairie Patch
10932 Park Rd, Niantic, IL 62551, 217-668-2409 **affl:** private **bus:** retail/wholesale **min order:** inquire **contact:** n/a **yrs:** 18 **yr prod:** n/a **nat:** 100% **wild coll:** 50% **prop:** 50% **type:** container **plants:** forbs, grasses **serv:** consulting, custom planting

Prairie Restorations, Inc.
PO Box 327, Princeton, MN 55371, 612-389-4342 **fax:** 612-389-4346 **email:** prairie@sherbtel.net **affl:** private **bus:** wholesale/retail/mailorder **min order:** inquire **contact:** n/a **hrs:** n/a **yrs:** 24 **yr prod:** n/a **nat:** 100% **wild coll:** 0 **prop:** 100% **type:** containers, plugs, seeds **plants:** all **serv:** all restoration services available, contract seed collection and growing

Prairie Ridge Nursery
9738 Overland Rd, Mt. Horeb, WI 53572-2832, 608-437-5245 **fax:** 608-437-8982 **email:** crmeco@chorus.net **affl:** private **bus:** wholesale/retail **min order:** inquire **contact:** Joyce Powers **yrs:** 29 **yr prod:** n/a **nat:** 100% **wild coll:** 0 **prop:** 100% **type:** bareroot, seeds **plants:** forbs, grasses, wetland, woodland & prairie **serv:** full service restoration, custom seed mixes

Prairiescape
2815 Pasqua St., Regina, Saskatoon Canada S45 2H4, 306-586-6576 **affl:** private **type:** plants and seeds **plants:** ask

Prairie Seed Source
PO Box 83, North Lake, WI 53064-0083, 414-673-7166 **affl:** private **min order:** inquire **contact:** n/a **hrs:** n/a **yrs:** n/a **yr prod:** n/a **nat:** 100% **wild coll:** 0 **prop:** n/a **type:** seeds **plants:** forbs, grasses

The Primrose Path
921 Scottdale-Dawson Rd, Scottdale, PA 15683, 724-866-6756 **fax:** 724-887-3077 **affl:** private **bus:** retail/wholesale **min order:** inquire for wholesale **contact:** Oliver **hrs:** n/a **yrs:** 15 **yr prod:** n/a **nat:** 60% **wild coll:** 0 **prop:** 100% **type:** container, bareroot **plants:** forbs, grasses, sedges **serv:** native species and cultivars available

Prindel Creek Farm, Inc.
95520 E. Five Rivers Rd, Tidewater, OR 97390, 541-528-3330 **fax:** 541-528-3330 **email:** prindel@teleport.com **affl:** private **bus:** wholesale **min order:** inquire **hrs:** 8–5 M–F **yrs:** n/a **yr prod:** 1,200,000/y **nat:** 100% **wild coll:** 0 **prop:** 100% **type:** bareroot **plants:** trees

Progressive Plants
9180 S. Wasatch Blvd., Sandy, UT 84093, 801-942-7333 **fax:** 801-942-7383 **email:** info@progressiveplants.com **affl:** private **bus:** wholesale **min order:** inquire **contact:** n/a **hrs:** 8–5 M–Sat **yrs:** n/a **yr prod:** n/a **nat:** 100% **wild coll:** 0 **prop:** 100% **type:** container, bareroot **plants:** trees, shrubs, forbs, grasses, ferns

Pueblo of Zuni – USDI Bureau of Indian Affairs
PO Box 369, Zuni, NM 87327, 505-782-7281 **fax:** 505-782-2694 **affl:** federal **bus:** n/a **min order:** inquire **hrs:** 8–4:30 M–F **yrs:** n/a **yr prod:** 375,000/y **nat:** 100% **wild coll:** 0 **prop:** 100% **type:** container **plants:** trees

Purple Prairie Farm
Rt 2 Box 176, Wyoming, IL 61491, 309-286-756 **affl:** private **bus:** wholesale **min order:** inquire **yrs:** n/a **yr prod:** n/a **nat:** 100% **wild coll:** 0 **prop:** 100% **type:** container, seeds **plants:** forbs, grasses **serv:** we specialize in wildflowers

Pushpetappa Gardens
2317 Washington St, Franklinton, LA 70438-2504, 985-839-4930 **affl:** private **bus:** wholesale/retail/mailorder **min order:** inquire for wholesale **contact:** n/a **hrs:** by appt **yrs:** n/a **yr prod:** n/a **nat:** 80% **wild coll:** 0 **prop:** 100% **type:** container **plants:** trees, shrubs **serv:** native azaleas and rhododendrons

Quail Botanical Gardens Foundation, Inc.
230 Quail Gardens Dr., Encinitas, CA 92024, 760-436-9516 **fax:** 760-632-0917 **affl:** nonprofit **bus:** retail **min order:** none **contact:** n/a **hrs:** 9–5 M–Sat **yrs:** n/a **yr prod:** n/a **nat:** 25% **wild coll:** 0 **prop:** 100% **type:** container **plants:** trees, shrubs, forbs **serv:** botanical gardens

Qualitree, Inc.
11110 Harlan Road, Eddyville, OR 97343, 541-875-4192 **email:** riskink@

Qualitree, Inc. (continued)
harborside.com **affl:** private
bus: wholesale **min order:** inquire
hrs: 8–5 M–F **yrs:** n/a **yr prod:** 1,200,000/y **nat:** 100% **wild coll:** 0 **prop:** 100% **type:** bareroot **plants:** trees

Qualitree Nursery
1193 Willie Wood Road, Dublin, GA 31027, 912-272-3648 **email:** Khinson@nlamerica.com **affl:** private
bus: wholesale **min order:** inquire
hrs: 8–5 M–F **yrs:** n/a **nat:** 100% **wild coll:** 50% **prop:** 0 **type:** seeds **plants:** conifers

Quality Seed Collections
Box 1531, Kamloops, BC Canada V2C 6L8, 250-374-9689 **fax:** 350-374-9654 **affl:** private
bus: wholesale **contact:** Doug or Sandy Gregory **type:** seeds **plants:** all

Quivira Management, Inc.
300 N. Adams, Medicine Lodge, KS 67104, 620-886-5075 **affl:** private
bus: wholesale/retail/mailorder
min order: inquire **contact:** n/a **hrs:** 8–5 M–F **yrs:** 18 **yr prod:** n/a **nat:** 100% **wild coll:** 0 **prop:** 0 **type:** seeds **plants:** grasses, forbs **serv:** wild collection of forbs by contract only

R

R&S Nii Nursery
938 Kamilonui Place, Honolulu, HI 96825, 808-395-9811 **affl:** private
bus: retail **min order:** inquire **contact:** n/a
hrs: 8–4:30 M–S **yrs:** n/a **yr prod:** n/a **nat:** 20% **wild coll:** 0 **prop:** 100% **type:** container **plants:** trees, shrubs

R.E. Mitchell Nursery
MacMillan Bloedel Inc., PO Box 336, Pine Hill, AL 36769, 334-682-9882 **fax:** 334-682-4481 **email:** rbower@mbpi.com **affl:** private **bus:** wholesale **min order:** inquire **contact:** R. Bower **hrs:** 8–5 M–F **yrs:** n/a **yr prod:** 31,000,000/y **nat:** 100% **wild coll:** 0 **prop:** 100% **type:** bareroot **plants:** conifers **serv:** contract growing

R. Oud Native Plants
4056 Saanich Rd. Victoria, BC Canada V8X 1Z5, 250-744-3488 **affl:** private **bus:** wholesale **contact:** Richard Oud **type:** container, b&b **plants:** trees, shrubs, forbs

Rainforest Gardens
13139 224th St., Maple Ridge, BC Canada V4R 2P6, 604-467-4218 **affl:** private **type:** plants and seeds **plants:** ask

Rain Shadow Nursery
641 Camion Road, Ellensburg, WA 98926, 509-968-4778 **email:** rainshdw@sisna.com **affl:** private **bus:** wholesale/retail **min order:** inquire **contact:** Dr. Douglas Reynolds **hrs:** 8–5 M–F **yrs:** 5 **yr prod:** n/a **nat:** 100% **wild coll:** 75% **prop:** 100% **type:** plugs, seeds, container **plants:** all **serv:** contract growing, seed collection, consultation • We specialize in custom seed & cutting collection & propagation of plants from east of the WA Cascades including both riparian & upland shrub-steppe species. We consult, design, & implement landscape & habitat restoration projects & have worked with private, state, & federal agencies.

Rainier Seeds, Inc.
PO Box 1064, Davenport, WA 99122, 800-828-8873 **fax:** 509-725-7015 **email:** ecolter@rainierseeds.com **affl:** private **bus:** wholesale/retail/mailorder **min order:** inquire **contact:** n/a **hrs:** 7:30–4:30 M–F **yrs:** 50 **yr prod:** n/a **nat:** 100% **wild coll:** 50% **prop:** 0 **type:** seeds **plants:** grasses, forbs, shrubs, riparian **serv:** source identified stands **url:** www.rainierseeds.com • Custom cleaning and mixing of native seeds. Collection and contract production services. Largest inventory of seed in the Western US.

Raintree Nursery
391 Butts Rd, Morton, WA 98356, 360-496-6400 **fax:** 888-770-8358 **email:** orders@raintreenursery.com **affl:** private **bus:** mailorder/retail **min order:** inquire **contact:** n/a **hrs:** 8–4:30 M–F **yrs:** n/a **yr prod:** n/a **nat:** 15% **wild coll:** 0 **prop:** 100% **type:** container **plants:** trees, shrubs **serv:** contract growing

The Native Grass Seed Experts!

- The largest native grass seed producers in the western U.S.
- Purchase your seed from the source!
- Source Identified seed available
- Hundreds of species for reclamation & Erosion Control
- Hand collected species from the Western United States
- Contract Production
- T-II Spreaders
- Expert Consulting
- Country Basics™ "Solutions for Rural America" Product line
- Custom Mixing

- Native & Introduced Grass Seed
- Shrubs
- Regreen - *Wheat x Wheatgrass Hybrid*
- Legumes & Forbs
- Wildflowers
- Turf grasses
- Wetland species

Supplying our customers the best possible products at a competitive price, while providing exceptional customer service.

For information you can call us at:
(800) 828-8873
Fax (509)725-7015

Call for a quote today!

Visit our website at www.rainierseeds.com

Rancho La Orquidea, Inc.
1124 Pearson Rd, Milton, FL 32583, 850-983-8948 **fax:** 850-983-0144 **email:** orchidfarm@aol.com **affl:** private **bus:** wholesale/mailorder **min order:** inquire **contact:** Alice Lezcano **hrs:** 8–4 M–F **yrs:** 7 **yr prod:** n/a **nat:** 80% **wild coll:** 0 **prop:** 80% **type:** container **plants:** trees, shrubs, forbs, grasses **serv:** we supply plants for mitigation projects • We are quality growers of over 200 native plants (annuals, perennials, shrubs, trees, vines, grasses, and aquatics). We have various sizes of plants that can be delivered, shipped, or you can pick them up.

Randy's Perennials & Water Gardens
523 W Crogan St, Hwy 29, Lawrenceville, GA 30045, 770-822-0676 **fax:** 770-822-1259 **affl:** private **bus:** retail **min order:** none **contact:** n/a **hrs:** 9–6 M–Sat 10-6 Sun **yrs:** 14 **yr prod:** n/a **nat:** 50% **wild coll:** 0 **prop:** 100% **type:** container **plants:** all

Raven Nursery
22370 Indianola Rd., NE Poulsbo, WA 98370, 360-598-3323 **fax:** 360-598-3324 **email:** Raventrees@msn.com **affl:** private **bus:** wholesale/retail **min order:** $250 for local delivery **contact:** Beatrice **hrs:** by appt. **yrs:** 9 **yr prod:** n/a **nat:** 60% **wild coll:** 0 **prop:** 100% **type:** container **plants:** trees, shrubs, forbs, ferns

Rayonier, Inc.
PO Box 456, 11704 Baxter/Durrence Rd., Glennville, GA 30427, 912-654-4065 **fax:** 912-654-4071 **email:** dean.mccraw@rayonier.com **affl:** private **bus:** wholesale **min order:** inquire **contact:** Dean McGraw **hrs:** 8–5 M–F **yr prod:** 26,000,000/y **nat:** 100% **wild coll:** 0 **prop:** 100% **type:** bareroot, container **plants:** conifers

Red Lake Forestry Greenhouse
PO Box 643, Red Lake Band of Chippewa Indians, Redby, MN 56670, 218-679-3310 **fax:** 218-679-2921 **email:** gspears@paulbunyan.net **affl:** tribal **bus:** wholesale/retail **min order:** inquire **contact:** Gloria Whitefeather-Spears **hrs:** 8–4:30 M–F **yrs:** 24y **yr prod:** 650,000/y **nat:** 100% **wild coll:** 0 **prop:** 100% **type:** bareroot, container **plants:** trees, shrubs

Red's Rhodies
15920 SW Oberst Lane, Sherwood, OR 97140, 503-625-6331 **fax:** 503-625-8055 **email:** red@hardyorchids.com **affl:** private **bus:** retail/wholesale/mailorder **min order:** none **contact:** Red **hrs:** by appt. **yrs:** 23 **yr prod:** n/a **nat:** 1% **wild coll:** 0 **prop:** 100% **type:** container, b&b **plants:** native rhododendron, cyp.californicumds

Redwood City Seed Co.
PO Box 361, Redwood City, CA 94064, 650-325-7333 **fax:** 650-325-4056 **affl:** private **bus:** contract grower **min order:** 2000 sq ft. seed **contact:** Craig Dremann **hrs:** 10–4 M–Sat **yrs:** 30 **yr prod:** n/a **nat:** 0 **wild coll:** 0 **prop:** 100% **type:** seeds **plants:** grasses, forbs **serv:** seed increase from customer supplied ecotypes

Redwood Valley Rancheria
3250 Road 1, Redwood Valley, CA 95470, 707-485-0361 **fax:** 707-485-5276 **affl:** tribal **bus:** wholesale **min order:** inquire **contact:** Chuck Williams **hrs:** 8–4:30 M–F **yrs:** n/a **yr prod:** n/a **nat:** 100% **wild coll:** 0 **prop:** 100% **type:** container, bareroot **plants:** shrubs, grasses, forbs, wetland

Reesville Ridge Nursery
PO Box 171, Reesville, WI 52579, 920-927-3291 **fax:** 920-927-3291 **affl:** private **bus:** wholesale/retail **min order:** inquire for wholesale **contact:** n/a **hrs:** 9–5 M–S **yrs:** n/a **yr prod:** n/a **nat:** 50% **wild coll:** 0 **prop:** 100% **type:** container **plants:** trees, shrubs, wetland, forbs, grasses **serv:** mailorder catalog available

Reeves Wildflower Nursery
28431 200th St, Harper, IA 52231, 515-635-2817 **affl:** private **bus:** wholesale/retail **min order:** inquire **type:** seeds **plants:** seeds

Research Nursery – University of Idaho
University of Idaho, PO Box 441137, Moscow, ID 83844-1137, 208-885-3888 **fax:** 208-885-6226 **email:** seedlings@uidaho.edu **affl:** state **bus:** wholesale/retail **min order:** none **hrs:** 8–4:30 M–F **yrs:** 94 **yr prod:** 650,000/y **nat:** 90% **wild coll:** 0 **prop:** 100% **type:** plugs **plants:** conifers, trees, shrubs **serv:** consulting, free catalog

Restoration Resources
3868 Cincinnati Ave, Rocklin, CA 95765, 916-408-2990 **fax:** 916-408-2999 **email:** k.burrus@restoration-resources.net **affl:** private **bus:** mailorder/wholesale **min order:** $50 **contact:** Kristi Burrus **hrs:** 8–4:30 M–F **yrs:** 3 **yr prod:** 40,000/y **nat:** 100% **wild coll:** 0% **prop:** 100% **type:** container **plants:** trees, shrubs, herbaceous, grasses, wetland plugs **serv:** landscape design and construction; wildland and wetland habitat restoration design and construction

Rethke Nursery, Inc.
47030 149th, Twin Brooks, SD 57269, 605-432-6073 **affl:** private **bus:** wholesale **min order:** 1 bundle/trees **contact:** n/a **hrs:** n/a **yrs:** n/a **yr prod:** n/a **nat:** 100% **wild coll:** 0 **prop:** 100% **type:** bareroot, container, grass seeds **plants:** trees, grass seed

The Reveg Edge
PO Box 609, Redwood City, CA 94064, 650-325-7333 **fax:** 650-325-4056 **email:** Craig@ecoseeds.com **affl:** private **bus:** consulting **min order:** inquire **contact:** Craig Dremann **hrs:** 10–4 M–Sat **yrs:** 30 **yr prod:** 0 **nat:** 0 **wild coll:** 0 **prop:** 100% **type:** seeds **plants:** grasses, forbs **serv:** restoration, consulting, custom seed, license technologies for successful restoration

The Rhododendron Species Foundation
PO Box 3798, Federal Way, WA 98063, 253-927-6960 **fax:** 253-838-4686 **email:** rsf@rhodygarden.org **affl:** non profit **bus:** retail **min order:** none **contact:** n/a **hrs:** 10–4 F–W **yrs:** 38 **yr prod:** n/a **nat:** 10% **wild coll:** 0 **prop:** 100% **type:** container **plants:** rhododendrons **serv:** public garden, conservation and research

Richardson Agco
PO Box 206, 1500 W. Vega Blvd., Vega, TX 79092, 806-267-2459 **fax:** 806-267-2997 **email:** agco@1S.net **affl:** private **bus:** wholesale/retail **min order:** inquire **contact:** n/a **hrs:** 8–5 M–F **yrs:** n/a **yr prod:** n/a **nat:** 100% **wild coll:** 0 **prop:** 0 **type:** seeds **plants:** grasses, forbs

Ridgecrest Nursery
3347 Highway 64 East, Wynne, AR 72396, 870-238-3763 **email:** Ridgecrest@crosscountybank.com **affl:** private **bus:** retail **min order:** none **contact:** Larry Lowman **hrs:** by appt **yrs:** 18y **yr prod:** n/a **nat:** 75% **wild coll:** 0 **prop:** 100% **type:** container **plants:** annuals, perennials, shrubs, trees, grasses **serv:** landscaping services/lectures

Rigsby Nursery, Inc.
PO Box 50910, Fort Myers, FL 33994-0910, 239-543-3379 **fax:** 239-543-7115 **email:** drigsby@attglobal.net **affl:** private **bus:** wholesale **min order:** inquire **contact:** Barbara Rigsby **nat:** 50% **wild coll:** 0 **prop:** 100% **type:** container **plants:** trees

Ripley County Farms
PO Box 614, Doniphan, MO 63935, 573-996-3449 **fax:** 573-996-3449 **email:** rcf@semo.net **affl:** private **bus:** wholesale **min order:** inquire **contact:** n/a **hrs:** 8–5 M–F **yrs:** n/a **yr prod:** 1,400,000/y **nat:** 100% **wild coll:** 0 **prop:** 100% **type:** bareroot **plants:** trees

Robinson Rancheria
PO Box 1580, Nice, CA 95464, 707-275-2226 **fax:** 707-275-2151 **affl:** tribal **bus:** wholesale **min order:** inquire **contact:** Robert Quitiquit **hrs:** 8–4:30 M–F **yrs:** n/a **yr prod:** n/a **nat:** 100% **wild coll:** 0 **prop:** 100% **type:** container **plants:** trees, shrubs, grasses, forbs, wetland

Rochester Greenhouse – Weyerhaeuser Company
7935 Highway 12 SW, Rochester, WA 98579-9214, 360-273-5527

Rochester Greenhouse (continued)
fax: 360-273-6048 **affl:** forest industry **bus:** wholesale **min order:** inquire for contract growing **contact:** n/a **hrs:** 8–5 M–F **yrs:** n/a **yr prod:** 13,000,000/y **nat:** 100% **wild coll:** 0 **prop:** 100% **type:** container, bareroot **plants:** conifers, shrubs

Rocky Mountain National Park Native Plant Nursery
1000 Highway 36, Estes Park, CO 80517-8397, 970-586-1206 **fax:** 970-586-1256 **affl:** federal **bus:** n/a **min order:** inquire **contact:** Jeff Conner **hrs:** 8–4:30 M–F **yrs:** 12 **yr prod:** n/a **nat:** 100% **wild coll:** 0 **prop:** 100% **type:** container **plants:** all

Rocky Mountain Native Plants Co.
3780 Silt Mesa Rd., Rifle, CO 81650 970-625-4769 **fax:** 970-625-3276 **email:** native@aspeninfo.com **affl:** private **bus:** wholesale **min order:** inquire **contact:** Randy Mandel **hrs:** 8–5 M–F **yrs:** n/a **yr prod:** n/a **nat:** 100% **wild coll:** 0 **prop:** 100% **type:** container, seeds **plants:** all **serv:** consulting, planting, landscaping

Rocky Mountain Rare Plants
1706 Deerpath Rd, Franktown, CO 80116-9462, n/a **fax:** 775-201-2911 **email:** staff@rmrp.com **affl:** private **bus:** retail **min order:** inquire **contact:** n/a **hrs:** 8–5 M–Sat **yrs:** 12 **yr prod:** n/a **nat:** 50% **wild coll:** 50% **prop:** 0 **type:** seeds **plants:** shrubs, forbs, alpine seeds, rock garden plants, grasses, succulents

Rose Hill Nursery
2282 Teller Rd, Rose Hill, IA 52586, 515-632-8308 **affl:** private **bus:** retail/mailorder **min order:** inquire **type:** seeds

Roseburg Forest Products, Kellogg Forest Tree Nursery
1940 Madison Rd., Oakland, OR 97462, 503-459-5905 **fax:** 503-459-5905 **email:** Brendat@rfpco.com **affl:** private **bus:** forest industry **min order:** inquire **hrs:** 8–5 M–F **yrs:** n/a **yr prod:** 4,500,000/y **nat:** 100% **wild coll:** 0 **prop:** 100% **type:** bareroot **plants:** trees

Rosso Wholesale Nursery
PO Box 80345, Seattle, WA 98108, 206-763-1888 **affl:** private **bus:** wholesale/retail **min order:** none **contact:** Jean or Tony **hrs:** 8–5:30 M–S **yrs:** 40+ **yr prod:** n/a **nat:** 50% **wild coll:** 0 **prop:** 100% **type:** container, bareroot **plants:** trees, shrubs, riparian, wetland, forbs, grasses **serv:** consulting/installation

RSS Field Services, Inc.
PO Box 549, Plant City, FL 33564, 813-754-7160, 863-285-8808 **fax:** 813-752-3303 **email:** rssfld@gte.net **affl:** private **bus:** wholesale **min order:** inquire **contact:** Jay Allen **nat:** 100% **wild coll:** 0 **prop:** 100% **type:** container **plants:** trees **serv:** supply, installation and mitigation maintenance

Rutland Forest Nursery
502 Owen-Medford Rd, Lenox, GA 31637, 912-382-5504 **affl:** private **bus:** wholesale **min order:** inquire **contact:** n/a **hrs:** 8–5 M–F **yr prod:** 6,200,000/y **nat:** 100% **wild coll:** 0 **prop:** 100% **type:** bareroot **plants:** conifers

S

S&S Seeds LLC
PO Box 947, Albany, OR 97321, 541-928-5868 **fax:** 541-928-5581 **email:** Info@wildflowerseed.com **affl:** private **bus:** wholesale **min order:** 1 lb or $50.00 **contact:** Jake or Michelle **hrs:** 7:30–4:30 M–F **yrs:** 5 **yr prod:** n/a **nat:** 5% **wild coll:** 5% **prop:** 95% **type:** seeds **plants:** forbs, native grasses, wildflowers **serv:** custom mixes & growing

Sagebrush Native Plant Nursery
38206 93rd St RR 2, Site 13, Comp. 10 Oliver, BC Canada V0H 1T0, 250-498-8898 **affl:** private **type:** plants and seeds **plants:** ask

Sage Creek Gardens
63405 Deschutes Market Rd, Bend, OR 97701, 541-382-1227 **affl:** private **min order:** inquire **plants and seeds:** ask

Salish & Kootenai Tribal College Native Plant Nursery
PO Box 117, Pablo, MT 59855, 406-675-4800 **fax:** 406-675-4800 **email:** dawn_thomas@skc.edu **affl:** private **bus:** wholesale **min order:** inquire **contact:** Dawn Thomas **hrs:** 8:30–4:30 M–F **yrs:** 5 **yr prod:** 25,000/y **nat:** 100% **wild coll:** 0 **prop:** 100% **type:** container **plants:** trees, shrubs, forbs, grasses, wetland and riparian **serv:** contract growing

San Felasco Nurseries, Inc.
7315 NW 126 St, Gainesville, FL 32653, 800-933-9638 **fax:** 352-332-3113 **email:** ashapiro@sanfelasco.com **affl:** private **bus:** wholesale **min order:** inquire **contact:** Al Shapiro **nat:** 70% **wild coll:** 0 **prop:** 100% **type:** container **plants:** trees, shrubs, forbs, grasses, cycads

San Marcos Growers
PO Box 6627, Santa Barbara, CA 93160, 805-683-1561 **fax:** 805-964-1329 **email:** Sales@smgrowers.com **affl:** private **bus:** wholesale **min order:** for deliveries only **contact:** Peggy Koegler **hrs:** 8–4:30 M–F **yrs:** 24 **yr prod:** n/a **nat:** 25% **wild coll:** 0 **prop:** 80% **plants and seeds:** ask **plants:** trees, shrubs, forbs, grasses

Sandhill Farm
11250 10 Mile Road, Rockford, MI 49341, 616-691-8214 **email:** cherylt@iserv.net **affl:** private **bus:** retail/wholesale **min order:** inquire **contact:** Cheryl **hrs:** n/a **yrs:** n/a **yr prod:** n/a **nat:** 100% **wild coll:** 0 **prop:** 100% **type:** container, plugs **plants:** forbs, grasses, ferns, wetland

Sanibel Captiva Conservation Fund Native Plant Nursery
PO Box 839, Sanibel, FL 33957, 239-472-1932 **fax:** 239-472-6421 **email:** kboone@sccf.org **affl:** nonprofit **bus:** retail **min order:** inquire **contact:** Kathy Boone **nat:** 100% **wild coll:** 0 **prop:** 100% **type:** container **plants:** all **serv:** sales to the public

Santa Ana Pueblo Native Plant Nursery
157 Jemez Dam Rd, Bernalillo, NM 87004, 505-867-1322 **fax:** 505-867-3395 **affl:** private **bus:** retail **min order:** none **hrs:** 9–5 M–Sat **yrs:** 11 **yr prod:** n/a **nat:** 80% **wild coll:** 0 **prop:** 100% **type:** container, plugs, liners, b&b **plants:** trees, shrubs, forbs, grasses, cacti, succulents

Saratoga Tree Nursery
NY State Dept. of Environmental Conservation, 2369 Route 50, Saratoga Springs, NY 12866, 518-581-1439 **fax:** 518-581-8017 **affl:** state **bus:** state **min order:** inquire **contact:** David Lee **hrs:** 8–4:30 M–F **yrs:** 100 **yr prod:** n/a **nat:** 50% **wild coll:** 0 **prop:** 100% **type:** bareroot, container **plants:** trees, shrubs

Sassafras Farm
7029 Bray Rd, Hayes, VA 23072, 804-642-0923 **fax:** 804-642-7662 **email:** sasafras@3bubbas.com **affl:** private **bus:** wholesale/retail **min order:** inquire for wholesale **contact:** Denise Greene **hrs:** by appt **yrs:** 6 **yr prod:** n/a **nat:** 95% **wild coll:** 0 **prop:** 100% **type:** container **plants:** forbs **serv:** contract grower, consulting

Schumacher
37806-910th St, Heron Lake, MN 56137, 507-793-2288 **fax:** 507-793-0025 **affl:** private **bus:** wholesale **min order:** inquire **contact:** n/a **hrs:** n/a **yrs:** n/a **yr prod:** 2,100,000/y **nat:** 100% **wild coll:** 0 **prop:** 100% **type:** bareroot, container **plants:** trees

Second Growth, Inc.
PO Box 11080, Eugene, OR 97440, 541-485-3250 **email:** secondgrowthinc@qwest.net **affl:** private **bus:** wholesale **min order:** none **contact:** Jean Fogden **hrs:** n/a **yrs:** 13 **yr prod:** n/a **nat:** 100% **wild coll:** 0 **prop:** 100% **type:** container **plants:** all **serv:** wetland and riparian mitigation/restoration

Seed Specialists, Inc.
2723 S. Cole Rd, Boise, ID 83709, 208-562-0479 **fax:** 208-562-0479 **email:** dantheseedman@aol.com **affl:** private **bus:** wholesale **min order:** $100 **contact:** Dan Macias **hrs:** 7:30–5

Seed Specialists, Inc. (continued)
M–F **yrs:** 10 **yr prod:** 0 **nat:** 100% **wild coll:** 0 **prop:** 0 **type:** seeds **plants:** dryland, riparian grasses, forbs **serv:** fertilizer, compost, soils, other products

Seed Specialists, Inc.
568 W. Buckles, Hayden Lake, ID 83835, 208-762-8308 **fax:** 208-762-9267 **email:** jack@seedspecialists.com **affl:** private **bus:** wholesale/retail **min order:** $100 wholesale **contact:** Jack Zimmer, Dan Macias, Corlie Nelson, Bill Mayes **hrs:** 7:30–5 M–Sat **yrs:** 10 **yr prod:** n/a **nat:** 0 **wild coll:** 0 **prop:** 0 **type:** seeds **plants:** dryland and riparian grasses, forbs **serv:** fertilizer, compost, soils, cultivated and wild seeds

Seeds of Alaska
PO Box 3127, Mile 19.4 Beach Rd, Kenai, AK 99611, 907-260-1980 **fax:** 907-262-3755 **affl:** private **bus:** retail/wholesale **min order:** inquire **contact:** n/a **plants and seeds:** ask

Sequoia & Kings Canyon National Parks Native Plant Nursery
47050 Generals Highway, Three Rivers, CA 93271-9651, 559-565-3341 **fax:** 559-565-3730 **affl:** federal **bus:** n/a **min order:** inquire **contact:** n/a **hrs:** 8–4:30 M–F **yrs:** 11 **yr prod:** n/a **nat:** 100% **wild coll:** 0 **prop:** 100% **type:** container **plants:** all

Shadowlawn Nursery
PO Box 515, Penny Farms, FL 32079-0515, 904-269-5857 **fax:** 904-269-5857 **email:** info@shadowlawnnursery.net **affl:** private **bus:** wholesale **contact:** Brent Reeves **type:** container, field grown, b&b **plants:** trees, shrubs

Shady Grove Native Trees and Shrubs
535 Sherwood Rd, Williamston, MI 48895, 517-249-3752 **email:** hahburt@voyager.net **affl:** private **bus:** retail **min order:** inquire **contact:** n/a **hrs:** 9–5:30 M–Sat **yrs:** n/a **nat:** 70% **wild coll:** 0 **prop:** 100% **type:** container **plants:** trees, shrubs

Sharp Bros. Seed Co.
2001 S. Sycamore, Healy, KS 67850, 620-398-2231 **fax:** 620-398-2220 **email:** buffalo@midusa.net **affl:** private **bus:** wholesale/retail/mailorder **min order:** none **contact:** Morrice Miller **hrs:** 8–5 M–Sat **yrs:** n/a **yr prod:** n/a **nat:** 0 **wild coll:** 0 **prop:** 0 **type:** seeds **plants:** grasses, forbs, wetland, riparian, shrubs

Shasta Plantation
PO Box 535, Shasta, CA 96087, 530-243-8001 **fax:** 530-243-8001 **affl:** private **bus:** wholesale **min order:** inquire **contact:** n/a **hrs:** 8–5 M–F **yrs:** n/a **nat:** 100% **wild coll:** 0 **prop:** 100% **type:** container, bareroot **plants:** conifers

Shelterwood Farm
179 Tuxward Rd, Hartly, DE 19953, 302-492-8071 **affl:** private **bus:** wholesale/retail **min order:** n/a **contact:** n/a **hrs:** n/a **yrs:** n/a **yr prod:** 10,000/y **nat:** 100% **wild coll:** 0 **prop:** 100% **type:** bareroot **plants:** trees

Shooting Star Native Seeds
PO Box 648, Hwy 44 & CR 33, Spring Grove, MN 55947, 507-498-3944 **fax:** 507-498-3953 **email:** ssns@means.net **affl:** private **bus:** wholesale **min order:** inquire **contact:** Sheryl Twite **hrs:** 8–5 M–F **yrs:** 14 **yr prod:** n/a **nat:** 100% **wild coll:** 0 **prop:** 0 **type:** seeds **plants:** grasses, forbs **serv:** contract seed production services

Shooting Star Nursery
444 Bates Rd, Frankfort, KY 40601, 502-223-1679 **fax:** 502-227-5700 **email:** ShootingStarNursery@msn.com **affl:** private **bus:** wholesale/retail/mailorder **min order:** none **contact:** Connie May **hrs:** 9–5 M–F **yrs:** 13 **yr prod:** n/a **nat:** 100% **wild coll:** 0 **prop:** 100% **type:** container **plants:** trees, shrubs, grasses, forbs, seeds **serv:** bulk and blend seed mixes available

Shore Road Nursery
616 Shore Road, Port Angeles, WA 98362, 360-457-1536 **fax:** 360-457-1536 **email:** plantman@olypen.com **affl:** private **bus:** retail **min order:** none **contact:** David Allen **hrs:** 10–5 T–S

yrs: 10 yr prod: n/a nat: 95% wild coll: 0 prop: 100% type: container plants: riparian, wetland, shrubs, trees, forbs, grasses serv: consulting

Sierra Vista Growers
2800 NM Hwy 28, La Union, NM 88021, 505-874-2415 fax: 505-589-3904 affl: private bus: retail/wholesale min order: inquire contact: Kevin Padilla hrs: 9–5 M–Sat yrs: 17 yr prod: n/a nat: 100% wild coll: 0 prop: 100% type: container, some seeds available plants: trees, shrubs, forbs, grasses serv: delivery in NM

Silvaseed Company, Inc.
PO Box 118, 317 James St, Roy, WA 98580, 253-843-2246 fax: 253-843-2239 email: inquiries@silvaseed.com affl: private bus: wholesale/retail min order: 1.0 lb min/1 bag min contact: Mike Gerdes hrs: 8–4:30 yrs: 131 yr prod: 8,000,000/y nat: 100% wild coll: 0 prop: 100% type: container, bareroot plants: conifers

Silver Springs Nursery, Inc.
3400 Little Applegate Rd, Jacksonville, OR 97530, 541-899-1065 fax: 541-899-1065 email: ssninc@colddreams.com affl: private bus: wholesale min order: $100 hrs: n/a yrs: 10 yr prod: n/a nat: 100% wild coll: 0 prop: 100% type: containers, seeds plants: trees, shrubs, riparian, emergents, grass seed serv: reclamation, consultation, wetlands, minelands, catalog

Simmons & Sons Longleaf Seedlings
3329 Highway 80 E, Twin City, GA 30471, 478-763-3249 affl: private bus: wholesale min order: inquire hrs: 8–5 M–F yr prod: 500,000/y nat: 100% wild coll: 0 prop: 100% type: container plants: conifers

SIPI – Bureau of Indian Affairs
PO Box 10146, Albuquerque, NM 87184, 505-897-5369 fax: 505-897-5343 affl: federal bus: n/a min order: inquire hrs: 8–4:30 M–F yrs: n/a yr prod: 375,000/y nat: 100% wild coll: 0 prop: 100% type: container plants: trees

Siskiyou Rare Plant Nursery
2825 Cummings Rd, Medford, OR 97501, 503-772-6846 email: customerservice@srpn.net affl: private bus: mailorder min order: inquire contact: Michelle hrs: 9–5 M–F yrs: 40 yr prod: n/a nat: 40% wild coll: 0 prop: 100% type: container plants: shrubs, trees, ferns

Sleepy Hollow Nursery
3506 Harrison Ferry Rd, McMinnville, TN 37110, 931-668-3902/668-2462 fax: 931-668-2443 email: sleepyhollow@blomand.net affl: private bus: wholesale min order: inquire contact: n/a hrs: 8–5 M–F yrs: n/a yr prod: n/a nat: 50% wild coll: 0 prop: 100% type: container, b&b plants: trees, shrubs, grasses

Smith Evergreen Nursery, Inc.
9240 Bachlor Road, Magnolia, OH 44643, 216-866-5521 fax: 216-866-5379 affl: private bus: wholesale/retail min order: inquire contact: n/a hrs: n/a yrs: n/a yr prod: 250,000/y nat: 100%

Silver Springs Nursery, Inc.

Specializing in container grown native ground cover, trees & shrubs for landscaping and reclamation.

Call or write for your catalog:
3400 Little Applegate Road
Jacksonville, OR
Phone/Fax: 541 899-1065
E-mail: ssninc@coldreams.com

Smith Evergreen Nursery, Inc. (continued)
wild coll: 0 **prop:** 100% **type:** bareroot **plants:** trees

Smith River Nursery, Hastings LLC
PO Box 250, Smith River, CA 95567, 707-487-3775 **fax:** 707-487-9301 **email:** srtrees@gte.net **affl:** private **min order:** inquire **contact:** n/a **hrs:** n/a **yrs:** n/a **yr prod:** 4,000,000/y **nat:** 100% **wild coll:** 0 **prop:** 100% **type:** bareroot **plants:** conifers

Smurfit-Stone Container
4346 Parker Springs Rd., Brewton, AL 36426, 334-867-9480 **fax:** 334-867-9486 **email:** dshelburne@smurfit.com **affl:** private **bus:** wholesale **min order:** inquire **contact:** n/a **hrs:** 8–5 M–F **yrs:** n/a **yr prod:** 28,000,000/y **nat:** 100% **wild coll:** 0 **prop:** 100% **type:** bareroot **plants:** conifers

Smurfit-Stone Container Corporation
PO Box 129, Archer, FL 32618, **fax:** 352-495-9117 **affl:** private **bus:** forest industry **min order:** inquire **contact:** n/a **hrs:** 8–5 M–F **yrs:** n/a **yr prod:** 20,000,000/y **nat:** 100% **wild coll:** 0 **prop:** 100% **type:** bareroot **plants:** conifers, trees

Snow Mountain Nursery
1615 Rosebrook Road, Standardsville, VA 22973, 804-985-6383 **fax:** 804-985-6659 **affl:** private **bus:** wholesale/retail **min order:** none **contact:** Georgiana McCabe **hrs:** 9–5 M–Sat **yrs:** 6 **yr prod:** n/a **nat:** 50% **wild coll:** 0 **prop:** 100% **type:** container, b&b **plants:** trees, shrubs, forbs

Sound Native Plants, Inc.
PO Box 7505, Olympia, WA 98507-7505, 360-352-4122 **fax:** 360-867-0007 **email:** joslyn@soundnativeplants.com **affl:** private **bus:** wholesale/retail **min order:** $100 retail **contact:** Joslyn or Susan **hrs:** 9–5 M–F **yrs:** 11 **yr prod:** 75,000 **nat:** 100% **wild coll:** 0 **prop:** 100% **type:** container, live stakes, facines **plants:** trees, shrubs, emergents, riparian, grasses, forbs, ferns **serv:** consulting, installation **url:** www.soundnativeplants.com • We've been growing native plants & designing & installing restoration/mitigation projects for over 10 years. Because we do it all, we understand the big picture & our projects succeed. Our customers say we have the best plants in western Washington. All local genetics. More information on our website.

South Carolina Forestry Creech Greenhouse
PO Box 206, Wedgefield, SC 29168, 803-494-8110 **fax:** 803-494-8518 **email:** creech@ftc-i.net **affl:** state **bus:** n/a **min order:** inquire **contact:** n/a **hrs:** 8–4 M–F **yrs:** 20 **yr prod:** 400,000 /y **nat:** 100% **wild coll:** 0 **prop:** 100% **type:** container **plants:** trees, conifers

Southeast Trees
3890 Hwy 60 E, Bartow, FL 33830, 888-534-1350/863-534-1350 **fax:** 863-534-1356 **email:** ken@southeasttrees.com **affl:** private **bus:** wholesale **min order:** inquire **contact:** Ken Ford **hrs:** 8–5 M–F **yrs:** n/a **yr prod:** n/a **wild coll:** 0 **prop:** 100% **type:** container **plants:** trees

Southern Horticulture
1690 A1A S, St Augustine, FL 32080, 904-471-0440 **fax:** 904-460-1222 **email:** soho@aug.com **affl:** private **bus:** retail/nursery **min order:** inquire **contact:** Bill Hamilton **yrs:** 24 **nat:** 100% **wild coll:** 0 **prop:** 100% **type:** container **plants:** all **serv:** salt-tolerant plants for difficult places, landscaping

Southern Native Nursery, Inc.
16351 Van Gogh Rd, Loxahatchee, FL 33470, 561-798-1172 **fax:** 561-798-2816 **email:** slandnsy@bellsouth.net **affl:** private **bus:** wholesale/retail **min order:** inquire **contact:** Michael Catron **nat:** 100% **wild coll:** 0 **prop:** 100% **type:** container **plants:** trees, shrubs, forbs, grasses

Southern Native Plants Specialties, Inc.
6322 Mary Kitchens Rd, Milton, FL 32583, 850-983-9121 **email:** sonative@yahoo.com **affl:** private **bus:** wholesale/retail **min order:** none **contact:** Paul Humbert **hrs:** 8–3 M–F or by appt **yrs:** 4 **yr prod:** n/a **nat:** 100% **wild coll:** 0

prop: 100% **type:** container **plants:** all **serv:** installation services

Southern Tier Consulting and Nursery, Inc.
PO Box 30, 2701-A Route 305, West Clarksville, NY 14786, 716-968-3120 **fax:** 716-968-3122 **email:** froghome@eznet.net **affl:** private **bus:** wholesale **min order:** inquire **contact:** n/a **hrs:** 8–5 M–F **yrs:** 19 **yr prod:** n/a **nat:** 100% **wild coll:** 0 **prop:** 100% **type:** container, bareroot, plugs, seeds, live stakes **plants:** all **serv:** all wetland restoration and mitigation services

Southwest Seed, Inc.
13260 Rd 29 Dolores, CO 81323, 970-565-8722 **fax:** 970-565-2576 **email:** Swseed@direcway.com **affl:** private **bus:** wholesale/retail/mail order **min order:** inquire **contact:** Doug Lard **hrs:** 9–5 M–F **yrs:** 25 **yr prod:** 700 ac **nat:** 90% **wild coll:** 0 **prop:** 0 **type:** seeds **plants:** grasses, forbs **serv:** custom mixing, conditioning

Spadefoot Nursery
8897 E Walnut Trail, Pearce, AZ 85625, 520-909-9919 **affl:** private **bus:** wholesale **min order:** none **contact:** Peter **hrs:** by appt only **yrs:** n/a **yr prod:** n/a **nat:** 100% **wild coll:** 0 **prop:** 100% **type:** container **plants:** trees and shrubs **serv:** contract growing

Spangle Creek Labs
21950 County Road 445, Bovey, MN 55709, 218-247-0245 **email:** carolscl@uslink.net **affl:** private **bus:** mailorder/wholesale **min order:** 5 seedlings **contact:** Carol **hrs:** 9–5 M–F **yrs:** 12 **yr prod:** n/a **nat:** 90% **wild coll:** 0 **prop:** 100% **type:** flask seedlings, container **plants:** native cypripediums **serv:** all species produced in on-site lab and nursery

Spence Restoration Nursery
PO Box 546, 2220 E. Fuson Rd, Muncie, IN 47308, 765-286-7154 **fax:** 765-286-0264 **email:** native@iquest.com **affl:** private **bus:** wholesale/retail **min order:** $100 **contact:** Kevin Tungesbick **hrs:** 7–3:30 M–F **yrs:** 10 **yr prod:** n/a **nat:** 100% **wild coll:** 0 **prop:** 100% **type:** container **plants:** all

Spring Creek Nursery
2702 Co. Rd. 202, Mertzon, TX 76941, 915-632-3203 **affl:** private **bus:** retail/wholesale **min order:** none **contact:** n/a **hrs:** n/a **nat:** 98% **wild coll:** 0 **prop:** 100% **type:** container **plants:** trees, forbs, grasses **serv:** restoration services

Spring Creek Nursery
3226 W. Montgomery Rd, Deer Park, WA 99006, 509-276-8278 **fax:** 509-838-1957 **email:** springcreekdpark@aol.com **affl:** private **bus:** wholesale **min order:** none **contact:** Fitzgerald **hrs:** n/a **yrs:** 13 **yr prod:** n/a **nat:** 50% **wild coll:** 0 **prop:** 100% **type:** b&b **plants:** trees, shrubs **serv:** landscaping materials

State Forest Nursery
Iowa Department of Natural Resources   2404 South Duff Avenue, Ames, IA 50010, 515-233-1161 **fax:** 515-233-1131 **affl:** state **bus:** n/a **min order:** inquire **hrs:** 8–4:30 M–F **yrs:** 75 **yr prod:** 5,000,000/y **nat:** 100% **wild coll:** 0 **prop:** 100% **type:** bareroot **plants:** trees, shrubs **serv:** trees available to landowners

Stempky Nursery
5157 N. Sts. Hwy, Cheboygan, MI 49721, 616-627-4814 **affl:** private **bus:** wholesale **min order:** inquire **contact:** n/a **hrs:** 8–5 M–F **yrs:** n/a **yr prod:** 150,000/y **nat:** 100% **wild coll:** 0 **prop:** 100% **type:** bareroot **plants:** trees

Stevenson Intermountain Seed, Inc.
PO Box 2, Ephraim, UT 84627, 435-283-6639 **fax:** 435-283-4155 **email:** ron@stevensonintermountainseed.com **affl:** private **bus:** wholesale/retail **min order:** inquire **contact:** Ron Stevenson **hrs:** 8–5 M–F **yrs:** 27 **yr prod:** n/a **type:** seeds **plants:** native & non-native

Stillaguamish Tribe
PO Box 277, Arlington, WA 98223-0277, 360-652-7362 **affl:** tribal **bus:** wholesale **min order:** inquire **contact:** Shawn Yanity **hrs:** 8–4:30 M–F **yrs:** n/a **yr prod:** n/a **nat:** 100% **wild coll:** 0 **prop:** 100% **type:** container **plants:** trees, shrubs, forbs, grasses, wetland, riparian

Stock Seed Farms, Inc.
28008 Mill Road, Murdock, NE 68407, 800-759-1520 **fax:** 402-867-2442 **email:** Prairie@stockseed.com **affl:** private **bus:** wholesale/retail/mailorder **min order:** none **contact:** Rod Fritz **hrs:** 8–5 M–F 8–12 Sat **yrs:** 47 **yr prod:** n/a **nat:** 0 **wild coll:** 0 **prop:** 0 **type:** seeds **plants:** grasses, forbs **serv:** free catalog

Storm Lake Growers
21809 89th SE Snohomish, WA 98290-7432, 360-794-4842 **fax:** 360-794-8323 **email:** terra@slgrowers.com **affl:** private **bus:** wholesale **min order:** none **contact:** Terra Sittner **hrs:** 8–5 M–Sat **yrs:** n/a **yr prod:** n/a **nat:** 20% **wild coll:** 0 **prop:** 100% **type:** container **plants:** all **serv:** contract growing

Strathlone Forest Nursery
PO Box 489, Inverness, Nova Scotia, Canada B0E 1N0, 902-258-2626 **fax:** 902-258-2330 **email:** sfn@atcon.com **affl:** provincial **min order:** inquire **yr prod:** 11,500,000/y **nat:** 100% **wild coll:** 0 **prop:** 100% **type:** bareroot, container **plants:** trees

Strathmeyer Forests, Inc.
PO Box 70, 255 Ziegler Road, Dover, PA 17315, 800-345-3406 **fax:** 717-292-4129 **email:** sales@strathmeyer.com **affl:** private **bus:** wholesale **min order:** inquire **hrs:** 8–5 M–F **yrs:** n/a **yr prod:** 800,000/y **nat:** 100% **wild coll:** 0 **prop:** 100% **type:** bareroot **plants:** trees

Streamside Native Plants
3300 Fraser Rd. RR 6, site 695, Comp. C-6, Courtenay, BC Canada V9N 9P3 250-338-7509 **affl:** private **type:** plants and seeds **plants:** ask

Summer Hill Nursery
888 Summerhill Rd, Madison, CT 06443, 203-421-3055 **affl:** private **bus:** wholesale **min order:** inquire **contact:** n/a **hrs:** 7:30–4:30 M–F **yrs:** n/a **yr prod:** n/a **nat:** 10% **wild coll:** 0

STOCK SEED FARMS
PRAIRIE GRASS • TURFGRASS
AND WILD FLOWER SEED

Over 47 years of healthy seeds provided to those sowing native plants.

Wholesale • Retail
Mail Order

Tom Barnes

800.759.1520 • FAX 402.867.2442
e-mail: prairie@stockseed.com • www.stockseed.com
28008 Mill Road • Murdock NE 68407

prop: 100% type: container plants: trees, shrubs, forbs

Sun Chaser Seeds
14290 W. 54th Ave, Arvada, CO 80002, 303-278-9725 fax: 303-278-7366 email: sales@scs.towens.com affl: private bus: wholesale/retail/mailorder min order: inquire contact: n/a hrs: 8-5 M-F yrs: 9 yr prod: n/a nat: 95% wild coll: 0 prop: 0 type: seeds plants: trees, forbs, grasses

Sun City Tree Farm & Nursery
2701 30th St SE, Ruskin, FL 33570, 813-645-9527 fax: 813-645-9539 email: suncity@aol.com affl: private bus: wholesale min order: inquire contant: J.C. Tort nat: 0 prop: 100% type: container plants: trees, shrubs serv: large stock for landscape industry

Sun Gro Horticultural Distribution, Inc.
15831 NE 8th St, Suite 10, Bellevue, WA 98008, 503-981-4406 fax: 503-981-2304 email: Jayc@sungro.com affl: private bus: wholesale/retail min order: inquire contact: Jay Cushman years: 74 plants and seeds: ask serv: growing mixes, consulting, peat moss url: www.sungro.com • Sun Gro Horticulture is your source for forestry and native plant growing mixes and peat moss. Sunshine Growing Mixes have satisfied professional growers for over twenty-five years. Growers select Sun Gro as their mix or peat moss provider due to our service, product quality, consistency, and technical expertise. (SEE AD INSIDE BACK COVER)

Sun Mountain Growers
336 N. Mountain Road, Fruit Heights, UT 84037, PO Box 332, Kaysville, UT 84037, 801-941-5535 email: sunmtngrowers@earthlink.net affl: private bus: wholesale min order: none contact: n/a hrs: 7-6 M-F yrs: 26 yr prod: n/a nat: 100% wild coll: 0 prop: 100% type: container plants: trees, shrubs, forbs, grasses serv: contract growing

Sun Mountain Seeds
N. 120 Wall St, Suite 400, Spokane, WA 99201, 800-268-0180 fax: 509-835-4969 email: landman@landmark.com affl: private bus: wholesale min order: none contact: n/a hrs: 8-5 M-F yrs: n/a yr prod: n/a nat: 100% wild coll: 0 prop: 100% type: seeds plants: grasses, forbs

Sunbelt Trees, Inc.
16008 Boss Gaston, Richmond, TX 77469, 800-625-4313 affl: private bus: wholesale min order: inquire contact: n/a nat: 40% wild coll: 0 prop: 100% type: container plants: trees serv: we specialize in TX oak species

SUNCO
2269 2nd Ave N, Lake Worth, FL 33461, 561-586-7402 fax: 561-588-9486 email: suncojerry@aol.com affl: private bus: wholesale min order: inquire contact: Jerry Fritz nat: 100% type: container plants: trees, shrubs serv: all trees in 45 gallons

Suncrest Nurseries, Inc.
400 Casserly Rd, Watsonville, CA 95076, 831-728-2595 fax: 831-728-3146 affl: private bus: wholesale min order: $350 contact: Victor Quintero hrs: 8-5 M-F yrs: 125 yr prod: n/a nat: 75% wild coll: 0 prop: 100% type: container plants: trees, shrubs, ferns, grasses, vines, forbs serv: delivery in CA only

Sundance Ornamentals
10689 Heritage Blvd, Lake Worth, FL 33467-6723, 561-965-1344 fax: 561-965-2236 email: ymir3@ix.netcom.com affl: private bus: wholesale min order: inquire contact: Steve Telenzak nat: 100% wild coll: 0 prop: 100% type: container plants: trees, shrubs, grasses, forbs, cycads serv: contract growing

Sunflower Farms
Rt. 2 Box 26AA, Cherryvace, KS 67335, 620-336-2066 affl: private bus: wholesale/retail min order: inquire for wholesale contact: Mark or Sandy hrs: 8-5 M-F yrs: 18 yr prod: n/a nat: 75% wild coll: 0 prop: 100% type: bareroot, containers, liners, plugs, b&b. plants: trees, shrubs, grasses, forbs, ferns, succulents serv: landscaping

NATIVEPLANTS Materials Directory
[A service of *NATIVEPLANTS Journal*]

Outfit each office, greenhouse, and colleague with a copy of the directory!

Only $20.00! (plus $4.00 shipping)

Miss out on this issue?
Has your information changed?
It's never too early to send data for the next issue.

You may pay with check, VISA, MasterCard, or Discover, by phone, fax, or e-mail.

Native Plants Materials Directory
University of Idaho Press
PO Box 444416 • Moscow ID 83844-4416
208.885.3300 • fax 208.885.3301
e-mail: nativeplants@uidaho.edu

Sunlight Gardens, Inc.
174 Golden Ln, Andersonville, TN 37705, 865-494-8237 **fax:** 865-494-7086 **email:** info@sunlightgardens.com **affl:** private **bus:** mailorder/wholesale/retail **min order:** none **contact:** n/a **hrs:** 7:30–4:30 M–F **yrs:** 20 **yr prod:** n/a **nat:** 100% **wild coll:** 0 **prop:** 100% **type:** container, bareroot **plants:** all **serv:** contract grower

Sunmark Seeds International, Inc.
845 NW Dunbar #101, Troutdale, OR 97060, 888-214-7333 **fax:** 503-491-0279 **email:** natives@sunmarkseeds.com **affl:** private **bus:** wholesale/mailorder **min order:** 1 lb **contact:** Robin Cook **hrs:** 8–5 M–F **yrs:** 12 **yr prod:** 0 **nat:** 0 **wild coll:** 0 **prop:** 0 **type:** seeds **plants:** conifers, trees, shrubs, forbs, grasses, riparian **serv:** custom seed mixes and prescriptions, 664 species

Sunny Border Nurseries, Inc.
1709 Kensington Rd, Kensington, CT 06037, 800-732-1627 **fax:** 860-828-9318 **email:** sales@sunnyborder.com **affl:** private **bus:** wholesale

SUNSHINE FARM & GARDENS

Nursery Propagated Native Plants

WWW.SUNFARM.COM

Renick, West Virginia, USA 24966
304.497.2208 • FAX 304.497.2698

min order: inquire contact: Steve or Mark hrs: 8–5 M–F yrs: n/a yr prod: n/a nat: 30% wild coll: 0 prop: 100% type: bareroot, container plants: forbs

Sunscapes
330 Carlile Ave, Pueblo, CO 81004, 719-546-0047 affl: private bus: retail min order: none contact: n/a hrs: 9–5 M–Sat yrs: n/a yr prod: n/a nat: 60% wild coll: 0 prop: 100% type: container plants: forbs, grasses, shrubs, trees

Sunset Coast Nursery
2745 Tierra Way, Aromas, CA 95004, 831-726-1672 fax: 831-726-1672 affl: private bus: retail/wholesale min order: none contact: Patti Kreiberg hrs: by appt M–Th yrs: 19 yr prod: 30,000/y nat: 100% wild coll: 0 prop: 100% type: container plants: all serv: contract growing, consulting, t&e mitigation

Sunshine Farm and Greenhouse
HC67 Box 539B, Renick, WV 24966, 304-497-2208 fax: 304-497-2698 email: barry@sunfarm.com affl: private bus: wholesale min order: inquire contact: Barry Glick hrs: 9–5 M–F yrs: 27 yr prod: n/a nat: 50% wild coll: 0 prop: 100% type: container, bareroot, liners, tissue culture, seeds plants: trees, shrubs, ferns, forbs, grasses, sedges

Sunshine Nursery
21168 Stick Ross Mt. Road, Tahlequah, OK 74464, 918-456-6927 affl: private bus: retail/wholesale min order: inquire contact: Raymond & Helen Hendrix hrs: by appt for public yrs: n/a yr prod: n/a nat: 70% wild coll: 0 prop: 100% type: containers, liners plants: trees, forbs, shrubs serv: contract growing

Superior Trees
PO Box 9325, Hwy. U.S. 90 East, Lee, FL 32059, 850-971-5159 fax: 850-971-5416 affl: private bus: wholesale min order: inquire contact: Alan Webb hrs: 8–4 M–F yrs: n/a yr prod: 40,000,000/y nat: 100% wild coll: 0 prop: 100% type: container, bareroot plants: trees, shrubs, forbs, grasses, vines serv: we grow over 200 native species

Susan Dales Bog and Pond Plants
23665 SE Borges Rd, Gresham, OR 97080, 503-661-4259 fax: 503-661-1243 affl: private bus: retail/wholesale min order: inquire contact: n/a hrs: n/a yrs: n/a nat: 20% wild coll: 0 prop: 100% type: bareroot, container plants: forbs, grasses, aquatic, wetland, riparian serv: contract growing services

Swanson Farms
64905 190th St., Nevada, IA 50201, 515-382-6120 affl: private bus: wholesale/retail min order: inquire hrs: n/a yrs: n/a yr prod: n/a nat: 100% wild coll: 0 prop: 0 type: seeds plants: grass, forb serv: Iowa genotypes

Sweet Bay Nursery
10824 Erie Rd, Parrish, FL 34219, 941-776-3363 email: sweetbay@gateway.net affl: private bus: wholesale min order: inquire contact: Tom Heitzman hrs: 8–5 M–F yrs: n/a yr prod: n/a nat: 100% wild coll: 0 prop: 100% type: container plants: all serv: landscape and design services

Swell Nursery
505 Baldwin Rd, Richmond, VA 23229, 804-288-7873 affl: private bus: retail min order: none contact: Nancy Swell hrs: by appt yrs: n/a yr prod: n/a nat: 80% wild coll: 0 prop: 100% type: container plants: shrubs, forbs

Sylva Native Nursery
1683 Sieling Farm Rd., New Freedom, PA 17349, 717-227-0486 fax: 717-227-0484 email: plants@sylvanative.com affl: private bus: wholesale min order: inquire contact: Robert Brown hrs: 8–4:30 M–F yrs: 15 yr prod: n/a nat: 100% wild coll: 0 prop: 100% type: container, plugs, bareroot, seeds plants: all serv: custom and contract growing, bioengineering plant materials

Sylvan Options
PO Box 506, Dillard, OR 97432, 541-679-3161 email: sylvan@rosenet.net affl: private bus: wholesale min order: inquire hrs: 8–4:30 M–F yrs: n/a yr prod: 200,000/y nat: 100% wild coll: 0 prop: 100% type: bareroot, container plants: trees

Synergy Resource Solutions, Inc.
1755 Hyner Ave, Sparks, NV 89431, 775-331-5577 fax: 775-331-5579 **email:** synergy@countgrass.com **affl:** private **contact:** Brenda Kury **serv:** management, consulting

T

Taylor Creek Restoration Nurseries/ Applied Ecological Services
PO Box 256, 17921 Smith Rd, Brodhead, WI 53520, 608-897-8641 **fax:** 608-897-8486 **email:** info@appliedeco.com **affl:** private **bus:** wholesale/retail **min order:** none **contact:** Corrine **hrs:** 8–5 M–F **yrs:** 20 **yr prod:** n/a **nat:** 100% **wild coll:** 0 **prop:** 100% **type:** container, plugs, seeds **plants:** all **serv:** full service restoration **url:** www.appliedeco.com • Taylor Creek Restoration Nurseries; The Nursery That Knows Restoration. Because we have a passion for restoration we want your project to succeed. With every order you have access to the knowledge of experienced scientists and technicians who can help you avoid costly mistakes and remedial work.

Taylor Nursery
PO Box 116, 53 Girl Scout Camp Rd., Trenton, SC 29847, 803-275-3578 **fax:** 803-275-5227 **email:** taylortree@pbtcomm.net **affl:** state **bus:** n/a **min order:** inquire **contact:** n/a **hrs:** 8–4 M–F **yrs:** 20 **yr prod:** 12,000,000/y **nat:** 100% **wild coll:** 0 **prop:** 100% **type:** bareroot **plants:** trees, conifers

Temecula Band of the Luiseno Indians
PO Box 2183, Temecula, CA 93593, 909-308-9295 **affl:** tribal **bus:** wholesale **min order:** inquire **contact:** William Pink **hrs:** 8–4:30 M–F **yrs:** n/a **yr prod:** n/a **nat:** 100% **wild coll:** 0 **prop:** 100% **type:** container **plants:** trees, shrubs, wetland, riparian, grasses, forbs

Tennessee Dept. of Agriculture, Delano Nursery
PO Box 59, Delano, TN 37325, 877-868-7337 **fax:** 423-263-1626 **email:** ensming@usit.net **affl:** state **bus:** n/a **min order:** inquire **hrs:** 8–4:30 M–F **yrs:** n/a **yr prod:** 19,000,000/y **nat:** 100% **wild coll:** 0 **prop:** 100% **type:** bareroot **plants:** trees

Tennessee Dept. of Agriculture, Pinson Nursery
PO Box 120, Pinson, TN 38366, 877-868-7337 **fax:** 901-988-5221 **affl:** state **bus:** n/a **min order:** inquire **contact:** n/a **hrs:** 8–4:30 M–F **yrs:** n/a **yr prod:** 5,000,000/y **nat:** 100% **wild coll:** 0 **prop:** 100% **type:** bareroot **plants:** trees

Testing Nursery
1234 Towne Square Ct., Athens, GA 30607, 706-542-1965 **fax:** 706-542-3342 **email:** jbjordin@soforext.net **affl:** tribal **bus:** wholesale **min order:** inquire **hrs:** 8–5 M–F **yrs:** n/a **nat:** 100% **wild coll:** 0 **prop:** 100% **type:** bareroot, container **plants:** conifers

---

Synergy Resource Solutions, Inc.

Services Include:
- Biological Inventory
- Project Design
- Data Collection and Analysis
- Environmental Document Preparation & Evaluation

We Monitor and Build Monitoring Tools— See them at www.countgrass.com

Sign up for our free e-newsletter!
775-331-5577
synergy@countgrass.com

Certified Professional in Erosion & Sediment Control
Certified Range Management Consultant
Certified Range Professional

Texas Native Trees
PO Box 817, Leander, TX 78646, 512-260-1697 **affl:** private **bus:** mailorder/wholesale **min order:** inquire **contact:** n/a **hrs:** n/a **nat:** 85% **wild coll:** 0 **prop:** 100% **type:** container, seeds **plants:** trees, shrubs, seeds **serv:** restoration and landscaping services

Texas Star Gardens
PO Box 663, Abilene, TX 79604, 915-692-2733 **affl:** private **bus:** wholesale **min order:** inquire **contact:** n/a **yrs:** n/a **nat:** 100% **wild coll:** 0 **prop:** 100% **type:** container **plants:** trees, shrubs, forbs

Theodore Payne Foundation
10459 Tuxford St, Sun Valley, CA 91352-2126, 818-768-1802 **fax:** 818-768-5215 **email:** Info@theodorepayne.org **affl:** non profit **bus:** retail **min order:** none **contact:** n/a **hrs:** 8:30–4:30 W–Sat **yrs:** 40 **yr prod:** n/a **nat:** 100% **wild coll:** 50% **prop:** 100% **type:** container, seeds

The Timber Co., Jesup Nursery
1689 Nursery Rd, Jesup, GA 31546, 912-427-4871 **fax:** 912-530-8438 **email:** joe.douberly@timbercompany.com **affl:** private **bus:** wholesale **min order:** inquire **contact:** Joe Douberly **hrs:** 8–5 M–F **yr prod:** 30,000,000/y **nat:** 100% **wild coll:** 0 **prop:** 100% **type:** bareroot **plants:** conifers

The Timber Company
76928 Mosby Creek Rd, Cottage Grove, OR 97424, 541-942-5516 **fax:** 541-942-5861 **affl:** private **bus:** wholesale **hrs:** n/a **yrs:** n/a **yr prod:** n/a **plants and seeds:** ask

The Timber Company, Pearl River Nursery
1032 Camp Lane, Hazelhurst, MS 39083, 601-894-1072 **fax:** 601-894-3477 **email:** ken.woody@timbercompany.com **affl:** private **bus:** forest industry **min order:** inquire **contact:** Ken Woody **hrs:** 8–5 M–F **yrs:** n/a **yr prod:** 65,000,000/y **nat:** 100% **wild coll:** 0

Plant Naturally

Taylor Creek Restoration Nurseries can provide all the seed and plants you need to complete your native restoration plan. Taylor Creek has:

- Over 500 species of native grass and wildflower seeds and plants
- Consultation, design and installation of prairie and wetland restorations
- Nationally recognized ecologist staff

Call for a free nursery catalog or brochure on consultation services.

608-897-8641

www.appliedeco.com
a division of Applied Ecological Services
tel: 608/897-8641 • fax: 608/897-8468
email: info@appliedeco.com

The Timber Co., Pearl River (continued)
prop: 100% **type:** bareroot **plants:** conifers

The Timber Company, Shubuta Nursery
1444 Shubuta-Eucutta Rd, Shubuta, MS 39360, 601-687-5766 **fax:** 601-687-5765 **email:** tom.anderson@timbercompany.com **affl:** private **bus:** forest industry **min order:** inquire **contact:** Tom Anderson **hrs:** 8–5 M–F **yrs:** n/a **yr prod:** 20,000,000/y **nat:** 100% **wild coll:** 0 **prop:** 100% **type:** bareroot **plants:** conifers

Toadshade Wildflower Farm
53 Everittstown Rd, Frenchtown, NJ 08825, 908-996-2750 **fax:** 908-996-2500 **email:** toadshad@toadshade.com **affl:** private **bus:** retail **min order:** none **contact:** Randi Eckel **hrs:** by appt. **yrs:** 8 **yr prod:** n/a **nat:** 100% **wild coll:** 0 **prop:** 100% **type:** container **plants:** forbs, grasses, ferns **serv:** consulting

Todd Valley Farms
East Hwy 92, Mead, NE 68041, 402-624-6385 **fax:** 402-624-2003 **email:** Info@toddvalleyfarms.com **affl:** private **bus:** wholesale/retail **min order:** inquire **contact:** Wayne Thorson **hrs:** 8–5 M–F **yrs:** 30 **yr prod:** n/a **nat:** 30% **wild coll:** 0 **prop:** 100% **type:** seeds **plants:** grasses **serv:** license holder for Legacy turf-type buffalo grass, contract growers

Tom Dodd Nurseries, Inc.
PO Drawer 45, 9300 Wulff Rd E, Semmes, AL 36575, 888-866-3633/ 251-649-1960 **fax:** 251-649-1965 **email:** sales@tomdodd.com **affl:** private **bus:** wholesale **min order:** 10 of each size & variety **contact:** Tom Aubrey **hrs:** 8–5 M–Sat **yrs:** 83 **yr prod:** 250 ac **nat:** 30% **wild coll:** 0 **prop:** 100% **type:** container, liner **plants:** trees, shrubs, forbs, grasses **serv:** liners to 25 gallon size **url:** www.tomdodd.com • Wholesale grower of large container native ferns and native

.Native Hollies. .Elliotia. .Agarista. .Franklinia. .Native Azaleas.

9300 Wulff Road East
P. O. Drawer 45
Semmes, AL 36575

"Our Quality is Growing"

(All material is container grown.)

1.888.866.3633 (v)
1.251.649.1965 (f)

www.tomdodd.com
sales@tomdodd.com

. .Magnolias. .Vitex. .Oakleaf Hydrangea. .Wax Myrtle. .Itea. . .

. .Carnivorous Plants. .Equisetum. .Cliftonia. .

. .Native Grasses. .Illiciums. .Native Ferns. .

shrubs such as azaleas, clethra, hydrangea, illicium, itea, leucothoe, and myrica. Native trees such as magnolia, pinus, and taxodium. We ship throughout the SE, NE, and Midwest. Please contact us for any contract growing needs you have. Check out our website.

Towner State Nursery
878 Nursery Rd., Towner, ND 58788-9500, 701-537-5636, **fax:** 701-537-5680 **email:** tnursery@ndak.net **affl:** state **bus:** n/a **min order:** inquire **contact:** n/a **hrs:** 8–4:30 M–F **yrs:** n/a **yr prod:** 1,300,000/y **nat:** 100% **wild coll:** 0 **prop:** 100% **type:** bareroot, container **plants:** trees, shrubs

Trail Ridge Nursery
PO Box 967, Keystone Heights, FL 32656, 352-473-2073 **fax:** 352-473-6501 **affl:** private **bus:** wholesale **min order:** inquire **contact:** Bob Byrnes **nat:** 100% **wild coll:** 0 **prop:** 100% **type:** container **plants:** trees, shrubs **serv:** we specialize in 15 to 25 gallon size material

Trans Gro
510 Frangipani Ave, Naples, FL 34117, 239-657-6141 **fax:** 239-455-2383 **email:** nlewi@gargiulofarms.com **affl:** private **bus:** wholesale **min order:** inquire **contact:** Neil C. Lewi **nat:** 100% **wild coll:** 0 **prop:** 100% **type:** container, liner **plants:** trees **serv:** live oak is TX and LA certified, contract growing

Treasure State Seed, Inc.
PO Box 698, No. 6 Ist St. SW, Fairfield, MT 59436-0698, 800-572-4769 **fax:** 406-467-3377 **email:** Treasure@3rivers.net **affl:** private **bus:** retail/wholesale **min order:** none **contact:** Donald Becker **hrs:** 8–5 M–F **yrs:** 20 **yr prod:** n/a **nat:** 0 **wild coll:** 0 **prop:** 0 **type:** seeds **plants:** grasses, forbs

Tree of Life Nursery
PO Box 635, San Juan Capistrano, CA 92693, 949-728-0685 **fax:** 949-728-0509 **email:** info@treeoflifenursery.com **affl:** private **bus:** wholesale **min order:** inquire **contact:** Mike Evans **hrs:** 8–4:30

OTHERS PLAN, INSTALL, MAINTAIN, MONITOR, REPORT...

We grow.

California native plants.

P.O. BOX 635, SAN JUAN CAPISTRANO, CA, 92693
www.treeoflifenursery.com
P 949-728-0685
F 949-728-0509

Tree of Life Nursery (continued)
M–F **yrs:** 25 **yr prod:** n/a **nat:** 100% **wild coll:** 0 **prop:** 100% **type:** container **plants:** all **serv:** 500 species available, contract growing (SEE AD PAGE 101)

Treehaven Evergreen Nursery
981 Jamison Road, Elma, NY 14059-9569, 716-652-4206 **affl:** private **bus:** wholesale **min order:** inquire **contact:** Don Hilliker **hrs:** 8–4:30 M–F **yrs:** 25 **yr prod:** n/a **type:** bareroot/container **plants:** conifers

TreeMart
12505 N Nebraska, Tampa, FL 33612, 800-664-4006/813-972-4006 **fax:** 813-972-4102 **email:** treemart@treemart.com **affl:** private **bus:** wholesale **min order:** inquire **contact:** Scott Bailey **hrs:** 8–5 M–Sat **yrs:** n/a **yr prod:** 24 ac **nat:** 80% **wild coll:** 0 **prop:** 100% **type:** container **plants:** trees

Trees By Tauliatos
2020 Brooks Rd, Memphis, TN 38116, 901-345-7361 **fax:** 901-398-5217 **email:** stauliatos@earthlink.net **affl:** private **bus:** retail/mailorder **min order:** none **contact:** n/a **hrs:** 8–5 M–Sat **yrs:** 40 **yr prod:** n/a **nat:** 60% **wild coll:** 0 **prop:** 100% **type:** container, bareroot, liners, b&b **plants:** all **serv:** plants for aquatic environs/saturated soil

Trees of Corrales
7752 Corrales Rd., PO Box 1326, Corrales, NM 87408, 888-418-7337 **fax:** 505-898-9517 **email:** andrew@treesofcorrales.com **affl:** private **bus:** wholesale/retail **min order:** inquire **contact:** Andrew **hrs:** 7–4:30 M–F **yrs:** 26 **yr prod:** n/a **nat:** 88% **wild coll:** 0 **prop:** 100% **type:** container, b&b **plants:** trees, shrubs, forbs, grasses

Trees That Please
9 Gilcrease Lane, Los Lunas, NM 87031, 505-866-5027 **affl:** private **bus:** retail/mailorder **min order:** none **contact:** n/a **hrs:** 8–5 M–Sat **yrs:** 22 **yr prod:** n/a **nat:** 90% **wild coll:** 0 **prop:** 100% **type:** container, liners **plants:** trees **serv:** consulting, contract growing, seed collect, installation **serv:** oaks native to the Chihuahuan desert

Triangle Farms
5648 Evans Valley Loop, Silverton, OR 97381, 503-873-5190 **fax:** 503-873-8861 **email:** seed@teleport.com **affl:** private **bus:** wholesale/retail **min order:** inquire **contact:** Kevin **hrs:** 8–5 M–F **type:** seeds **plants:** flowers, native grasses, forages **serv:** seed processing, contract production

Triangle Nursery, Inc.
Route 2, Box 229, McMinnville, TN 37100, 615-668-8022 **fax:** 615-668-3297 **affl:** private **bus:** wholesale **min order:** inquire **contact:** n/a **hrs:** n/a **yrs:** n/a **yr prod:** 205,000/y **nat:** 100% **wild coll:** 0 **prop:** 100% **type:** bareroot, container **plants:** trees

Trillium Gardens
PO Box 803, Pleasant Hill, OR 97455, 541-937-3073 **fax:** 541-937-2261 **email:** sales@trilliumgardens.com **affl:** private **bus:** wholesale/retail **min order:** none **contact:** Sheila Klest **hrs:** 7–4 M–F **yrs:** 17 **yr prod:** n/a **nat:** 95% **wild coll:** 0 **prop:** 100% **type:** container, bareroot, plugs **plants:** trees, shrubs, herbaceous perennials, wetland species • Trillium Gardens is a wholesale grower specializing in the propagation and production of PNW native (wetland and upland) grasses, sedges, rushes, perennials, shrubs and trees for restoration projects. Plants are available in plugs, containers, and bareroot from indexed seed sources. We grow plants for the BLM, ACOE, Forest Service, state parks, cities, private nurseries, and contractors.

Triple C Nursery
PO Box 882, 216 South Zetterower Ave, Statesboro, GA 30458, 912-489-8250 **fax:** 912-489-2066 **affl:** private **bus:** wholesale **min order:** inquire **hrs:** 8–5 M–F **yrs:** n/a **nat:** 100% **wild coll:** 0 **prop:** 100% **type:** bareroot **plants:** conifers

Tripple Brook Farm
37 Middle Rd, Southhampton, MA 01073, 413-527-4626 **fax:** 413-527-9853 **email:** info@tripplebrookfarm.com **affl:** private **bus:** mailorder **min order:** inquire **contact:** n/a **hrs:** 8–5 M–F **yrs:** 17 **yr prod:** n/a **nat:** 50% **wild coll:** 0

prop: 100% type: container plants: forbs, grasses

Tropic Traditions Nurseries
PO Box 13678, Gainesville, FL 32604-1678, 888-586-5875/ 352-472-6084 fax: 352-332-2407 email: TropicTraditions1@msn.com affl: private bus: wholesale min order: inquire contact: Jim Fleming nat: 100% wild coll: 0 prop: 100% type: container plants: trees, shrubs, palms

Tropical Star Ent., Inc.
RR4 Box 4627A, Donna, TX 78537, 956-461-5151 fax: 956-461-5151 email: info@globalforestnursery.com affl: private min order: inquire plants and seeds: ask

Tsemeta Forest Nursery
PO Box 368, Hoopa, CA 95546, 530-625-4206 fax: 530-625-4230 email: ecton@pcewb.net affl: tribal bus: wholesale min order: inquire

contact: Elton hrs: 8–4:30 M–F yrs: 15 nat: 100% wild coll: 0 prop: 100% type: container plants: conifers, trees, shrubs

Tuolumne Mi Wuk
PO Box 1300, Tuolumne, CA 95379, 315-323-5574 affl: tribal bus: wholesale min order: inquire contact: Anna Barajas hrs: 8–4:30 M–F yrs: n/a yr prod: n/a nat: 100% wild coll: 0 prop: 100% type: container plants: trees, shrubs, forbs, grasses

Turfgrass America
5910 Hwy 290 West, Austin, TX 78735, 512-892-3636 fax: 512-892-7272 email: www.turfgrassamerica.com/contact.html affl: private bus: wholesale/retail min order: inquire contact: n/a hrs: 8–5 M–F yrs: 50 yr prod: n/a nat: 10% wild coll: 0 prop: 0 type: sod serv: buffalo grass sod sprigs

alphabetical listings

Turner Nursery – Weyerhaeuser Company
16014 Pletzer Road S.E., Turner, OR 97392, 541-327-2212 **fax:** 541-327-2591 **affl:** private **bus:** forest industry **hrs:** 8–5 M–F **yrs:** n/a **yr prod:** 30,000,000/y **nat:** 100% **wild coll:** 0 **prop:** 100% **type:** bareroot, container **plants:** trees

Turner Seed Company, Inc.
Rt 1 Box 292, Breckenridge, TX 76024, 254-559-2065 **fax:** 254-559-5024 **affl:** private **bus:** retail/wholesale **min order:** inquire **contact:** n/a **hrs:** n/a **nat:** 80% **wild coll:** 0 **prop:** 80% **type:** seeds **plants:** grasses, forbs **serv:** central and south plains bioregion

U

Underwood Shade Nursery
PO Box 1386, North Attleboro, MA 02763-1386, 508-222-2164 **fax:** 502-222-5152 **email:** info@underwoodshadenursery.com **affl:** private **bus:** mailorder/retail/wholesale **min order:** inquire **contact:** Connie and Russ **hrs:** by appt **yrs:** 7 **yr prod:** n/a **nat:** 50% **wild coll:** 0 **prop:** 100% **type:** container **plants:** forbs, wetland, riparian **serv:** contract grower

Union State Tree Nursery
IL Dept. of Conservation Forest Resources 3240 State Forest Rd., Jonesboro, IL 62952, 618-833-6125 **fax:** 618-833-8123 **email:** dhouseman@dnrmail.state.il.us **affl:** state **bus:** n/a **min order:** inquire **contact:** n/a **hrs:** 8–4:30 M–F **yrs:** n/a **yr prod:** 400,000/y **nat:** 100% **wild coll:** 0 **prop:** 100% **type:** bareroot, container **plants:** trees, shrubs

Upper Colorado Environmental Plant Materials Center
PO Box 448, Meeker, CO 81641, 970-878-5003 **fax:** 970-878-5004 **email:** plant@cmn.net **affl:** federal/nonprofit **bus:** wholesale/retail **min order:** inquire **contact:** n/a **hrs:** 8–4:30 M–F **yrs:** 27 **yr prod:** n/a **nat:** 90% **wild coll:** 0 **prop:** 100% **type:** containers, plugs, bareroot, seeds **plants:** shrubs, grasses, forbs

Urban Forestry Services
301 W Seminary St, Micanopy, FL 32667, 352-466-3919 **fax:** 352-466-3280 **email:** urban-forestry-services@worldnet.att.net **affl:** private **bus:** wholesale **min order:** inquire **contact:** Michael Campbell **hrs:** 8–5 M–F **yrs:** n/a **yr prod:** n/a **nat:** 100% **wild coll:** 0 **prop:** 100% **type:** liners **plants:** all **serv:** quality liners for nurseries and restoration

V

Valley Growers Nursery & Landscape, Inc.
PO Box 610, Hubbard, OR 90732, 503-651-3535 **fax:** 503-651-3044 **email:** Vlygrwrs@web-ster.com **affl:** private **bus:** wholesale **contact:** Vicqui Guevara **hrs:** n/a **yrs:** 11 **yr prod:** n/a **nat:** 100% **wild coll:** 0 **prop:** 100% **type:** container **plants:** groundcovers, trees, shrubs, conifers, wetland, riparian **serv:** contract growing, landscaping, consulting

Valley Nursery
Box 4845, Helena, MT 59604, 406-458-5919 **affl:** private **bus:** wholesale/retail **min order:** $100 **contact:** Berg **hrs:** 10–6 M–F **yrs:** n/a **wild coll:** 0 **prop:** 50% **type:** container, bareroot, plugs **plants:** trees, forbs, shrubs, conifers **serv:** some seed sales by contract

Vallonia State Nursery
2782 W. Co. Rd. 540 S, PO Box 218, Vallonia, IN 47281, 812-358-3621 **fax:** 812-358-9033 **email:** vallonia@hsonline.net **affl:** state **bus:** n/a **min order:** inquire **contact:** n/a **hrs:** 8–4:30 M–F **yrs:** n/a **yr prod:** 4,500,000/y **nat:** 95% **wild coll:** 0 **prop:** 100% **type:** bareroot, container **plants:** trees, shrubs **serv:** conservation species available to IN residents

Van Berkum Nursery
4 James Rd, Deerfield, NH 03037, 603-463-7663 **affl:** private **bus:** wholesale **min order:** inquire **contact:** Leslie **hrs:** 8–5 M–F **yrs:** n/a **yr prod:** n/a **nat:** 30% **wild coll:** 0 **prop:** 100% **type:** container **plants:** forbs, grasses, shrubs, trees

Vans Pines Nursery, Inc.
14731 Baldwin St., West Olive, MI 49460-9708, 800-888-7337 **fax:** 616-399-1652 **email:** info@vanspinesnursery.com **affl:** private **bus:** wholesale **min order:** inquire **contact:** Fred Chute **hrs:** 8–5 M–F **yrs:** 70 **yr prod:** 10,000,000/y **nat:** 60% **wild coll:** 0 **prop:** 100% **type:** container, bareroot **plants:** trees, shrubs **url:** www.vanspinesnursery.com • Vans Pines Nursery, Inc. is a third generation grower since 1934 of selected genetically superior lines. We offer 260 selections of conifer Jiffy plugs and Plug Plus transplants as well as field grown & 50mm Jiffy Plug deciduous trees & shrubs and bareroot groundcovers.

Veber's Jungle Garden
24605 SW 197th Ave, Homestead, FL 33031, 305-242-9500 **fax:** 305-242-9961 **affl:** private **bus:** wholesale **min order:** inquire **contact:** Leslie Veber **nat:** 100% **wild coll:** 0 **prop:** 100% **type:** container **plants:** trees, shrubs, palms, forbs, grasses **serv:** specializing in native trees, shrubs, palms

Vermont Wildflower Farm
PO Box 5 Rt 7, Charlotte, VT 05445-0005, 802-951-5812 **email:** mike@americanmeadows.com **affl:** private **bus:** wholesale/retail/mailorder **min order:** inquire **contact:** n/a **hrs:** 8–5 M–F **yrs:** 22 **yr prod:** n/a **nat:** 70% **wild coll:** 0 **type:** seeds **plants:** forbs, grasses

Vibbert Ranch
9655 NE Myrtlerland Lane, Madras, OR 97741, 541-475-7309 **fax:** 541-475-9200 **email:** meganv@bend.com **affl:** private **bus:** retail/wholesale **contact:** Megan **hrs:** n/a **yrs:** 20+ **yr prod:** 100% **nat:** n/a **wild coll:** 90% **prop:** 100% **type:** seeds, container, bareroot, plugs **seeds:** forbs nursery **plants:** trees, shrubs, conifers

Viewcrest Nurseries
12713 NE 184th St, Battle Ground, WA 98604, 360-687-5167 **fax:** 360-687-1212 **email:** thebest@viewcrest.com **affl:** private **bus:** wholesale **min order:** $100 **contact:** Dawna Haluapo **hrs:** 8–4 M–F by appt **yrs:** 50 **yr prod:** n/a **nat:** 50% **wild coll:** 0 **prop:** 100% **type:** container, bareroot **plants:** all **url:** www.viewcrest.com/right.html • Wholesale container and field grown nursery. Collected plants on request. Established 1954.

Virginia Department of Forestry
19127 Sandy Hill Road, Courtland, VA 23837, 804-834-2855 **fax:** 804-834-3141 **affl:** state **bus:** n/a **min order:** inquire **contact:** n/a **hrs:** 8–4:30 M–F **yrs:** n/a **yr prod:** n/a **nat:** 100% **wild coll:** 0 **prop:** 100% **type:** container, bareroot **plants:** trees

Virginia Natives
PO Box D, Hume, VA 22639, 540-364-1665 **fax:** 540-364-1665 **affl:** private **bus:** retail/mailorder **min order:** none **contact:** Mary Painter **hrs:** retail by appt **yrs:** 16 **yr prod:** n/a **nat:** 90% **wild coll:** 0 **prop:** 100% **type:** container, bareroot **plants:** all

Vivero Manaca
Carretera 186 Km 8.2, Cubuy, Canadaovanos PR 00729, 787-886-5309 **fax:** 787-886-5309 **email:** coabey@caribe.net **affl:** private **bus:** wholesale/retail **contact:** Pedro Rivera **hrs:** n/a **yrs:** 8 **yr prod:** n/a **nat:** 100% **wild coll:** 0 **prop:** 100% **type:** containers **plants:** trees, palms

W

Wabash Farms
31218 SE 408th St, PO Box 291, Enumclaw, WA 98022, 360-825-7051 **fax:** 360-825-1949 **email:** wabash@nventure.com **affl:** private **bus:** wholesale **min order:** inquire **contact:** Sandy Miller, Jim Bitney **hrs:** 8–5 by appt **yrs:** 7 **yr prod:** n/a **nat:** 100% **wild coll:** 20% **prop:** 80% **type:** containers, seeds **plants:** all, seeds **serv:** custom seed collection, contract growing

WACD Plant Center
1410 Bradley Rd, Bow, WA 98232, 360-757-1094 **fax:** 360-757-3923 **email:** wacd@ncia.com **affl:** private **bus:** wholesale **min order:** inquire **contact:** n/a **hrs:** 8–4:30 M–F **yrs:** 9 **yr prod:** n/a **nat:** 90% **wild coll:** 0 **prop:** 100% **type:** bareroot **plants:** trees, shrubs **serv:** contract growing

Wagstaff Seed
PO Box 68, 1900 E. Oakhill Ln., Wallsburg, UT 84082, 435-654-3439 **fax:** 435-654-9403 **email:** F.wagstaff@att.net **affl:** private **bus:** wholesale/retail **min order:** inquire **contact:** n/a **hrs:** n/a **yrs:** n/a **yr prod:** n/a **type:** seeds **plants:** all

Waimea Arboretum and Botanical Garden
59-864 Kamehameha Hwy, Hale`iwa, HI 96712, 808-638-8655 **affl:** nonprofit **bus:** n/a **min order:** inquire **hrs:** 9–4 M–Sat **yrs:** n/a **yr prod:** n/a **nat:** 100% **wild coll:** 0 **prop:** 100% **type:** container **plants:** trees, shrubs **serv:** semi-annual plant sale to public

Wali Nursery
10681 N McClain Road, Hayward, WI 54843, 800-367-9254 **fax:** 715-266-3056 **email:** wali@pctcnet.net **affl:** private **bus:** wholesale **min order:** inquire **contact:** n/a **hrs:** 8–5 M–F **yrs:** n/a **yr prod:** n/a **nat:** 100% **wild coll:** 0 **prop:** 100% **type:** bareroot **plants:** conifers

Walker Nursery Farms
2024 Walt Stephens Rd, Jonesboro, GA 30236, 770-471-6011 **fax:** 770-478-1748 **email:** www.walkernursery.com/contact.html **affl:** private **bus:** wholesale/retail **min order:** inquire for wholesale **contact:** Perry Walker **hrs:** 9–5 M–Sat **yrs:** 40 **yr prod:** n/a **nat:** 30% **wild coll:** 0 **prop:** 100% **type:** container **plants:** trees, shrubs, forbs, grasses **serv:** landscape design and installation

Walker Nursery Georgia Privatery Commission
HC 01 Box 217, Reidsville, GA 30453, 912-557-6821 **fax:** 912-557-7292 **email:** dthigpen@fgc.state.ga.us **affl:** state **bus:** wholesale **min order:** inquire for sales **contact:** n/a **hrs:** 8–5 M–F **yr prod:** 15,000,000/y **nat:** 100% **wild coll:** 0 **prop:** 100% **type:** bareroot **plants:** conifers

Wallace Hansen Native Plants
2158 Bower Ct S.E., Salem, OR 97301, 503-581-2638 **fax:** 503-581-9957 **email:** plants@nwplants.com **affl:** private **bus:** retail/mailorder **min order:** $40 **contact:** Wallace Hansen **hrs:** M–F 9–1 Sa 9–5 **yrs:** n/a **yr prod:** n/a **nat:** 100% **wild coll:** 0 **prop:** 100% **type:** container, bareroot **plants:** trees, shrubs, forbs, grasses, ferns, wetland

Walter Horning Seed Orchard – USDI Bureau of Land Management
27004 S. Sheckly Road, Colton, OR 97017, 503-630-8405 **fax:** 503-630-6888 **email:** tgarren@blm.gov **affl:** federal **bus:** n/a **hrs:** 8–4:30 M–F **yrs:** n/a **yr prod:** 20,000,000/y **nat:** 100% **wild coll:** 0 **prop:** 100% **type:** bareroot **plants:** trees

Warner's Nursery
1101 E. Butler Ave., Flagstaff, AZ 86001, 928-774-1983 **fax:** 928-774-6113

affl: private **bus:** wholesale/retail **min order:** none **contact:** Misty **hrs:** 8–5 M–Sun **yrs:** 35 **yr prod:** n/a **nat:** 33% **wild coll:** 0 **prop:** 100% **type:** container, seeds **plants:** trees, shrubs, grasses, forbs **serv:** landscaping services

Warren County Nursery, Inc.
6492 Beersheba Hwy., McMinnville, TN 37110, 931-668-8941 **fax:** 931-668-2245 **email:** WCNursery@blomand.net **affl:** private **bus:** wholesale **min order:** inquire **contact:** n/a **hrs:** 8–4 M–F **yrs:** 52 **yr prod:** n/a **nat:** 100% **wild coll:** 0 **prop:** 100% **type:** container, bareroot, liners, b&b **plants:** trees, shrubs, forbs, grasses, ferns **serv:** small to large caliper material available

Washoe Nursery
Nevada Division of Forestry
885 Eastlake Blvd., Carson City, NV 89704, 775-849-0213 **fax:** 775-849-2058 **affl:** state **bus:** wholesale **min order:** inquire **contact:** Richard Vigen **hrs:** 8:30–3 W–Sa **yrs:** n/a **yr prod:** n/a **nat:** 100% **wild coll:** 0 **prop:** 100% **type:** container, seeds **plants:** conifers, shrubs, trees, grass seed

Waters Nursery
785 Cowboy Rd., Jesup, GA 31545, 912-427-7546 **affl:** private **bus:** wholesale **min order:** inquire **hrs:** 8–5 M–F **yr prod:** 20,000,000/y **nat:** 100% **wild coll:** 0 **prop:** 100% **type:** bareroot, container **plants:** conifers

Watershed Garden Works
2039 44th Ave, Longview, WA 98632, 360-423-6456 **fax:** 360-423-6456 **email:** watershedgarden@cs.com **affl:** private **bus:** wholesale/retail by appt **min order:** varies by species **contact:** Scott and Dixie Edwards, Greg Wynn **hrs:** 8–4 M–F **yrs:** 14 **yr prod:** 200,000/y **nat:** 95% **wild coll:** 0 **prop:** 100% **type:** container, bareroot, seeds **plants:** conifers, trees, shrubs, grasses, riparian, forbs **url:** www.watershedgardenworks.com • Watershed Garden Works specializes in propagating native Washington and Oregon plants of the lower Columbia bioregion. We provide a wide variety of seeds and plants for landscape, revegetation, and ecological restoration projects.

The Watershed Nursery
Berkeley, CA 94708, 510-548-4714 **fax:** 510-548-4714 **email:** thewatershednursery@earthlink.net **affl:** private **bus:** retail/wholesale **min order:** none **contact:** n/a **hrs:** 8–4:30 M–F **yrs:** n/a **yr prod:** n/a **nat:** 100% **wild coll:** 0 **prop:** 100% **type:** container **plants:** all **serv:** contract growing, site specific stock for restoration projects

Waterways Nursery
13015 Milltown Road, Lovettsville, VA 20180, 540-822-5994 **fax:** 540-822-5994 **email:** wwnursery@aol.com **affl:** private **bus:** retail/mailorder **min order:** none **contact:** Sandy Kurtz **hrs:** 10–5 Sa/Su only **yrs:** 6 **yr prod:** n/a **nat:** 100% **wild coll:** 0 **prop:** 100% **type:** bareroot/aquatic **plants:** aquatics, emergents, trees **serv:** aquatics shipped May–Sept

Wearren and Sons Nurseries, Inc.
406 Cotton Lane, Taylorsville, KY 40071, 502-252-7788 **fax:** 502-252-7349 **email:** wearrenson@aol.com **affl:** private **min order:** inquire **contact:** Brent **hrs:** 8–5 M–F **plants and seeds:** ask

Webster Forest Nursery
PO Box 47017, 9805 Blomberg St., Olympia, WA 98504-7017, 877-890-2626 **fax:** 360-664-0963 **email:** Sheri.davis@wadnr.gov **affl:** state **bus:** wholesale/retail **min order:** 100 trees minimum **contact:** Sheri Davis **hrs:** 8–4:30 M–F **yrs:** 45 **yr prod:** n/a **nat:** 100% **wild coll:** 0 **prop:** 100% **type:** bareroot **plants:** conifers, alder

We-Du/Meadowbrook Nursery
2055 Polly Spout Road, Marion, NC 28752, 828-738-8300 **fax:** 828-287-9348 **email:** wedu@wnclink.com **affl:** private **bus:** wholesale/retail **min order:** inquire **hrs:** by appt **yrs:** 20 **yr prod:** n/a **nat:** 50% **wild coll:** 0 **prop:** 100% **type:** container, bareroot **plants:** trees, shrubs, forbs, grasses, wetland, riparian

West Canyon Tree Farm
1650 Road 240, Glenwood Springs, CO 81601, 970-984-2332 **fax:** 970-984-2639 **affl:** private **bus:** wholesale/retail **min**

West Canyon Tree Farm (continued)
order: inquire **contact:** n/a **hrs:** 8–5 M–F **yrs:** 20 **yr prod:** n/a **nat:** 40% **wild coll:** 0 **prop:** 100% **type:** container, b&b **plants:** trees, shrubs, forbs, grasses, succulents, ferns

West Texas Nursery – Texas Forest Service
Route 3, Box 216, Lubbock, TX 79401, 806-746-5801 **fax:** 806-746-6610 **email:** tfslub@nts-online.net **affl:** state **bus:** wholesale/retail **min order:** inquire **contact:** Jim **hrs:** 8–4:30 M–F **yrs:** 31 **yr prod:** 750,000/y **nat:** 100% **wild coll:** 0 **prop:** 100% **type:** container, bareroot **plants:** trees, conifers **serv:** providing windbreaks to private landowners

West Wisconsin Nursery
Route 4, Box 141, Sparta, WI 54656, 608-272-3171 **fax:** 608-272-3605 **affl:** private **bus:** wholesale **min order:** inquire **contact:** n/a **hrs:** n/a **yrs:** n/a **yr prod:** 200,000/y **nat:** 100% **wild coll:** 0 **prop:** 100% **type:** bareroot, container **plants:** conifers

Western Forest Systems, Inc.
1509 Ripon, Lewiston, ID 83501, 208-743-0147 **fax:** 208-746-0791 **email:** schaeferj@valley-internet.net **affl:** private **bus:** wholesale **min order:** 10,000 seedlings **contact:** Jan Schaefer **hrs:** 7–3:30 M–F **yrs:** 20 **yr prod:** 3,000,000/y **nat:** 100% **wild coll:** 0% **prop:** 100% **type:** container, plugs **plants:** native conifers **serv:** reforestation consulting

Western Maine Nurseries
1 Evergreen Drive, Fryeburg, ME 04037, 800-447-4745 **fax:** 207-935-2043 **email:** info@westernmainenurseries.com **affl:** private **bus:** wholesale **min order:** inquire **contact:** Joyce Shaffner **hrs:** 8–5 M–F **yrs:** 83 **yr prod:** 300 ac **nat:** 60% **wild coll:** 0 **prop:** 100% **type:** bareroot, liners, plugs **plants:** conifers, trees **serv:** custom growing

Western Native Seed
PO Box 1463, Salida, CO 81201, 719-539-1071 **fax:** 719-539-6755 **email:** westseed@chaffee.net **affl:** private **bus:** wholesale/retail/mailorder **min order:** inquire **contact:** n/a **hrs:** 8–5 M–F **yrs:** 11 **yr prod:** 0 **nat:** 75% **wild coll:** 0 **prop:** 0 **type:** seeds **plants:** grasses, forbs, trees, shrubs, wetland, riparian

Western Tree Seed, Ltd.
PO Box 144, Blind Bay, BC Canada V0E 1H0, 250-675-2463 **fax:** 250-675-2202 **affl:** private **bus:** wholesale **contact:** Frank Barnard **type:** seeds **plants:** trees

Westfork Walnut Nursery
Route 3, Viroqua, WI 54665, 608-637-2528 **fax:** 608-637-2528 **email:** rmdustin@frontiernet.net **affl:** private **bus:** wholesale **min order:** inquire **contact:** n/a **hrs:** n/a **yrs:** n/a **yr prod:** 100,000/y **nat:** 100% **wild coll:** 0 **prop:** 100% **type:** bareroot, container **plants:** conifers

Westlake Nursery
05720 Canary Rd, Westlake, OR 97493, 541-997-3383 **fax:** 541-997-1818 **affl:** private **bus:** wholesale **min order:** none **contact:** John Evanow **hrs:** n/a **yrs:** 15 **yr prod:** n/a **nat:** 90 to 100% **wild coll:** 0 **prop:** 100% **type:** seeds, container, bareroot, plugs **plants:** shrubs, trees, forbs **serv:** seeds, grasses, wetland species

Westland Seed, Inc.
1308 Round Butte Rd, Ronan, MT 59864, 406-676-4100 **fax:** 406-676-4101 **email:** westland@ronan.net **affl:** private **bus:** wholesale/retail **min order:** inquire **hrs:** 8–5 M–F **yrs:** 30 **yr prod:** n/a **wild coll:** 0 **plants and seeds:** ask

Weston Gardens in Bloom, Inc.
8101 Anglin Dr, Fort Worth, TX 76140, 817-572-0549 **fax:** 817-572-1628 **email:** weston@westongardens.com **affl:** private **bus:** retail **min order:** none **contact:** n/a **hrs:** 9–6 M–Sa 12–4 Su **yrs:** 15 **yr prod:** n/a **nat:** 60% **wild coll:** 0 **prop:** 100% **type:** container, seeds **plants:** trees, shrubs, grasses, forbs **serv:** landscaping and design services, educational seminars to public

Westvaco Tree Nursery
PO Box 1950, Summerville, SC 29484, 843-556-8391 **fax:** 843-556-7584 **affl:** private **bus:** forest industry **min order:** inquire **hrs:** 8–5 M–F **yrs:** n/a **yr prod:** 30,000,000/y **nat:** 100% **wild**

coll: 0 prop: 100% type: bareroot plants: conifers

Wetlands & Woodlands Wholesale Nursery
12800 35th Ave SE, Everett, WA 98204, 425-338-9218 fax: 425-337-4985 affl: private bus: wholesale min order: inquire contact: Kathy Jeppson hrs: 8–4:30 M–F yrs: 22 yr prod: n/a nat: 20% wild coll: 0 prop: 100% type: container, bareroot, b&b plants: trees, shrubs, grasses, wetland, riparian, ferns

Wetlands Nursery
PO Box 14553, Saginaw, MI 48601, 517-752-3492 fax: 517-752-3096 email: JewelR@aol.com affl: private bus: wholesale min order: inquire contact: Jewel Richardson, Sales hrs: by appt. yrs: n/a nat: 100% wild coll: 0 prop: 100% type: container, plugs, bareroot plants: all serv: consulting, planting services, MI genotypes

Weyerhaeuser Company, Magnolia Nursery
2960 Columbia 11 East, Magnolia, AR 71753, 870-234-3537 fax: 501-234-7918 affl: private bus: forest industry min order: inquire for surplus sales contact: Kevin Richardson hrs: 8–5 M–F yrs: n/a yr prod: 65,000,000/y nat: 100% wild coll: 0 prop: 100% type: bareroot plants: conifers

Weyerhaeuser Company, Quail Ridge Nursery
169 Weyerhaeuser Rd., Aiken, SC 29801, 800-634-8975 fax: 803-649-0997 affl: private bus: forest industry min order: inquire contact: n/a hrs: 8–5 M–F yrs: n/a yr prod: 91,000,000/y nat: 100% wild coll: 0 prop: 100% type: bareroot plants: conifers

Weyerhaeuser Nursery
3890 Hwy. 28 W., Camden, AL 36726, 334-682-9882 fax: 334-682-4481 affl: forest industry bus: forest industry min order: inquire contact: n/a hrs: 8–5 M–F yrs: n/a yr prod: 25,000,000/y nat: 100% wild coll: 0 prop: 100% type: bareroot, container plants: conifers

Wheatland West Seed
PO Box 513, 1780 N. Hwy 36, Brigham City, UT 84302, 800-676-0191 fax: 435-723-1903 email: oboyce@wheatlandseed.com affl: private bus: wholesale/retail min order: $100 contact: Orson hrs: 8–6 M–F yrs: 26 yr prod: n/a nat: 90% wild coll: 50% prop: 0 type: seeds plants: grasses, forbs, shrubs, wetland riparian, trees serv: custom mixes available url: www.wheatlandwest.com • Wheatland West Seed LLC is a full service seed company, we provide wild land collected, certified, & source identified seeds. We are located in the heart of the Great Basin & have a network of seed dealers, collectors, & growers. We sell to govt agencies & private landowners.

Whisper Palms of Terra Ceia LLC
4400 118th Ave N, Ste 305, Clearwater, FL 33762, 727-573-1292 fax: 727-573-1292 email: whisper01@sprynet.com affl: private bus: wholesale min order:

Whisper Palms of Terra Ceia LLC (continued)
inquire **contact:** Barry Logan **nat:** 100% **wild coll:** 0 **prop:** 100% **type:** container **plants:** grasses, forbs, shrubs

White City Nursery
U.S. Alliance, Coosa Pines Corp., 707 Co. Road 20 West, Verbena, AL 36091, 205-365-2488 **fax:** 205-365-2488 **email:** kk4iz@alltel.com **affl:** private **bus:** wholesale **min order:** inquire **contact:** n/a **hrs:** 8–5 M–F **yrs:** n/a yr **prod:** 30,000,000/y **nat:** 100% **wild coll:** 0 **prop:** 100% **type:** bareroot **plants:** conifers

White Mountain Apache
Fort Apache Agency, Box 560, White River, AZ 85941, 928-338-5310 **affl:** tribal **bus:** wholesale **min order:** inquire **contact:** Maurice Williams **hrs:** 8–4:30 M–F **yrs:** n/a yr **prod:** n/a **nat:** 100% **wild coll:** 0 **prop:** 100% **type:** container **plants:** trees

Whitman Farms
3995 Gibson Rd. NW, Salem, OR 97304, 503-585-8728 **fax:** 503-363-5020 **email:** lucile@whitmanfarms.com **affl:** private **bus:** wholesale/retail **min order:** wholesale min/10 plants **contact:** Lucile **hrs:** 8–5 M–F **yrs:** 23 yr **prod:** n/a **nat:** 10% **wild coll:** 0 **prop:** 100% **type:** container, bareroot, b&b **plants:** forbs, shrubs, trees

Wichita Nursery, Inc.
9413 S. Hienz Rd, Canby, OR 97013, 503-651-2279 **fax:** 503-651-3732 **email:** larry@wichitanursery.com **affl:** private **bus:** wholesale **min order:** none **contact:** Larry **hrs:** 8–4 **yrs:** 65 yr **prod:** n/a **nat:** 60% **wild coll:** 0 **prop:** 100% **type:** container, bareroot, plugs **plants:** all **serv:** contract growing

Wichita Valley Nursery
5314 Southwest Parkway, Wichita Falls, TX 76310, 940-696-3082 **email:** wvmail@aol.com **affl:** private **bus:** retail **min order:** none **contact:** n/a **hrs:** 9–5 M–S **yrs:** n/a yr **prod:** n/a **nat:** 100% **wild coll:** 100% **prop:** 100% **type:** containers, seeds **plants:** all **serv:** landscaping services, locally collected seed

Wight's Nursery
PO Box 390, Cairo, GA 31728, 912-377-3384 **fax:** 912-377-6619 **affl:** private **bus:** wholesale **min order:** inquire **contact:** n/a **hrs:** 8–5 M–F yr **prod:** 23,000,000/y **nat:** 100% **wild coll:** 0 **prop:** 100% **type:** bareroot, container **plants:** conifers

Wilber's Seed Solutions
809 N Broadway, PO Box 41, Miller, SD 57362, 605-853-2414 **fax:** 800-952-2233/605-853-2639 **email:** rdavis@seedsolutions.com **affl:** private **bus:** retail/wholesale/mailorder **min order:** 1 lb **contact:** Russ Davis **hrs:** 8–5 M–F **yrs:** 50 yr **prod:** 0 **nat:** 50% **wild coll:** 0 **prop:** 0 **type:** seeds **plants:** grasses, forbs, shrubs, wetland, riparian **serv:** custom mixes, consulting

Wilcox Nursery
12501 Indian Rocks Road, Largo, FL 33774-3037, 727-595-2073 **fax:** 727-595-6963 **email:** WilcoxNursery@aol.com **affl:** private **bus:** retail

---

Wichita Valley
Your Natural Nursery

Native Plants • Antique Roses
Heirloom Perennials • Herbs

Offering the best plant selection in North Texas, plus a full line of organics!

Landscape Design & Consultation
Stonework
Water Features

(940) 696-3082

5314 Southwest Parkway
Wichita Falls, Texas

www.fallsonline.com/wichitavalley

min order: inquire **contact:** Bruce Turley **hrs:** 8:30–5 M–Sa 11–4 Su **nat:** 50% **wild coll:** 0 **prop:** 100% **type:** container **plants:** all **serv:** consulting and landscape design

WILD Canada
#75 39th St. North, Wasaga Beach, Ontario Canada L0L 2P0, 705-429-4936 **fax:** 705-446-0822 **email:** Info@wildcanada.ca **affl:** private **bus:** contract **contact:** Scott Martin **hrs:** reg business **yrs:** 14 **nat:** 100% **prop:** 100% **type:** plugs, pots, seed **plants:** prairie, wetland, woodland **serv:** consulting, contract seed collecting & propagation

Wild Earth Native Plant Nursery
PO Box 7258 Freehold, NJ 07728, 732-308-9777 **fax:** 732-308-9777 **affl:** private **bus:** wholesale/retail/mailorder **min order:** inquire **contact:** Richard Pillar **hrs:** 9–5 M–Sa **yrs:** 11 **yr prod:** n/a **nat:** 98% **wild coll:** 0 **prop:** 100% **type:** containers, plugs **plants:** all **serv:** contract growing, consulting

Wild Things Plant Farm
1184 Hall Rd, Logansport, LA 71049, 318-697-7367 **affl:** private **bus:** retail **min order:** none **contact:** Sandra Gibbs **hrs:** n/a **yrs:** n/a **yr prod:** n/a **nat:** 60% **wild coll:** 0 **prop:** 100% **type:** container **plants:** forbs, grasses, shrubs, trees

Wildflower, Inc.
234 Oak Tree Trail, Wilsonville, AL 35186, 205-669-4097 **fax:** 205-669-4097 **affl:** private **bus:** wholesale/retail **min order:** none **contact:** Jan Midgley **hrs:** 9–5 M–Sat **yrs:** n/a **yr prod:** n/a 95% **wild coll:** 0 **prop:** 100% **type:** container **plants:** trees, shrubs, forbs, grasses

Wildland Nursery
550 North Highway 89, Joseph, UT 84739 **retail outlet:** 10650 S 700 E, Sandy, UT, 435-527-1234 **fax:** 435-527-1235 **email:** janett@wildlandnursery.com **affl:** private **bus:** wholesale/retail **min order:** inquire **contact:** Janett Warner

Native Plant Nursery & Ecological Consulting

Over 200 Native Plant Species
of Central and Southern Ontario

Wildflowers   Grasses   Sedges & Rushes
Trees   Shrubs   Vines

We have the plants, seeds, services and experience for all your habitat management and natural landscaping needs

* Prairie / Savannah
* Wetlands
* Stormwater Ponds
* Wet and Dry Meadows
* Woodlands
* Wildlife / Habitat Gardens

WILD CANADA
#75 - 39TH STREET NORTH, WASAGA BEACH, ON L0L 2P0
Phone: (705) 429-4936   Fax: (705) 446-0822
E-mail: info@wildcanada.ca   Web: www.wildcanada.ca

Wildland Nursery (continued)
hrs: 9–6 T–Sa **yrs:** n/a **yr prod:** n/a
nat: 100% **wild coll:** 0 **prop:** 100% **type:** container, b&b **plants:** all

Wildlife Habitat Institute
1025 East Hatter Creek Road, Princeton, ID 83857, 208-875-2500 **fax:** 208-875-8704 **email:** wild2@potlatch.com
affl: private **bus:** retail/wholesale **min order:** none **contact:** Denny **hrs:** 7–3:30 M–S **yrs:** 10 **yr prod:** n/a **nat:** 100% **wild coll:** 0% **prop:** 100%
type: container, plugs **plants:** shrubs, trees, conifers **serv:** consulting and restoration, planning, planting supplies, tree tubes, repellents

Wildlife Habitat Seed Co.
5114 NE 46th St., Owatonna, MN 55060, 507-451-6771 **affl:** private
bus: wholesale/retail **min order:** inquire **contact:** Don Vogt **hrs:** 8–5 M–F **yrs:** 22 **yr prod:** n/a **nat:** 100% **wild coll:** 0 **prop:** 0 **type:** seeds **plants:** grasses **serv:** mixing native warm-season grasses

Wildlife Nurseries
220 Jefferson NE, Albany, OR 97321, 541-923-2728 **fax:** 541-923-2728
affl: private **bus:** retail/wholesale **plants and seeds:** ask

Wildlife Nurseries, Inc.
PO Box 2724 Oshkosh, WI 54903, 414-231-3780 **affl:** private
bus: wholesale/retail **min order:** inquire **contact:** n/a **hrs:** n/a **yrs:** n/a **yr prod:** n/a **nat:** 90% **wild coll:** 0 **prop:** 100% **type:** bareroot **plants:** all **serv:** mailorder catalog available

Wildseed Farms
PO Box 3000, 425 Wildflower Hills, Fredericksburg, TX 78624, 800-848-0078 **fax:** 409-234-7407 **email:** sales@wildseedfarms.com **affl:** private
bus: wholesale/retail/mailorder **min order:** none **contact:** n/a **hrs:** 9:30–5 M–Su **yrs:** n/a **yr prod:** n/a **nat:** 85% **wild coll:** 0 **prop:** 0 **type:** seeds **plants:** forbs **serv:** 80 species available, custom mixes

Wildside Growers
6360 Hannegan Rd, Lynden, WA 98264, 360-398-7158 **fax:** 360-398-7158 **email:** wildsidegrowers@attbi.com
affl: private **bus:** wholesale/local retail **min order:** retail minimum order **contact:** Veronica Wisniewski, Susan Taylor **hrs:** 8–5 M–F **yrs:** 6 **yr prod:** n/a **nat:** 100% **wild coll:** 0 **prop:** 100% **type:** container, contract plugs **plants:** herbaceous PNW plants & shrubs • Wildside Growers propagates over 100 species of herbaceous native perennials growing from sea-level to alpine, including many hard-to-find plants. A broad array of garry oak meadow species available. We welcome contract jobs. Our customers include: The Nature Conservancy, Starflower Foundation, WA DNR, WA Dept Fish & Wildlife.

Wildtype Native Plants
900 Every Rd, Mason, MI 48854, 517-224-1140 **affl:** private **min order:** inquire **nat:** 100% **wild coll:** 0 **prop:** 100% **type:** bareroot **plants:** trees, shrubs, forbs, grasses, wetland **serv:** MI genotypes

Wildland Nursery

"Natives survive on what's available in the bank – they do not overdraw on their account."

~ Peter Laoolg, Landscape Ecologist

Utah Nursery & Landscape Association
Utah Native Plant Society
Utah Society for Environmental Education
American Society of Landscape Architects/Utah Chapter

435.527.1234 & 801.523.5020

www.wildlandnursery.com
janett@wildlandnursery.com

550 North Highway 89 & 10650 S 700 E
Joseph, UT 84739 & Sandy, UT

Wilson State Forest Nursery
5350 Highway 133 East, PO Box 305, Boscobel, WI 53808, 608-375-4563 **fax:** 608-375-4126 **email:** vanedjx@dnr.state.wi.us **affl:** state **bus:** n/a **min order:** inquire **contact:** n/a **hrs:** 8–4:30 M–F **yrs:** n/a **yr prod:** 7,063,000/y **nat:** 100% **wild coll:** 0 **prop:** 100% **type:** bareroot **plants:** conifers

Wind River Seed, Inc.
3075 Lane 51 1/2, Manderson, WY 82432, 307-568-3361 **fax:** 307-568-3364 **email:** wrsales@windriverseed.com **affl:** private **bus:** retail/wholesale **min order:** $50.00 **contact:** Russ or Claire **hrs:** 8–5 M–F **yrs:** 20 **yr prod:** n/a **nat:** 0 **wild coll:** 0 **prop:** 0 **type:** seeds **plants:** grass, wildflowers, shrub, wetland, forage, range, & turf **url:** www.windriverseed.com • We provide seed for projects in the Intermountain West & North Great Plains, including grasses, forbs, wildflowers, legumes, wetland, forage, range, & turf seed, including drought tolerant turf alternatives. Our competent staff provides phone consultation to help design the mix to suit your site. Questions about seed? Ask Wind River Seed.

Windfall Nursery & Tree Farm
504 East Street, Plainfield, WI 54966, 715-335-6725 **affl:** private **bus:** wholesale **min order:** inquire **contact:** n/a **hrs:** 8–5 M–F **yrs:** n/a **yr prod:** 70,000/y **nat:** 100% **wild coll:** 0 **prop:** 100% **type:** bareroot, container **plants:** conifers

Windy Hill Plant Farm
40413 John Mosby Hwy, Aldie, VA 20105, 703-327-4211 **email:** windyhill@windyhill.net **affl:** private **bus:** retail **min order:** none **contact:** n/a **hrs:** 9–6 M–Su Mar– Nov **yrs:** n/a **yr prod:** n/a **nat:** 40% **wild coll:** 0 **prop:** 100% **type:** container **plants:** forbs

Windy Hills Farm
1565 E. Wilson Rd, Scottville, MI 49454, 231-757-2373 **email:** windyhills@jackpine.com **affl:** private **bus:** wholesale **min order:** inquire **contact:** Norman Letsinger **hrs:** 8–5 M–F **yrs:** n/a **yr prod:** 300,000/y **nat:** 90% **wild coll:** 0 **prop:** 100% **type:** bareroot **plants:** trees, shrubs **serv:** MI genotypes

Winter Farms, Inc.
61382 King Solomon Ct, Bend, OR 97702, 541-383-3505 **min order:** inquire **type:** seeds

Wolf Nursery
13413 Silverfalls Hwy, Sublimity, OR 97385-9739, 503-769-2975 **fax:** 503-769-0495 **affl:** private **bus:** wholesale **hrs:** 8–5 M–F **yrs:** n/a **yr prod:** n/a **nat:** 100% **wild coll:** 0 **prop:** 100% **type:** bareroot, container **plants:** trees

Woodbrook Nursery
1620 59th Ave NW (office), 5919 78th Ave. NW (farm), Gig Harbor, WA 98335, 253-265-6271 **fax:** 253-265-6471 **email:** woodbrk@harbornet.com **affl:** private **bus:** wholesale/retail **min order:** $50 **contact:** Ingrid Wachtler **hrs:** 10–4 F-Sa or by appt. **yrs:** 8 **yr prod:** n/a **nat:** 98% **wild coll:** 0 **prop:** 100% **type:** container **plants:** all **serv:** contract growing **url:** www.woodbrook.net • We are an excellent native source in the greater Seattle, Tacoma, Olympia, & Penisula areas. Most of our stock is grown in plugs, 4", 1 or 2 gal containers. Some are grown in larger containers. We contract grow. WA sales only. Delivery is available for larger orders in the area. (SEE AD PAGE 114)

Woodlanders, Inc.
1128 Collington N Ave, Aiken, SC 29801, 803-648-7522 **email:** woodland@triplet.net **affl:** private **bus:** mailorder **min order:** none **contact:** Bob, Robert, Julia **hrs:** 8–5 M–F **yrs:** 25 **yr prod:** n/a **nat:** 60% **wild coll:** 0 **prop:** 100% **type:** container **plants:** all

Woodlands Seedling Production Facility
Mead Corporation, PO Box 1008, Escanaba, MI 49829, 906-786-1660 **fax:** 906-789-3253 **email:** FSR@mead.com **affl:** private **bus:** forest industry **min order:** inquire **contact:** n/a **hrs:** n/a **yrs:** n/a **yr prod:** 5,000,000/y **nat:** 100% **wild coll:** 0 **prop:** 100% **type:** bareroot **plants:** trees

Woodmere Nursery Ltd.
PO Box 498, Hwy 2@Fairview College, Fairview AB Canada T0H IL0, 780-835-5292 **fax:** 780-835-5459 **affl:** private **bus:** wholesale **contact:** Kendel Thomas **nat:** 100% **wild coll:** 0 **prop:** 100% **type:** container **plants:** trees, shrubs

Wood's Native Plants
5740 Berry Drive, Parkdale, OH 97041, 503-352-7497 **affl:** private **bus:** retail/wholesale **min order:** inquire **contact:** n/a **hrs:** n/a **yrs:** n/a **yr prod:** 100,000/y **nat:** 100% **wild coll:** 0 **prop:** 100% **type:** bareroot **plants:** trees

Woods' Edge Farm
532 Stanek Rd, Muscoda, WI 53573-9448, 608-739-3527 **fax:** 608-739-3527 **email:** info@woodsedgefarm.com **affl:** private **bus:** retail/wholesale **min order:** inquire **contact:** Martha Peterson **hrs:** n/a **yrs:** n/a **nat:** 100% **wild coll:** 0 **prop:** 100% **type:** bareroot, container **plants:** trees, shrubs, forbs **serv:** WI genotypes

Woodsman Native Plants
4385 Hwy 101 N, Florence, OR 97439, 541-997-2252 **fax:** 541-997-1960 **affl:** private **bus:** wholesale/retail **min order:** none **contact:** Dale/Lisa **hrs:** 9–5 M–F **yr prod:** 25% **nat:** 5% **wild coll:** 0 **prop:** 100% **type:** container **plants:** trees, conifers, shrubs

Wylde Thyme Hammock
2861 Sherman Ave., Naples, FL 34120, 941-352-9115 **fax:** 941-352-0822 **email:** wyldethyme@prodigy.net **affl:** private **bus:** wholesale **min order:** inquire **contact:** Judy Mard **nat:** 100% **wild coll:** 0 **prop:** 100% **type:** container **plants:** grasses

Wyman State Forest Nursery
Michigan Dept. of Natural Resources Route 2, Box 2004, Manistique, MI 49854, 906-341-2518 **fax:** 906-341-8344 **email:** mergener@state.mi.us **affl:** state **bus:** n/a **min order:** inquire **contact:** n/a **hrs:** 8–4:30 M–F **yr prod:** 7,000,000/y **nat:** 100% **wild coll:** 0 **prop:** 100% **type:** bareroot **plants:** trees

Woodbrook Nursery

Growing Pacific NW Native Plants
Gig Harbor, Washington

Wholesale, Retail, Contract Growing

We Deliver in the greater Seattle/Tacoma,
I-5 Corridor, and Peninsula areas.

For plant list check our web site (www.woodbrook.net)

Wholesale Hours: By appointment
Farm Retail Hours: Fri. & Sat. 10 AM to 4 PM.

Web site (www.woodbrook.net)
(Farm site) 5919-78th Ave. NW, Gig Harbor, WA
(Mail & Office) 1620 59th Ave. NW, Gig Harbor, WA 98335
Phone: (253) 265-6341   Fax: (253) 265-6471   Cell: (253) 225-1900

Y

Yellow Springs Farm
1165 Yellow Springs Rd, Chester Springs, PA 19425, 610-827-2014 **fax:** 888-522-5616 **email:** Catherine@yellowspringsfarm.com **affl:** private **bus:** wholesale/retail **min order:** inquire **contact:** Catherine or Al Renzi **hrs:** n/a **yrs:** 1 **yr prod:** n/a **nat:** 90% **wild coll:** 0 **prop:** 100% **type:** containers **plants:** all **serv:** site consultations/contract grower **url:** www.yellowspringsfarm.com • Specializing in production & sale of perennials, grasses, & woody plants native to PA & the Mid-Atlantic area. We operate on a former dairy farm, now much smaller than its original size in 1851. We have a particular interest in land stewardship, education, & the roles of native plants in restoring and maintaining a diverse ecosystem. Please call about May & Sept. open house dates; other visitors by appt. only.

Yerba Buena Nursery
19500 Skyline Blvd, Woodside, CA 94062, 650-851-1668 **fax:** 650-851-5565 **affl:** private **bus:** retail **min order:** none **contact:** Matt **hrs:** 9–5 T–Su **yrs:** 42 **yr prod:** n/a **nat:** 100% **wild coll:** 0 **prop:** 100% **type:** container, some seeds **plants:** all **serv:** consulting

Yucca Do Nursery
PO Box 907, Hempstead, TX 77445, 979-826-4580 **fax:** 979-826-4571 **email:** info@yuccado.com **affl:** private **bus:** wholesale/retail **min order:** inquire **contact:** n/a **hrs:** contact for nursery hours **yrs:** n/a **yr prod:** n/a **nat:** 25% **wild coll:** 0 **prop:** 100% **type:** container **plants:** all **serv:** zone 8 natives and xeric species a specialty, organic

Z

Zanesville State Nursery Ohio Division of Forestry
5880 Memory Road, Zanesville, OH 43701, 740-453-9472 **fax:** 740-453-3550 **email:** charles.bathrick@dnr.state.oh.us **affl:** state **bus:** n/a **min order:** inquire **contact:** n/a **hrs:** 8–4:30 M–F **yrs:** n/a **yr prod:** 3,000,000/y **nat:** 100% **wild coll:** 0 **prop:** 100% **type:** bareroot, container **plants:** trees, shrubs

Zelenka Evergreen Nursery
Liner/Seedling Production, 16127 Winans, Grand Haven, MI 49417, 616-842-1367 **fax:** 616-842-0304 **affl:** private **bus:** wholesale **min order:** inquire **yr prod:** 305,000/y **nat:** 100% **wild coll:** 0 **prop:** 100% **type:** bareroot, container **plants:** trees

Zion National Park Native Plant Nursery
SR 9 Springdale, UT 84767-1099, 435-772-3256 **fax:** 435-772-3426 **affl:** federal **bus:** n/a **min order:** inquire **contact:** n/a **hrs:** 8–4:30 M–F **yrs:** 6 **yr prod:** n/a **nat:** 100% **wild coll:** 0 **prop:** 100% **type:** container **plants:** all

nursery type listings

plants

3E Tree Farms and
  Wetland Nursery, Inc.
    container: trees, shrubs, forbs

A.V.R.C.D.
    container, seed packets: conifers,
    trees, shrubs, grasses, annuals,
    perennials

Abraczinskas Nurseries, Inc.
    bareroot: trees

Acorn Ridge Gardens
    container: trees, shrubs,
    forbs, grasses

Adkins Arboretum
    container: all

Aikane Nursery
    container: all

Alabama SuperTree Nursery
    bareroot: conifers

Alder View Natives
    bareroot, container: all

Aldrich Berry Farms & Nursery
    container, bareroot: trees/shrubs

All Native Garden
  Center & Plant Nursery
    container: trees, shrubs, vines,
    forbs, grasses

Alpenflora Gardens
    container: forbs

Alpha Nurseries
    bareroot, container: trees

Althouse Nursery
    container, plugs: trees, shrubs

Amanda's Garden
    container: forbs

American Native Products
    container: trees, shrubs, cycads

American Tree Seedling
    container: conifers

Amy Greenwell Ethnobotanical
  Gardens Nursery
    container: trees, shrubs, forbs, grasses

Andrews Nursery Florida
  Division of Forestry
    container, bareroot: conifers

Angelica Nurseries, Inc.
    container, b&b: trees, shrubs

Apalachee Native Nursery
    container: trees, shrubs, forbs,
    grasses, ferns

Appalachian Nurseries, Inc.
    plugs, liners: shrubs, forbs

Appleton Forestry
    container: trees and shrubs

Aqua Fria Nursery
    container: trees, shrubs, forbs, grasses

Aquascapes Unlimited, Inc.
    container, bareroot: herbaceous
    aquatic perennials

Aquatic and Wetland Company
    containers, plugs, b&b, liners, tissue
    culture: trees, shrubs, forbs, grasses,
    riparian, wetland

Aquatic Nursery
    container, bareroot: wetland, aquatic,
    grasses, forbs

Aquatic Plants of Florida, Inc.
    container, bareroot, liners, plugs:
    trees, grasses, ferns, aquatic, riparian

Aquatic Systems & Resources
  container: wetland, riparian, grasses, forbs, shrubs

Arbor Ridge Tree Farm
  container: trees, conifers

Arid Solution LLC
  containers, liners: trees, shrubs, forbs, grasses, succulents, cacti

Arid Zone Trees
  container box: trees

Armintrout
  bareroot: trees

Arneson
  bareroot: conifers

Aroostook Band of Mic Macs
  container: trees, shrubs, forbs, grasses

Arrowhead Alpines
  container: all

Arrowwood Nursery, Inc.
  container, liners, bareroot, plugs, b&b: trees, shrubs, forbs, grasses, wetland, riparian

Arvida Nurseries
  field grown: trees, shrubs, palms

Atlantic Star Nursery
  container: trees, shrubs

Augusta Forestry Center
  container: trees

Aurora Forest Nursery – Weyerhaeuser Company
  bareroot: trees

Badger Evergreen Nursery
  bareroot: trees

Bakers Tree Nursery
  bareroot: trees

Balance Restoration Nursery
  bareroot: wetland & riparian

Barton Springs Nursery
  container, seeds: all

Bartow Ornamental Nursery
  container: trees, shrubs

Baucum Nursery
  bareroot: conifers

B.C. Nursery
  container: trees, shrubs

BC's Wild Heritage Plants
  container: bulbs, ferns, groundcovers, perennials, shrubs and trees

Beauregard Nursery
  bareroot: conifers, trees, shrubs

Bechedor, Inc.
  bareroot, container: trees

Beeman's Nursery, Inc.
  container: aquatic and wetland forbs and grasses

Beineke's Nursery
  container: trees, shrubs, grasses, forbs

Bell Brothers, Inc.
  bareroot, container: conifers

Bent Tree Farm
  container, field grown, bareroot: forbs

Berg-Warner Nursery
  bareroot, container: trees

Bermont Wildflower Farm
  container: forbs

Bernado Beach Native Plant Farm
  container: trees, shrubs, forbs, grasses, cacti

Bert Driver Nursery
  container, bareroot, liners, b&b: trees, shrubs

Bessey Nursery – USDA Forest Service
  bareroot, container: conifers, shrubs, grass plugs

Betthauser's Nursery
  bareroot: conifers

BIA Southern Ute Agency
  bareroot: conifers

Big Sioux Nursery, Inc.
  bareroot, container: trees

Biophilia Native Nursery
  container: trees, shrubs, forbs, grasses

Bitterroot Restoration, Inc.
  container: all

Bitterroot Restoration, Inc.
  container, bareroot: conifers, trees, shrubs, forbs, wetland, riparian

Black Creek Nursery
  container, bareroot: trees, shrubs

Blackfeet Community College Greenhouse
  container: conifers, trees, shrubs, forbs, wetland, riparian

Blackledge River Nursery
    container: wetland grasses and forbs

Blazing Star Associates
    container, plugs: forbs, grasses, wetland

Blue Creek Nursery
    container: all

Bluebird Nursery
    containers, plugs: forbs

Bluestem Nursery
    bareroot: shrubs and grasses

Bluestem Nursery
    container: grasses

Bluff Dale Nursery
    container: trees, shrubs

Bobtown Nursery
    bareroot, container, liners, plugs, b&b: wetland and other natives

Boeuf River Tree Farm
    bareroot, container: conifers

Bolton Works Nursery
    container: trees, shrubs

The Bosch Nursery, Inc.
    bareroot: conifers

Bosch's Countryview Nursery
    bareroot: trees

Bosky Dell Natives
    plugs, container, bareroot: conifers, trees, shrubs, grasses, forbs, wetland, riparian

Botanics Wholesale, Inc.
    container, b&b: trees, palms, cycads

Botanique
    container: forbs, carnivorous

Boyd & Boyd Nursery
    container, b&b: trees, shrubs

Boyd Nursery
    bareroot: trees, shrubs

Boynton Botanicals
    container: trees, shrubs, forbs, grasses, palms, cycads

Breezy Oaks Nursery
    container: shrubs

Briggs Nursery, Inc.
    container, liners: trees, shrubs, forbs, ferns

Broken Arrow Nursery
    liners, b&b, containers: trees, shrubs, forbs

Brooks Tree Farm
    bareroot: conifers, trees, shrubs

Buckeye Nursery, Inc.
    container, bareroot: trees

Burnt Ridge Nursery
    container, bareroot: trees, shrubs, wetland, riparian

Cal-Forest Nurseries
    bareroot, container: conifers

California Flora Nursery
    container: trees, shrubs, grasses

Campbell Tree & Land Co., Inc.
    bareroot: conifers

Canby Forest Nursery –
IFA Nurseries, Inc
    bareroot: conifers

Capps Nursery, Inc.
    container: conifers

Carencia Tree Farm and Nursery
    container: trees, shrubs, palms, grasses

Carino Nurseries
    bareroot, liners: trees, shrubs

Carl Bates' Indigenous Plants
    liners, container: aquatics, trees, shrubs, forbs, grasses, palms

Cascade Forestry Nursery
    bareroot: trees

Cates Farms
    container: trees

Center for Arid Lands Restoration –
Joshua Tree National Monument
    container: trees, shrubs, grasses, forbs, cacti

Central Florida Lands and Timber
    container, bareroot: trees, conifers

Central Florida Native Flora, Inc.
    container, bareroot: trees, shrubs, grasses, palms

Champion Timberlands Nursery
Champion International Corp.
    bareroot: conifers

Charles Nii Nursery
    container: all

Chelsea Nursery
    container: forbs, grasses, trees, shrubs

Chesapeake Aquatic Nursery
    container, bareroot, liners, plugs: aquatics, wetland, riparian forbs and grasses

Chippewa Plantation
    bareroot: trees

Circuit Rider Productions, Inc.
    container: all

Claridge Nursery
    container, bareroot: trees

Clark's Native trees
    container, b&b: trees, shrubs, ferns

Clearwater Greenhouses
    container: trees

Clear Ridge Nursery, Inc.
    container: trees, shrubs

Clements State Tree Nursery
    bareroot, container: trees, shrubs

Clifton-Choctaw Nursery
    container, plugs: trees

Cloud Mountain Farm
    container: trees, shrubs, some herbaceous perennials

Clyde Thompson Nursery
    bareroot: conifers

CNPS, Inc.
    container: all

Coastal Native Plants Nursery
    container, bareroot: all

Coastal Plain Conservation Nursery
    container, bareroot, plugs, liners: trees, shrubs, grasses, forbs

Coeur d'Alene Nursery –
USDA Forest Service
    bareroot, container, rooted cuttings: trees, shrubs, grasses, wetland, riparian, forbs

Cold Stream Farm
    bareroot: trees, shrubs

Collector's Nursery
    container: all

Colorado Hydroponics, Inc.
    containers, bareroot, liners: trees

Colorado State Forest Service Nursery
    container, bareroot: conifers, trees, shrubs

Columbia Nursery
    bareroot: conifers, trees, shrubs

Colville Tribal Forestry Greenhouse
    container: trees, shrubs

Colvos Creek Nursery
    containers, liners: trees, shrubs, forbs

Concepts in Greenery, Inc.
    container: trees, shrubs

Connecticut State Nursery
    bareroot, liners: trees, shrubs

Conservation Resource Center
    bareroot: trees

Cornflower Farms
    container: all

Coronado Heights Nursery
    containers, plugs, liners: trees, shrubs, grasses, forbs, wetalnd, riparian, cacti

Country Road Greenhouses, Inc.
    container: all

County of Los Angeles Fire Dept
    bareroot: trees, shrubs

Coyote Creek, Inc.
    container: forbs, shrubs, grasses, trees

The Crosby Arboretum,
Mississippi St. University
    container: trees, shrubs, forbs

Croshaw Nursery
    bareroot: trees

CS&KT Forestry Tribal Nursery
    container, plugs: conifers, trees, shrubs, wetland, riparian, forbs, grasses

Cumberland Nursery
    container, b&b: trees, shrubs

Cure Nursery
    container: trees, shrubs

D. Wells Farms
    bareroot: trees

D.L. Phillips Forest Nursery –
Oregon Dept. of Forestry
    bareroot: trees

David P. Young Native Plant Nursery
    container: trees, shrubs, forbs

Darwin's Backyard Nursery
    container: forbs, wetland, riparian

DeepSouth Pine Nursery, Inc.
    bareroot: conifers

DeepSouth Pine Nursery, Inc.
    bareroot: conifers

Dees Tree Farm and Nursery
    bareroot, container: conifers

Delta-View Nursery
    bareroot: conifers

Deluxe Trees and Shrubs
    container: trees, shrubs, grasses

Desert Floralscapes, Inc.
    container, seeds: trees, shrubs,
    grasses, forbs

Desert Nursery
    container, bareroot: cacti, agaves,
    yuccas

Desert Survivors
    container: trees, shrubs, grasses,
    forbs, cacti

Desert Trust Nursery
    container: trees, shrubs,
    grasses, forbs

Detlor Tree Farm
    bareroot: conifers

Dilatush Nursery
    container: trees, shrubs

Dodd & Dodd Native Nurseries
    container, liners: all

Dodds Family Tree Nursery
    container: trees, shrubs, forbs

Doremus Wholesale Nursery
    container: trees

Doyle Farm Nursery
    container, plugs: forbs, grasses,
    sedges

Duckwater-Shoshone Nursery
    container: shrubs, forbs, grasses

Dwight Stansel Farm & Nursery
    bareroot, container: conifers

E. Nakashima Greenhouses
    container: trees, shrubs, forbs

E.A. Hauss Nursery
    bareroot: conifers

Eagle Lake Nurseries Ltd.
    container: trees, shrubs,
    forbs, grasses

The Echo Center
    container: trees, shrubs, forbs

Echo Nursery
    liners, field grown, containers:
    trees, shrubs

Eco Gardens
    container: trees, shrubs,
    forbs, ferns

Ecological Consultants, Inc.
    container, bareroot, plugs: trees,
    shrubs

Edge of the Prairie Wildflowers
    container, plugs: forbs, grasses,
    wetland

El Nativo Growers, Inc.
    container: all

Elberta, AL Nursery
    bareroot: conifers

Elmer Bailey Nursery
    container, bareroot: trees

Enchanters Gardens
    container: forbs, grasses

Enders Greenhouse, LLC
    container: all

Environmental Equities, Inc.
    container: trees, shrubs,
    grasses, forbs

Envirotech Consultants/Nursery
    container, bareroot, plugs, seeds:
    forbs, grasses, wetland, riparian,
    aquatic

Evergreen Nursery Co., Inc.
    bareroot, container: conifers

Evergreen Plug Tree Seedlings
    plugs: conifers

Fairplains Nursery
    bareroot: trees

Fancy Fronds
    container: ferns

Fantasy Farms Nursery
    bareroot, containers: conifers

Far Pastures Nursery
    container bags: trees, shrubs

Far West Bulb Farm
    bareroot, bulbs: CA native bulbs

Farnsworth Farms Nursery
    container: trees, shrubs, forbs, ferns

Finders Keepers Plants
& Broker, Inc.
    container: all

Fir Run Nursery
    container, bareroot: conifers

Flagstaff Native Plant Nursery
    containers, plugs, liners: trees, shrubs, grasses, forbs, wetland, riparian

Flickingers Nursery
    bareroot, liners: conifers, trees

Flint River Nursery
    bareroot: conifers

Flora Lan Nursery
    container, bareroot: PNW native rhododendron, azalea, myrtlewood only

Florida Aquatic Nurseries, Inc.
    bareroot: aquatics, wetland

Florida Dept of Environmental Protection Greenhouse
    container, bareroot: all

Florida Environmental, Inc.
    liners, container, bareroot: aquatic, wetland forbs, grasses

Florida Environmental, Inc.
    container, bareroot, b&b, liners, plugs: shrubs, grasses, riparian, wetland

Florida Keys Native Nursery
    container: trees, shrubs

Florida Native Flora, Inc.
    liners, container, bareroot: all

Florida Native Plants
    container: trees, shrubs, grasses, forbs, ferns

Forest Development – Bureau of Indian Affairs
    container: trees, shrubs

Forestfarm
    container: herbaceous perennials, shrubs and trees

Forestry Division –
Riverwood Int. USA
    bareroot: conifers

Foreverflora Palm Nursery
    container: palms only

Forrest Keeling Nursery, Inc.
    bareroot, container: trees

Fort Pond Native Plants, Inc.
    container: trees, shrubs, forbs, grasses, ferns

Fossil Creek Nursery
    bareroot, b&b, container: trees, shrubs, forbs, grasses, wetland riparian

Fourth Corner Nurseries
    container, bareroot: all

Frank Clark & Associates, Inc.
    bareroot: trees

Fraser's Thimble Farms
    containers, liners: trees, shrubs, forbs, grasses

Fred C. Gragg SuperTree Nursery
    bareroot: conifers

Future Forests Nursery
    container: trees, shrubs

Garden Delights, LLC
    container: trees, shrubs, forbs

The Garden Gate
    container: forbs, grasses

The Garden Niche
    container: all

Garland Gray Forestry Center
Virginia Dept. of Forestry
    container: trees

Genetic Resource Center/
USDA Forest Service
    container, bareroot: conifers

George O. White State Forest Nursery
    bareroot: trees, shrubs

Georgia-Pacific West, Inc.,
Forest Tree Nursery
    container, bareroot: conifers

GHW Weyerhaeuser Nursery
    container, bareroot: trees

Glacier National Park –
National Park Service
    container: all

Glass Mountain Forest Tree Nursery
    container, bareroot: conifers

Go Native Nursery
    container: trees, shrubs

Golden Gate National Parks Nurseries
    container: all

Gone Native Nursery
    container: all

The Gourd Garden
    container: trees, shrubs, herbs, grasses

Grand Canyon National
Park Native Plant Nursery
container: trees, shrubs, grasses,
forbs, cacti

Gray Barn Garden Center
and Landscape Company
container: trees, shrub, forbs

Great Basin Natives
container: all

Great Lakes Nursery Co.
bareroot: trees, shrubs, conifers,
wildflowers, ferns, groundcovers,
wetland plants

Green Hills Nursery
plugs, container, bareroot: all

Green Images Native Landscape Plants
container, liner: trees, shrubs, grasses,
forbs, palms

Green Isle Gardens
container: trees, shrubs, grasses,
forbs, cycads

Green Seasons Nursery
container, liner: shrubs,
grasses, forbs

Green Tree Northwest Co.
bareroot: trees

Greenbriar Farms Nursery
container: trees, shrubs, forbs, grasses

Greenleaf Nursery
container: trees, shrubs, forbs,
grasses, ferns

Gress Evergreen Nursery, Inc.
bareroot, container: conifers

Griffith State Forest Nursery
bareroot: conifers, trees

Guam Forestry Division,
Dept. of Agriculture
bareroot, container: trees

H. N. Hybrid Nurseries Ltd.
bareroot, container: trees

Hakalau Forest National Wildlife
Refuge Native Plant Nursery
container: trees, shrubs,
forbs, grasses

Haleakula National Park
Native Plant Nurseries
container: trees, shrubs, forbs, grasses

Halfmoon Growers, Inc.
container, liner: trees, shrubs

Hamilton Seeds and Wildflowers
forbs, grasses

Hanchars Superior trees
bareroot: trees

Hard Scrabble Farms, Inc.
container, liner, bareroot: all

Hawaii Reforestation Nursery
container: trees

Hawaii Volcanoes National
Park Native Plant Nursery
container: all

Hawaiian Gardens
container: trees, shrubs

Hawaiian Landscapes
container: trees, shrubs,
forbs, grasses

Hayward State Forest Nursery
bareroot: conifers

Heartland Nursery Co.
bareroot: trees

Heep's Nursery
container: all

Hensler Nursery, Inc.
bareroot: trees

Heritage Seedlings, Inc.
bareroot, container: trees

Hickory Hill Native
Nursery, Inc.
container: trees, shrubs, grasses,
palms, and cycads

High Country Gardens
container: grasses, shrubs,
trees, cacti

High Country Nursery
bareroot: trees

Hillis Nursery Company, Inc.
bareroot: trees

Hills Creek Nursery
bareroot: trees

Hilo Tree Nursery Division
of Forestry & Wildlife
container: trees, shrubs

Holden Wholesale Growers
liners, containers, b&b:
groundcover/conifers

Homestead Gardens
container: all

Hood Canal Nurseries
  container, bareroot: conifers

Ho'olawa Farms
  bareroot, container: all

Horticultural Systems, Inc.
  liners, bareroot, container,
  micropropagation: all

Howard Nursery
  bareroot: trees

Hoyt Arboretum
  container: trees, shrubs

Hramor Nursery
  bareroot, container: trees

Huckleberry Lane Nursery
  container, b&b: trees, shrubs,
  some wetland species

Hughes Water Gardens
  container, bareroot: forbs,
  grasses, wetland, aquatic, riparian

IFA Humboldt Nursery
  container, bareroot: conifers,
  shrubs

IFA Little River Nursery
  bareroot: conifers, contract
  grow grasses, forbs, shrubs

Illinois Forest Products
  container, bareroot: trees

Indian Mound Nursery –
Texas Forest Service
  bareroot: trees, conifers

Indian Trails Native Nursery
  container: trees, shrubs

Inland NW Native Plants
  container: all

Insti-trees Nursery
  container: trees, shrubs

International Forest Company
  container: conifers

International Forest Company
  bareroot: conifers

International Forest Company
  container: conifers

International Forest Company
  bareroot: conifers

International Forest Company
  container: conifers

International Forest Company
  bareroot: trees

International Paper Company,
Florida/Georgia/Carolina
SuperTree Sales
  container: conifers

International Paper Company,
Georgia SuperTree Nursery
  bareroot: conifers

International Paper Company,
Livingston SuperTree Nursery
  bareroot: conifers, trees

International Paper Company,
South Carolina SuperTree Nursery
  bareroot: conifers

International Paper Company,
Swansea SuperTree Nursery
  bareroot: conifers

International Paper Company,
Texas SuperTree Nursery
  bareroot: trees

International Paper Company,
Union Springs SuperTree Nursery
  bareroot, container: conifers

International Paper Company,
Virginia SuperTree Nursery
  container, bareroot: trees

Io Makuahine
  container: trees

Island Botanics
Environmental Consultants
  container: grasses, dune species

Itasca Greenhouse, Inc.
  bareroot, container: trees

J&J Transplant
Aquatic Nursery
  container: all

J.B. Lattay Forest Tree Nursery
  bareroot: trees

J.D. Irving Juniper Nursery
  bareroot, container: trees

J. Frank Gaudet Nursery
  bareroot, container: trees

J. Herbert Stone Nursery –
USDA Forest Service
  bareroot, plugs, container:
  conifers, shrubs, trees, forbs,
  grasses, wetland, riparian

J.M. Oak Tree Nursery
  container: trees

J.W. Toumey Nursery
bareroot, container: trees, shrubs, forb and grass seed

Jamestown Native Plants
container: trees, shrubs, groundcovers, grasses

Jansen's Specialty Nursery
bareroot, container: grasses, forbs, oaks

Jasper-Pulaski State Nursery
bareroot: trees, shubs

Jayker Wholesale Nursery, Inc.
container: trees and shrubs

Jeane Farms
bareroot: conifers

JFNew Native Plants Nursery
bareroot, seeds: wetland, prairie, & woodland

Jicarilla Agency – USDI Bureau of Indian Affairs
container: trees

John Arnoldink Nursery
bareroot: trees

John P. Rhody Nursery
bareroot: trees

John S. Ayton State Tree Nursery
bareroot: trees, shrubs

Johnston Nurseries
bareroot: trees

Joy Creek Nursery
container: herbaceous perennials, shrubs

Judd Creek Nursery
container: all

K&C Silviculture Farms Ltd.
bareroot, container: trees

Kalaupapa National Historic Park Native Plant Nursey
container: all

Kamuela State Tree Nursery
container: trees, shrubs

Kansas Forest Service
container: conifers

Kapoho Kai Nursery
container: trees, shrubs

Kauai District Nursery
container: trees, shrubs

Kauai Nursery and Landscaping, Inc.
container: trees, shrubs, ferns, forbs

Keen Forest Management
bareroot, container: conifers

Kelly Green Trees, Inc.
container: trees

Kilauea Lighthouse National Wildlife Refuge Native Plant Nursery
container: trees, shrubs

King Nursery
container, bareroot: trees, shrubs

Kintigh's Mountain Home Ranch
plugs: conifers

Klamath Forest Nursery – US Timberlands
bareroot: trees

Kobe Nurseries
bareroot: trees

Kokee State Park Native Plant Nursery
container: trees, shrubs, grasses, forbs

Korbel Forest Nursery, Simpson Timber Co.
container, bareroot: conifers

Krueger's Northwoods Nursery
bareroot: conifers

Kulani Correctional Facility Nursery
container: trees, shrubs, forbs, grasses

L.A. Moran Reforestation Center, California Dept. of Forestry
container, bareroot, plugs: conifers, trees, shrubs

Lake Superior Nursery
bareroot: trees

Land Grant Forestry Extension
bareroot: trees

Landscape Alternatives
containers: all

Las Pilitas Nursery
container: all

Las Vegas Nursery
container: conifers, shrubs, trees

Laura's Lane Nursery
bareroot: conifers

Lava Nursery, Inc.
bareroot, container: trees

Lawrence Mountain Nurseries
    bareroot, container: trees

Lawyer Nursery, Inc.
    bareroot: trees, shrubs

Lawyer Nursery, Inc.
    bareroot: conifers, trees, shrubs

Lazy K Nursery, Inc.
    container: woody plants/
    herbaceous perennials

Lebanon Forest Regeneration Center –
Roseburg Forest Products
    bareroot, container: trees

Lee Nursery
    bareroot, container: trees

Lemoine Seedlings
    bareroot: conifers

Lewis River Reforestation, Inc.
    bareroot: conifers

Lincoln-Oakes Nurseries
    bareroot: trees, shrubs

Liner Farm, Inc.
    plugs, liners, bareroot,
    b&b: all

Linville River Nursery,
Division of Forest Resources
    bareroot: trees

Live Oak Nursery
    container: trees, shrubs,
    grasses, forbs

Lodholz North Star Acres, Inc.
    bareroot, container: conifers

Lone Peak State Nursery
    container, bareroot: trees,
    shrubs, wetland emergents, forbs

Louisiana Dept. of Agriculture
& Forestry
    bareroot: conifers

Louisiana Growers
    container: trees, shrubs

Louisiana Growers
    container, b&b: trees, shrubs, ferns

Louisiana Nursery
    bareroot, container: all

Lower Marlboro Nursery
    container: all

Lowes Creek Tree Farm
    container, bareroot: conifers

Lyon Arboretum
    container: trees, shrubs

Madrona Nursery
    container: trees, shrubs, forbs

Madrone Nursery
    container: trees, forbs

Magalia Reforestation Nursery
    bareroot, container, plugs:
    conifers, trees, shrubs

Mahanoy Valley Nurseries
    bareroot, container: trees

Mail-Order Natives
    bareroot, container: all

Makah Tribal Nursery
    container: all

Makani Gardens
    container: trees, shrubs

Manzanita Native Plant Nursery
    container: trees, shrubs,
    grasses, forbs

Maple Hill Farms
    bareroot: trees

Maple Street Natives
    container: trees, shrubs,
    grasses, forbs

Mapleton Nurseries
    container, bareroot,
    b&b: trees, shrubs, forbs,
    grasses, ferns, sedges

Marietta State Nursery
Ohio Division of Forestry
    bareroot: trees

Marshall Tree Farm
    container, field grown:
    trees, shrubs

Marshland Transplant
Aquatic Nursery
    container, bareroot: wetland

Martin Perennial Farms, Inc.
    plugs/bareroot: shrubs,
    forbs, grasses

Maryland Natives Nursery
    bareroot, container: all

Mary's Plant Farm
    container, bareroot: trees,
    shrubs, forbs, grasses, ferns

Matlack Tree Farm
    container: trees

Maui District Nursery,
Division of Forestry & Wildlife
container: trees and shrubs

McGinnis Farms
container: forbs, shrubs, grasses, trees

McKeithen Growers, Inc.
container: trees, shrubs

McNary Greenhouse
container: trees

Meadow Beauty Nursery
container: trees, shrubs, forbs

Meeks Farms
container

Mellow Marsh Farm
container, bareroot, plugs, seeds: all

Mesozoic Landscapes, Inc.
container: trees, shrubs, palms, forbs, grasses

Methow Natives
container, bareroot: all

Michigan State Forest Tree
Improvement Center
bareroot, container: trees

Microseed Nursery
container: trees/shrubs

Middletown Rancheria
container: trees, shrubs, grasses, forbs

Miles W. Fry & Son
bareroot: trees

Mineland Reclamation Division
bareroot: trees, shrubs

Minnesota State Forest Nurseries
bareroot, container: trees, shrubs

Mississippi Forestry Commission,
Waynesboro Nursery
bareroot: conifers

Mississippi Forestry Commission,
Winona Nursery
bareroot: conifers

Mobley Greenhouse, Inc.
container: conifers

Monico Greenhouses
container: conifers

Morgan County Nursery
bareroot, container: trees

Morning Sky Greenery
containers, plugs: forbs, grasses, wetland, riparian

Moses Lake Conservation
container, bareroot, plugs: trees, shrubs, wetland, forbs, grasses, wetland

Mostly Natives
container: all

Mosterman Plant Propagators
containers, liners: trees, shrubs

Mount Jefferson Farms
plugs, container, bioengineering material: trees, shrubs, grasses

Mount Rainier National
Park Native Plant Nursery
container: all

Mountain States Wholesale Nursery
container: trees, shrubs, grasses, forbs

Munchkin Nursery and Gardens LLC
container

Musser Forests, Inc.
plugs, containers, liners, bareroot: trees, shrubs, forbs, grasses, ferns

Myers Cove Nursery, Inc.
container, b&b, liners: trees, shrubs, forbs, grasses, ferns

Napa Native Plant Nursery,
California Conservation Corps
container: all

Nathan Creek Nursery
container

National Tropical Botanical Garden
container: all

Native and Uncommon Plants
container: trees, shrubs, forbs, grasses

Native Creations
container: all

Native Gardens
container: all

Native Nurseries of Tallahassee, Inc.
container: trees, shrubs, forbs, grasses, palms, cycads

Native Nursery
containers, b&b: trees, shrubs, forbs, grasssses

Native Ornamentals
　　container, seeds: trees, forbs, grasses, shrubs

Native Plant Brokerage
　　liner, container, bareroot: all

The Native Plant Nursery
　　container: all

Native Revival Nursery
　　container: all

The Natives, Inc.
　　container: all

Native Son
　　container: trees, shrubs, forbs

Native Sons, Inc.
　　container: all

Native Texas Nursery
　　container: trees, shrubs

Native Texas Nursery
　　container: trees, shrubs, forbs, grasses

Native Tree Farm
　　container: trees

Native Tree Nursery, Inc.
　　container, b&b, field grown: trees, shrubs, palms

Native Wetland Resources
　　bareroot, container, plugs: riparian, wetland grasses and forbs

N.A.T.S. Nursery Ltd.
　　containers, plugs, b&b: trees, shrubs, forbs

The Natural Garden, Inc.
　　container, bareroot: forbs

The Nature Conservancy Kanepu`u Preserve Nursery
　　container: all

Nature's Enhancement, Inc.
　　container, b&b: trees, conifers, shrubs, forbs, grasses

Nature's Way Wholesale
　　container: shrubs, forbs

Navajo Forestry Nursery
　　container: trees, shrubs, grasses, forbs

Needlefast Evergreens, Inc.
　　bareroot: trees

Nesta Prairie Perennials
　　container, plugs: all

New Hampshire State Forest Nursery
　　bareroot: trees, shrubs

New Jersey Forest Tree Nursery
　　container, bareroot: trees, shrubs

New Kent Forestry Center
　　bareroot: trees

New Mexico Energy, Minerals, and Natural Resources Department Forestry Division
　　container: trees

Newaygo Conservation District Nursery
　　bareroot, container: trees, shrubs

Niche Gardens
　　bareroot, container: all

NMSU-MORA Research Center
　　container: trees, shrubs

Noback's Farm Nursery
　　container: forbs, shrubs

Nolin River Nut Tree Nursery
　　bareroot: trees

North Cascades National Park Native Plant Nursery
　　container: all

North Central Reforestation, Inc.
　　bareroot: trees containerized

North Coast Native Nursery
　　bareroot, container: all

Northeast Delta RC & D Hardwood Seedling Nursery
　　bareroot: conifers

Northeast Florida Native Nursery
　　container: trees, shrubs, forbs, grasses

Northern Pines Nursery
　　bareroot: trees

Northern Tree Nursery
　　bareroot: trees

North Sun Gardens, Ltd.
　　bareroot: trees

Northwest Native Plants
　　container

Northwest Native Plants, Inc.
    container and some
    bareroot: all

Northwest Native Seed
    container: trees, shrubs,
    forbs, grasses

Northwoods Greenhouse
    bareroot, container: trees

Nothing But Northwest
    Natives & Robson
    Botanical Consultants
    container: trees, shrubs,
    wetland, forb, grasses

Nursery & Greenhouses
    Potlatch Corporation
    container: trees

Nursery Solutions, Inc.
    container: all

O'Neal Nursery
    container, b&b, liners:
    trees, shrubs

Oberlin Nursery
    bareroot: conifers, trees

Octoraro Native Plant Nursery
    container: all

O'Donnells Fairfax Nursery
    container: all

Oikos Tree Crops
    bareroot, container: trees,
    shrubs, perennials

Okanagon Plant Propagators
    container: trees, shrubs, forbs

Okefenokee Growers
    container, bareroot: all

Oklahoma Department of Ag.
    containers: trees, conifers

Olympic National Park Native
    Plant Nursery
    container: all

Olympic Nursery
    container, b&b: trees, shrubs

Ornamental Plants and Trees, Inc.
    liners: trees, shrubs, forbs

'Our' Bamboo Nursery
    b&b (dug to order and
    stabilized) or container:
    bamboos – native & exotic –
    groundcovers, shrubs,
    tree types – select eco-types

Outback Nursery, Inc.
    container: all

Overlook Nurseries
    container: trees, shrubs, forbs

Ozark Wildflower Company
    container: forbs, trees, shrubs

Pacific Natives and Ornamentals
    container: trees, shrubs,
    forbs, grasses

Pacific Rim Native Plants, Ltd.
    containers, b&b: trees, shrubs, forbs

Pahole Rare Plant Facility
    container: all

Pajarito Greenhouse
    container: trees, shrubs, forbs,
    grasses

Palisade Greenhouse
    containers, liners, tissue culture,
    b&b, bareroot: trees, forbs,
    shrubs, grasses

Palmer Nursery
    bareroot, b&b, liners: trees, shrubs

Pat Ford's Nursery, Inc.
    liners: trees, shrubs, forbs, grasses

Pechanga Band of Luiseno Indians
    container: trees, shrubs,
    forbs, grasses

Peel's Nurseries, Ltd.
    containers, bareroot, b&b, liners:
    trees, shrubs, forbs, grasses

Pelton's Nursery, Inc.
    container: trees, shrubs, palms

Penn Nursery
    bareroot: trees

Pepperwood Hollow and Company
    container: all

Perkins Nursery, Inc.
    container: trees, palms,
    saw palmetto, cycads

Peterson's Riverview Nursery
    bareroot, container: trees

Piedmont Growers
    container, liner, plugs: trees,
    shrubs, forbs, ferns

Pierson Nurseries, Inc.
    container, b&b: all

Pikes Peak Nurseries
    bareroot: trees

Pine Breeze Nursery
    container: all

Pine Grove Nursery, Inc.
    bareroot: trees

Pine Ridge Gardens
    container: forbs, grasses, trees, shrubs, vines

Pine Tree Management
    bareroot, container: conifers

Pinelands Nursery
    container, bareroot, liners, plugs: all

Pinelands Nursery, Inc.
    container, bareroot, plugs: all

Placerville Nursery,
    USDA Forest Service
    container, bareroot: conifers

Plant Creations, Inc.
    container: all

Plant Delights Nursery
    container, bareroot: forbs, grasses, trees, shrubs

Plant Materials Center Forest
    Nursery
    container, bareroot: trees, shrubs, forbs, grasses

Plant Oregon
    container, bareroot: conifers, trees, shrubs, wetland, riparian, forbs, grasses

Plant Propagation Technologies, Inc.
    container, bareroot: trees

Plant Propagation Technologies, Inc.
    liners, containers, b&b: trees, shrubs, grasses, forbs

Plants of the Wild/Seed, Inc.
    container: trees, shrubs, wetland, aquatics, grasses, forbs

Pleasant Avenue Nursery, Inc.
    containers, plugs: trees, shrubs, forbs

Pleasant Hill Farms
    container: conifers

Plum Creek Forest Nursery
    container, bareroot: conifers

Plum Creek Nursery
    bareroot: conifers

Plum Creek Timber Co.
    bareroot: conifers

Portland Nursery
    container: trees, shrubs, forbs, grasses

Potlatch Nursery
    container: conifers

Powell Propagators and
    Nursery, Inc.
    bareroot, container: conifers

Prairie Basse
    container: forbs, grasses, shrubs, trees

Prairie Hill Wildflowers
    containers: native prairie, savannah, woodland & wetland forbs, & grasses

Prairie Patch
    container: forbs, grasses

The Primrose Path
    container, bareroot: forbs, grasses, sedges

Prindel Creek Farm, Inc.
    bareroot: trees

Progressive Plants
    container, bareroot: trees, shrubs, forbs, grasses, ferns

Pueblo of Zuni –
    USDI Bureau of Indian Affairs
    container: trees

Pushpetappa Gardens
    container: trees, shrubs

Quail Botanical Gardens
    Foundation, Inc.
    container: trees, shrubs, forbs

Qualitree, Inc.
    bareroot: trees

R&S Nii Nursery
    container: trees, shrubs

R.E. Mitchell Nursery MacMillan
    Bloedel, Inc.
    bareroot: conifers

R. Oud Native Plants
    container, b&b: trees, shrubs, forbs

Raintree Nursery
    container: trees, shrubs

Rancho La Orquidea, Inc.
    container: trees, shrubs, forbs, grasses

Randy's Perennials & Water Gardens
container: all

Raven Nursery
container: trees, shrubs, forbs, ferns

Rayonier, Inc.
bareroot, container: conifers

Red Lake Forestry Greenhouse
bareroot, container: trees, shrubs

Red's Rhodies
container, b&b: native rhododendron, cyp. californicumds

Redwood Valley Rancheria
container, bareroot: shrubs, grasses, forbs, wetland

Reesville Ridge Nursery
container: trees, shrubs, wetland, forbs, grasses

Restoration Resources
container: trees, shrubs, herbaceous, grasses, wetland plugs

The Rhododendron Species Foundation
container: rhododendrons

Ridgecrest Nursery
container: annuals, perennials, shrubs, tree, grasses

Rigsby Nursery, Inc.
container: trees

Ripley County Farms
bareroot: trees

Robinson Rancheria
container: trees, shrubs, grasses, forbs, wetland

Rochester Greenhouse – Weyerhaeuser Company
container, bareroot: conifers, shrubs

Rocky Mountain National Park Native Plant Nursery
container: all

Roseburg Forest Products, Kellogg Forest Tree Nursery
bareroot: trees

Rosso Wholesale Nursery
container, bareroot: trees, shrubs, riparian, wetland, forbs, grasses

RSS Field Services, Inc.
container: trees

Rutland Forest Nursery
bareroot: conifers

Salish & Kootenai Tribal College Native Plant Nursery
container: trees, shrubs, forbs, grasses, wetland and riparian

San Felasco Nurseries, Inc.
container: trees, shrubs, forbs, grasses, cycads

Sandhill Farm
container, plugs: forbs, grasses, ferns, wetland

Sanibel Captiva Conservation Fund Native Plant Nursery
container: all

Santa Ana Pueblo Native Plant Nursery
container, plugs, liners, b&b: trees, shrubs, forbs, grasses, cacti, succulents

Saratoga Tree Nursery
bareroot, container: trees, shrubs

Sassafras Farm
container: forbs

Schumacher
bareroot, container: trees

Second Growth, Inc.
container: all

Sequoia & Kings Canyon National Parks Native Plant Nursery
container: all

Shadowlawn Nursery
container, field grown, b&b: trees, shrubs

Shady Grove Native Trees and Shrubs
container: trees, shrubs

Shasta Plantation
container, bareroot: conifers

Shelterwood Farm
bareroot: trees

Shooting Star Nursery
container: trees, shrubs, grasses, forbs, seeds

Shore Road Nursery
container: riparian, wetland, shrubs, trees, forbs, grasses

Silvaseed Company, Inc.
container, bareroot: conifers

Simmons & Sons Longleaf Seedlings
container: conifers

SIPI – Bureau of Indian Affairs
container: trees

Siskiyou Rare Plant Nursery
  container: shrubs, trees, ferns

Sleepy Hollow Nursery
  container, b&b: trees,
  shrubs, grasses

Smith Evergreen Nursery, Inc.
  bareroot: trees

Smith River Nursery, Hastings LLC
  bareroot: conifers

Smurfit-Stone Container
  bareroot: conifers

Smurfit-Stone Container Corporation
  bareroot: conifers, trees

Snow Mountain Nursery
  container, b&b: trees,
  shrubs, forbs

Sound Native Plants, Inc.
  container, live stakes, facines:
  trees, shrubs, emergents,
  riparian, grasses, forbs, fern

South Carolina Forestry
  Creech Greenhouse
  container: trees, conifers

Southeast Trees
  container: trees

Southern Horticulture
  container: all

Southern Native Nursery, Inc.
  container: trees, shrubs,
  forbs, grasses

Southern Native Plants
  Specialties, Inc.
  container: all

Spadefoot Nursery
  container: trees and shrubs

Spangle Creek Labs
  flask seedlings, container:
  native cypripediums

Spence Restoration Nursery
  container: all

Spring Creek Nursery
  container: trees, forbs, grasses

Spring Creek Nursery
  b&b: trees, shrubs

State Forest Nursery
  bareroot: trees, shrubs

Stempky Nursery
  bareroot: trees

Stevenson Intermountain Seed, Inc.
  native & non-native

Stillaguamish Tribe
  container: trees, shrubs, forbs,
  grasses, wetland, riparian

Storm Lake Growers
  container: all

Strathlone Forest Nursery
  bareroot, container: trees

Strathmeyer Forests, Inc.
  bareroot: trees

Summer Hill Nursery
  container: trees, shrubs, forbs

Sun City Tree Farm & Nursery
  container: trees, shrubs

Sun Mountain Growers
  container: trees, shrubs,
  forbs, grasses

Sunbelt Trees, Inc.
  container: trees

SUNCO
  container: trees, shrubs

Suncrest Nurseries, Inc.
  container: trees, shrubs,
  ferns, grasses, vines, forbs

Sundance Ornamentals
  container: trees, shrubs,
  grasses, forbs, cycads

Sunflower Farms
  bareroot, containers, liners,
  plugs, b&b: trees, shrubs,
  grasses, forbs, ferns, succulents

Sunlight Gardens, Inc.
  container, bareroot: all

Sunny Border Nurseries, Inc.
  bareroot, container: forbs

Sunscapes
  container: forbs, grasses,
  shrubs, trees

Sunset Coast Nursery
  container: all

Sunshine Nursery
  containers, liners: trees,
  forbs, shrubs

Superior Trees
  container, bareroot:
  trees, shrubs

Susan Dales Bog and Pond Plants
  bareroot, container: forbs, grasses,
  aquatic, wetland, riparian

Sweet Bay Nursery
  container: all

Swell Nursery
  container: shrubs, forbs

Sylvan Options
  bareroot, container: trees

Taylor Nursery
  bareroot: trees, conifers

Temecula Band of the Luiseno Indians
  container: trees, shrubs, wetland,
  riparian, grasses, forbs

Tennessee Dept. of Agriculture, Delano
  Nursery
  bareroot: trees

Tennessee Dept. of Agriculture,
  Pinson Nursery
  bareroot: trees

Testing Nursery
  bareroot, container: conifers

Texas Native Trees
  container, seeds: trees, shrubs,
  seeds

Texas Star Gardens
  container: trees, shrubs, forbs

The Timber Co., Jesup Nursery
  bareroot: conifers

The Timber Company,
  Pearl River Nursery
  bareroot: conifers

The Timber Company,
  Shubuta Nursery
  bareroot: conifers

Toadshade Wildflower Farm
  container: forbs, grasses, ferns

Tom Dodd Nursery, Inc.
  container, liner: trees, shrubs, forbs,
  grasses

Towner State Nursery
  bareroot, container: trees, shrubs

Trail Ridge Nursery
  container: trees, shrubs

Trans Gro
  container, liner: trees

Tree of Life Nursery
  container: all

Treehaven Evergreen Nursery
  bareroot, container: conifers

TreeMart
  container: trees

Trees By Tauliatos
  container, bareroot, liners,
  b&b: all

Trees of Corrales
  container, b&b: trees, shrubs,
  forbs, grasses

Trees That Please
  container, liners: trees

Triangle Nursery, Inc.
  bareroot, container: trees

Trillium Gardens
  container, bareroot: plugs
  trees, shrubs, herbaceous
  perennials, wetland species

Triple C Nursery
  bareroot: conifers

Tripple Brook Farm
  container: forbs, grasses

Tropic Traditions Nurseries
  container: trees, shrubs, palms

Tsemeta Forest Nursery
  container: conifers, trees, shrubs

Tuolumne Mi Wuk
  container: trees, shrubs, forbs, grasses

Turfgrass America
  sod: buffalo grass sod sprigs

Turner Nursery – Weyerhaeuser Company
  bareroot, container: trees

Underwood Shade Nursery
  container: forbs, wetland, riparian

Union State Tree Nursery
  bareroot, container: trees, shrubs

Urban Forestry Services
  liners: all

Valley Growers Nursery & Landscape, Inc.
  container: groundcovers, trees,
  shrubs, conifers, wetland, riparian

Valley Nursery
  container, bareroot, plugs:
  trees, forbs, shrubs, conifers

Vallonia State Nursery
  bareroot, container: trees, shrubs

Van Berkum Nursery
  container: forbs, grasses, shrubs, trees

Vans Pines Nursery, Inc.
    container, bareroot: trees, shrubs

Veber's Jungle Garden
    container: trees, shrubs, palms,
    forbs, grasses

Vibbert Ranch
    seeds/container, bareroot,
    plugs: forbs, nursery trees,
    shrubs, conifers

Viewcrest Nurseries
    container, bareroot: all

Virginia Department of Forestry
    container, bareroot: trees

Virginia Natives
    container, bareroot: all

Vivero Manaca
    containers: trees, palms

WACD Plant Center
    bareroot: trees, shrubs

Waimea Arboretum and Botanical Garden
    container: trees, shrubs

Wali Nursery
    bareroot: conifers

Walker Nursery Farms
    container: trees, shrubs,
    forbs, grasses

Wallace Hansen Native Plants
    container, bareroot: trees, shrubs,
    forbs, grasses, ferns, wetland

Walter Horning Seed Orchard – USDI Bureau of Land Management
    bareroot: trees

Warren County Nursery, Inc.
    container, bareroot, liners, b&b:
    trees, shrubs, forbs, grasses, ferns

Waters Nursery
    bareroot, container: conifers

Watershed Garden Works
    container, bareroot: conifers, trees,
    shrubs, grasses, riparian, forbs

The Watershed Nursery
    container: all

Waterways Nursery
    bareroot, aquatic: aquatics,
    emergents, trees

Webster Forest Nursery
    bareroot: conifers, alder

We-Du/Meadowbrook Nursery
    container, bareroot: trees,
    shrubs, forbs, grasses,
    wetland, riparian

West Canyon Tree Farm
    container, b&b: trees, shrubs,
    forbs, grasses, succulents, ferns

West Texas Nursery –
Texas Forest Service
    container, bareroot: trees,
    conifers

West Wisconsin Nursery
    bareroot, container: conifers

Western Forest Systems, Inc.
    container, plugs: native
    conifers

Westfork Walnut Nursery
    bareroot, container: conifers

Weston Gardens in Bloom, Inc.
    container, seeds: trees, shrubs,
    grasses, forbs

Westvaco Tree Nursery
    bareroot: conifers

Wetlands & Woodlands Wholesale Nursery
    container, bareroot, b&b:
    trees, shrubs, grasses, wetland,
    riparian, ferns

Wetlands Nursery
    container, plugs,
    bareroot: all

Weyerhaeuser Company, Magnolia Nursery
    bareroot: conifers

Weyerhaeuser Company, Quail Ridge Nursery
    bareroot: conifers

Weyerhaeuser Nursery
    bareroot, container: conifers

Whisper Palms of Terra Ceia LLC
    container: grasses, forbs,
    shrubs

White City Nursery
    bareroot: conifers

White Mountain Apache
    container: trees

Whitman Farms
    container, bareroot, b&b:
    forbs, shrubs, trees

Wichita Nursery, Inc.
    container, bareroot, plugs: all

Wight's Nursery
    bareroot, container: conifers

Wilcox Nursery
    container: all

Wild Earth Native Plant Nursery
    containers, plugs: all

Wild Things Plant Farm
    container: forbs, grasses, shrubs, trees

Wildflower, Inc.
    container: trees, shrubs, forbs, grasses

Wildland Nursery
    container, b&b: all

Wildlife Nurseries, Inc.
    bareroot: all

Wildside Growers
    container, contract plugs: herbaceous PNW plants & shrubs

Wildtype Native Plants
    bareroot: trees, shrubs, forbs, grasses, wetland

Wilson State Forest Nursery
    bareroot: conifers

Windfall Nursery & Tree Farm
    bareroot, container: conifers

Windy Hill Plant Farm
    container: forbs

Windy Hills Farm
    bareroot: trees, shrubs

Wolf Nursery
    bareroot, container: trees

Woodbrook Nursery
    container: all

Woodlanders, Inc.
    container: all

Woodlands Seedling Production Facility
    bareroot: trees

Woodmere Nursery Ltd.
    container: trees, shrubs

Wood's Native Plants
    bareroot: trees

Woods' Edge Farm
    bareroot, container: trees, shrubs, forbs

Woodsman Native Plants
    container: trees, conifers, shrubs

Wylde Thyme Hammock
    container: grasses

Wyman State Forest Nursery
    bareroot: trees

Yellow Springs Farm
    containers: all

Yucca Do Nursery
    container: all

Zanesville State Nursery Ohio Division of Forestry
    bareroot/container: trees, shrubs

Zelenka Evergreen Nursery
    bareroot, container: trees

Zion National Park Native Plant Nursery
    container: all

seeds

Applewood Seeds
  forbs, grasses

Arkansas Valley Seed Solutions
  grasses, forbs, shrubs, wetland, riparian

Arkansas Valley Seed Solutions
  grasses, forbs, shrubs, wetland, riparian

Arkansas Valley Seed Solutions
  grasses, forbs, shrubs, riparian, wetland

Baker's Acres

Bamert Seed Co.
  grasses, forbs

Beauty Beyond Belief
  forbs, grasses

Blazing Star Wildflower Seed Company

Browning Seed, Inc.
  forbs, grasses

Callahan Seed
  trees, shrubs

Carlson Prairie Seed Farm, Inc.
  grasses, forbs

Carter's Seed
  all

Cedera Seed, Inc.
  grasses, forbs

Central Utah Seed
  all

Chas. C. Hart Seed Co.
  forbs, grasses

Chesapeake Native Nursery

Circle S Seeds of MT, Inc.

Cisneros Trading Company
  grasses

Clyde Robin Seed Co., Inc.
  grasses, shrubs, trees, forbs

Colorado Seed Solutions
  grasses, forbs, shrubs, wetland, riparian

Comstock Seed
  trees, shrubs, grasses, forbs, wildflowers

ConservaSeed
  grasses, forbs, shrubs, wildflowers

Corns
  forbs, grasses

David R. Mosman Ranch, Inc.
  grasses, forbs

De Lange Seed, Inc.
  grasses, forbs

Desert Enterprises
  trees, shrubs, cacti, forbs, grasses

Diversity Farms
  grasses, forbs

Dutch Girl Super Roots

Earthseeds
  forbs, grasses

Earthskin Nursery
  forbs, grasses

East Texas Seed Company
  forbs

Edge of the Rockies Native Seed
  grasses, forbs, shrubs, trees

Environmental Seed Producers
  forbs

F. W. Schumacher Co., Inc.
  trees, shrubs

Far North Tree and Seed Company
  ask

Feder's Prairie Seed Co.
  grasses, forbs

Ford Seed Co., Inc.
  bitterbrush, 4 wing salt bush

Forest Seeds of California
  all

Foster Rambie Grass Seed
  grasses

Fremont Trading Company

Fritz Creek Gardens
  ask

Frosty Hollow Ecological Restoration

Geertson Seed Farms
  forbs, grasses, shrubs

Gooding Seed Co.
  grasses, forbs, shrubs

Granite Seed
  all

Grassland West

Greg Peterson

Harvest Moon Seed Co.
  browse, forbs, legumes, grasses, mixing seed

Heyne Custom Seeds
  grasses, forbs

High Altitude Gardens
  dryland forbs, grasses, shrubs

Hobbs and Hopkins
  grasses, forbs

Idaho Grimm Growers
  shrubs, grasses, forbs

Inside Passage Seeds and Native Plant Services

Intermountain Seed Co.
  all

Iowa Prairie Seed Company

James Reneau Seed Co.
  grasses

Johnston Seed Company
  grasses, forbs

Kaste, Inc.
  forbs, grasses

Kenaitze Greenhouse and Gardens
  ask

Kingfisher Farms
  forbs, grasses

L&H Seeds, Inc.

Landmark Seed Co.

Larner Seeds
  all

Louisiana Forest Seed Co., Inc.
  conifers, trees, shrubs

Mark E. Gullickson
  grasses, forbs

Maughan Seed Company
  all

McCormick Seeds

McGinnis Tree and Seed Company

Mohave Joshua Company
  trees, forbs

Mohn Seed Co.
  grasses, forbs

Moon Mountain Wildflowers
  forbs

Mountain West Seed Co., Inc.

Native American Seeds
  forbs, grasses

Native Seed Foundation
  all

Natural Legacy Seed
  forbs

Nature's Garden Seed Company
  trees, shrubs, forbs

Norfarm Seeds, Inc.
  grasses, forbs

North Woods Nursery, Inc.

Olson Seed, Inc.

Oregon Wholesale Seed Co.
  grasses, forbs

Osenbach Grass Seed
  grasses, forbs

Owyhee Trail Seed
  grasses, shrubs

Pacific Coast Seed
  grasses, forbs

Pacific Northwest Natives
  native grass forbs, legumes, & wildflowers

Pawnee Buttes Seed, Inc.
  grass, forb, shrubs

Plummer Seed Co.
  all

Prairie Grass Unlimited
  grasses

The Prairie-Oak Group

Prairie Seed Source

Qualitree Nursery conifers

Quivira Management, Inc.
  grasses, forbs

Rainier Seeds, Inc.

Redwood City Seed Co.
  grasses, forbs

Reeves Wildflower Nursery

The Reveg Edge
  grasses, forbs

Richardson Agco
  grasses, forbs

Rocky Mountain Rare Plants
  shrubs, forbs, alpine seeds, rock garden plants, grasses, succulents

Rose Hill Nursery

S&S Seeds LLC
  forbs, native grasses, wildflowers

Seed Specialists, Inc.
  dryland, riparian grasses, forbs

Seed Specialists, Inc.
  dryland and riparian grasses, forbs

Seeds of Alaska
  ask

Sharp Bros. Seed Co.
  grasses, forbs, wetland, riparian, shrubs

Shooting Star Native Seeds
  grasses, forbs

Southwest Seed, Inc.
  grasses, forbs

Stevenson Intermountain Seed, Inc.
  native & non-native

Stock Seed Farms, Inc.
  grasses, forbs

Sun Chaser Seeds
  trees, forbs, grasses

Sun Mountain Seeds

Sunmark Seeds International, Inc.
  conifers, trees, shrubs, forbs, grasses, riparian

Swanson Farms
  grass, forb

Todd Valley Farms
  grasses

Treasure State Seed, Inc.
  grasses, forbs

Triangle Farms
  flowers, native, grasses, forages

Turner Seed Company, Inc.
  grasses, forbs

Vermont Wildflower Farm
  forbs, grasses

Wagstaff Seed
  all

Western Native Seed
  grasses, forbs, trees, shrubs, wetland, riparian

Western Tree Seed, Ltd.
  trees

Wheatland West Seed
  grasses, forbs, shrubs, wetland riparain, trees

Wilber's Seed Solutions
  grasses, forbs, shrubs, wetland, riparian

Wildlife Habitat Seed Co.
  grasses

Wildseed Farms
  forbs

Wind River Seed, Inc.

Winter Farms, Inc.

both

Alberta Nurseries and Seeds, Ltd
  containers, seeds

American Desert Plants, Inc.
  containers, bareroot, liners,
  seeds: cacti, succulents

Applied Ecology, Inc.
  ask

Applied Technology Wetlands
  & Forestry
  ask

Bechedor, Inc.
  ask

Bellville SuperTree Nursery,
  International Paper Co.
  ask

Better Forest Tree Seeds
  seeds, bareroot,
  containers, b&b:
  conifers, trees

Biddles Nursery
  container, seeds: trees, shrubs,
  grasses, forbs

Biosphere Consulting, Inc.
  container, bareroot, seeds: all

Bluestem Prairie Nursery
  bareroot, seeds: forbs, grasses

Booming Native Plants
  plugs, seeds: forbs, grasses,
  wetland, riparian

Boothe Hill Farms
  ask: forbs, grasses

Buchanan's Native Plants
  containers, seeds: trees,
  shrubs, forbs, grasses

C.L. Danner Nursery
  ask

Carters Nursery, Bowater Forest
  Products Division
  ask

Central Coast Wilds
  container, seeds: all

Charles A. Sprague Tree Seed
  Orchard – USDI Bureau of
  Land Management
  container, seeds: conifers,
  grasses, forbs

Chiappini Farm Native Nursery
  container, liners, seeds: trees,
  shrubs, grasses

Clifton Nursery
  ask: conifers

Curry Native Plants
  container, bareroot, seeds:
  trees, shrubs, ferns, forbs

D.R. Bates
  liners, containers, seeds:
  trees, shrubs

Dallas Nature Center/Native
  Plant Nursery
  container, seeds: trees,
  forbs, grasses, shrubs

Echo Valley Natives
  container, seeds: all

Elixir Farm Botanical
  container, plugs,
  bareroot, seeds: forbs

Elkhorn Native Plant Nursery
  containers, seeds: all

Environmental Repair Service/
  The Native Grass Manager
  container, seeds: forbs, grasses

Ernst Conservation seeds
  seeds, bareroot: shrubs,
  forbs, grasses, wetland,
  riparian

Fern Valley Farms
  ask

Ferris Nursery
  container, seeds: all

Flagstaff Native Plant and Seed
  container, seeds, plugs: trees,
  shrubs, forbs, grasses, wetland, riparian

Freshwater Farms
  container, bareroot,
  seeds: all

Frosty Hollow Ecological
  Restoration

Gabriola Growing Company
  containers, seeds: trees, forbs

The Garden of Earth
  liners, plugs, container,
  bareroot, seeds: all

Genesis Nursery, Inc.
  container, seeds: all

Grassland West
  custom mixes

Grasslander
    bareroot, seeds: forbs,
    grasses, wetland, riparian

Greenlee Nursery
    containers, seeds: forbs,
    shrubs, grasses

Greg Peterson

Hamilton Seeds and Wildflowers
    container, bareroot, seeds:
    forbs, grasses

Heartland Restoration
    Services, Inc.
    containers, seeds: all

Hillside Nursery
    ask

Inside Passage Seeds and
    Native Plant Services

International Forest Company
    ask

International Forest Company
    ask

Ion Exchange
    containers, plugs, seeds: forbs,
    grasses, wetland, riparian

J. Frank Gaudet Nursery
    ask

J. Frank Schmidt and Son Co.
    ask

J.D. Irving Juniper Nursery
    ask

Jamestown Native Plants

Jane's Native Seeds
    container, liner, plugs,
    seeds: all

K&C Silviculture Farms Ltd.
    ask

K&C Silviculture Farms Ltd.
    ask

Kneght's Nurseries
    ask

L&H Seeds, Inc.

Lafayette Home Nursery, Inc.
    container, seeds: all

Land Reforms Greenhouse
    container, bareroot, plugs, seeds:
    trees, shrubs, forbs, grasses

Landmark Seed Co.

Landscape Alaska
    container, bareroot,
    b&b, seeds: all

Las Pilitas Nursery-Escondido
    ask: all

Linnaea Nurseries Ltd.
    container, seeds, b&b: trees,
    shrubs, forbs

Lone Elder Nursery
    ask

Louisiana Forest Seed Co.
    ask

Lucky Peak Nursery
    bareroot, container, seeds:
    conifers, shrubs, forbs,
    grasses

Marshland Transplant
    Aquatic Nursery

Mason State Nursery
    bareroot, container, seeds:
    trees, shrubs, forbs, grasses

Meadowlake Nursery Company
    bareroot, seeds: trees

Mesquite Valley Growers
    container, forb seeds:
    trees, shrubs, forbs, grasses

Methow Natives

Michigan Wildflower Farm
    bareroot, container, seeds:
    forbs, grasses

Milestone Nursery
    wetland species grown
    by contract

Missouri Wildflower Nursery
    container, bareroot, seeds

Mockingbird Nurseries, Inc.
    ask: all

Montana Conservation
    Seedling Nursery
    ask

Mount Arbor Nursery
    ask

Mountain Home Nursery
    ask

N.R.C.S. Rose Lake Plant
    Materials Center
    bareroot, container, seeds: all

Native Here Nursery
ask: all

Native Plant Restoration, Inc.
ask

Native Seeds
seeds, bareroot: trees, shrubs, forbs, grasses

Nature's Acres
containers, seeds: wild strain seeds & container plants

Nature's Garden
ask

New England Wetland Plants
container, plugs, bareroot, seeds: all

Norman's Native Plants Plus
liner, bareroot, container, seeds: trees, shrubs

North American Prairies Company
container, plugs, seeds: shrubs, grasses, forbs, wetland, riparian

North Creek Nurseries, Inc.
container, plugs, seeds: forbs, grasses, wetland, riparian, shrubs

North Sun Gardens, Ltd.
ask

Northern Arizona Tree Farm
container, seeds: trees, shrubs, grasses, forbs

Northern Lights Silviculture
ask

Old Ridge Nursery
ask

Ontario Native Plants, Inc.
ask

Otter Valley Native Plants
ask

Plantas Nativa LLC

Plantas Nativa LLC

Plants of the Southwest
container, seeds: trees, shrubs, forbs, grasses

Possibility Place Nursery
ask: trees, shrubs, grasses, forbs

Prairie Earth Nursery
container, liners, bareroot, seeds: forbs, grasses, wetland, prairie

Prairie Moon Nursery
bareroot, seeds: all

Prairie Nursery
custom seed mixes

Prairie Restorations, Inc.
containers, plugs, seeds: all

Prairie Ridge Nursery
full service restoration, custom seed mixes

Prairiescape
ask

Purple Prairie Farm
container, seeds: forbs, grasses

Rainforest Gardens
plants and seeds: ask

Rain Shadow Nursery
plugs, seeds, container: all

Rainier Seeds, Inc.
source identified stands

Reesville Ridge Nursery

Rethke Nursery, Inc.
bareroot, container, grass seeds: trees, grass seed

Rocky Mountain Native Plants Co.
container, seeds: all

Rosso Wholesale Nursery

Sagebrush Native Plant Nursery
plants and seeds: ask

Sage Creek Gardens
ask

San Marcos Growers
ask: trees, shrubs, forbs, grasses

Quality Seed Collections
seeds: all

Shore Road Nursery

Sierra Vista Growers
container, some seeds available: trees, shrubs, forbs, grasses

Silver Springs Nursery, Inc.
containers, seeds: trees, shrubs, riparian, emergents, grass seed

Sound Native Plants, Inc.

Southern Tier Consulting and Nursery, Inc.
container, bareroot, plugs, seeds, live stakes: all

both

Spring Creek Nursery

Strathlone Forest Nursery
   ask

Streamside Native Plants
   ask

Sun Gro Horticultural Distribution, Inc.
   growing mixes

Sylva Native Nursery
   container, plugs, bareroot, seeds: all

Taylor Creek Restoration Nursery/ Applied Ecological Services

Theodore Payne Foundation
   container, seeds

The Timber Company
   ask

The Timber Company
   ask

Tropical Star Ent., Inc.
   ask

Upper Colorado Environmental Plant Materials Center
   containers, plugs, bareroot, seeds: shrubs, grasses, forbs

Urban Forestry Services
   liners: all

Viewcrest Nurseries

Wabash Farms
   custom seed collection

Warner's Nursery
   container, seeds: trees, shrubs, grasses, forbs

Washoe Nursery
   container, seeds: conifers, shrubs, trees, grass seed

Wearren and Sons Nurseries, Inc.
   ask

Westlake Nursery
   seeds/container, bareroot, plugs: shrubs, trees, forb seeds, grasses, wetland species

Westland Seed, Inc.
   ask

Wichita Valley Nursery
   containers, seeds: all

WILD Canada
   plugs, pots, seed: prairie, wetland, woodland

Wildlife Nurseries
   ask

Wildlife Nurseries, Inc.

Woods' Edge Farm
   WI genotypes

Yerba Buena Nursery
   container, some seeds: all

state/province listings

Alabama
Alabama SuperTree Nursery
Biophilia Native Nursery
Dodd & Dodd Native Nurseries
E.A. Hauss Nursery
Elberta, Alabama Nursery
International Forest Company
International Paper Company,
 Union Springs SuperTree
 Nursery
Native Wetland Resources
Overlook Nurseries
R.E. Mitchell Nursery
Smurfit-Stone Container
Tom Dodd Nurseries, Inc.
Weyerhaeuser Nursery
White City Nursery
Wildflower, Inc.

Alaska
AgrowCycle Farms
Alaska Division of Forestry
Alaska Greenhouses, Inc.
Baker's Acres
Far North Tree and Seed
 Company
Fritz Creek Gardens
Kenaitze Greenhouse and
 Gardens
Landscape Alaska
Plant Materials Center
 Forest Nursery
Seeds of Alaska

Arizona
American Desert Plants, Inc.
Arid Solution LLC
Arid Zone Trees
Biddles Nursery
Coronado Heights Nursery
Desert Enterprises
Desert Survivors
Desert Trust Nursery
Flagstaff Native Plant and Seed
Flagstaff Native Plant Nursery
Grand Canyon National Park
 Native Plant Nursery
Kelly Green Trees, Inc.
McNary Greenhouse
Mesquite Valley Growers
Mohave Joshua Company
Mountain States Wholesale
 Nursery
Navajo Forestry Nursery
Northern Arizona Tree Farm
Spadefoot Nursery
Warner's Nursery
White Mountain Apache

Arkansas
Baucum Nursery
Fred C. Gragg SuperTree Nursery
Ozark Wildflower Company
Pine Ridge Gardens
Ridgecrest Nursery
Weyerhaeuser Company,
 Magnolia Nursery

AS
Land Grant Forestry Extension

California
A.V.R.C.D. Tree Nursery and
 Arboretum
Agrono-Tec Seed Co.
Appleton Forestry
Bitterroot Restoration, Inc.
Cal-Forest Nurseries

California (continued)

California Flora Nursery
Carter's Seed
Center for Arid Lands Restoration – Joshua Tree National Monument
Central Coast Wilds
Circuit Rider Productions, Inc.
Clyde Robin Seed Co., Inc.
ConservaSeed
Cornflower Farms
County of Los Angeles Fire Dept
El Nativo Growers, Inc.
Elkhorn Native Plant Nursery
Environmental Seed Producers
Far West Bulb Farm
Forest Seeds of California
Freshwater Farms
Genetic Resource Center / USDA Forest Service
Georgia-Pacific West, Inc., Forest Tree Nursery
Glass Mountain Forest Tree Nursery
Golden Gate National Parks Nurseries
Greenlee Nursery
Hartland Nursery
IFA Humboldt Nursery
IFA Little River Nursery
J.M. Oak Tree Nursery
Korbel Forest Nursery, Simpson Timber Co.
L.A. Moran Reforestation Center, California Dept. of Forestry
Larner Seeds
Las Pilitas Nursery
Las Pilitas Nursery-Escondido
Live Oak Nursery
Magalia Reforestation Nursery
Manzanita Native Plant Nursery
Middletown Rancheria
Mockingbird Nurseries, Inc.
Moon Mountain Wildflowers
Mostly Natives
Napa Native Plant Nursery, California Conservation Corps
Native Here Nursery
Native Revival Nursery
Native Sons, Inc.
North Coast Native Nursery
O'Donnells Fairfax Nursery
Pacific Coast Seed
Pechanga Band of Luiseno Indians
Placerville Nursery, USDA Forest Service
Quail Botanical Gardens
Foundation, Inc.
Redwood City Seed Co.
Redwood Valley Rancheria
Restoration Resources
The Reveg Edge
Robinson Rancheria
San Marcos Growers
Sequoia & Kings Canyon National Parks Native Plant Nursery
Shasta Plantation
Smith River Nursery, Hastings LLC
Suncrest Nurseries, Inc.
Sunset Coast Nursery
Temecula Band of the Luiseno Indians
Theodore Payne Foundation
Tree of Life Nursery
Tsemeta Forest Nursery
Tuolumne Mi Wuk
The Watershed Nursery
Yerba Buena Nursery

Colorado

Applewood Seeds
Aquatic and Wetland Company
Arkansas Valley Seed Solutions
Beauty Beyond Belief
BIA Southern Ute Agency
Chelsea Nursery
Colorado Hydroponics, Inc.
Colorado Seed Solutions
Colorado State Forest Service Nursery
Edge of the Rockies Native Seed
Fossil Creek Nursery
Native Nursery
Palisade Greenhouse
Pawnee Buttes Seed, Inc.
Pleasant Avenue Nursery, Inc.
Rocky Mountain National Park Native Plant Nursery
Rocky Mountain Native Plants Co.
Rocky Mountain Rare Plants
Southwest Seed, Inc.
Sun Chaser Seeds
Sunscapes
Upper Colorado Environmental Plant Materials Center
West Canyon Tree Farm
Western Native Seed

Connecticut

Blackledge River Nursery
Broken Arrow Nursery

Chas. C. Hart Seed Co.
Connecticut State Nursery
Summer Hill Nursery
Sunny Border Nurseries, Inc.

Delaware
Shelterwood Farm Delaware

Florida
3E Tree Farms and Wetland
  Nurseries, Inc.
All Native Garden Center and
  Plant Nursery
American Native Products
Andrews Nursery Florida
  Division of Forestry
Apalachee Native Nursery
Aquatic Plants of Florida, Inc.
Aquatic Systems & Resources
Arvida Nurseries
Bartow Ornamental Nursery
Beeman's Nursery, Inc.
Bent Tree Farm
Biosphere Consulting, Inc.
Black Creek Nursery
Botanics Wholesale, Inc.
Boynton Botanicals
Breezy Oaks Nursery
Buckeye Nursery, Inc.
Capps Nursery, Inc.
Carencia Tree Farm and Nursery
Carl Bates' Indigenous Plants
Central Florida Lands and
  Timber
Central Florida Native Flora,
  Inc.
Chiappini Farm Native Nursery
CNPS, Inc.
Concepts in Greenery, Inc.
D.R. Bates
DeepSouth Pine Nursery, Inc.
Dees Tree Farm and Nursery
Deluxe Trees and Shrubs
Dwight Stansel Farm & Nursery
The Echo Center
Echo Nursery
Ecological Consultants, Inc.
EnviroGlades, Inc.
Environmental Equities, Inc.
Erhardt Nursery
Farnsworth Farms Nursery
Finders Keepers Plants &
  Broker, Inc.
Florida Aquatic Nurseries, Inc.
Florida Dept Of Environmental
  Protection Greenhouse
Florida Environmental, Inc.
Florida Keys Native Nursery
Florida Native Flora, Inc.
Florida Native Plants
Foreverflora Palm Nursery
The Garden Gate
Go Native Nursery
Gone Native Nursery
The Gourd Garden
Green Images Native Landscape
  Plants
Green Isle Gardens
Green Seasons Nursery
Greenbriar Farms Nursery
Halfmoon Growers, Inc.
Hard Scrabble Farms, Inc.
Hickory Hill Native Nursery,
  Inc.
Horticultural Systems, Inc.
Indian Trails Native Nursery
Keen Forest Management
Liner Farm, Inc.
Mail-Order Natives
Maple Street Natives
Marshall Tree Farm
Matlack Tree Farm
McKeithen Growers, Inc.
Meadow Beauty Nursery
Mesozoic Landscapes, Inc.
Native and Uncommon Plants
Native Creations
Native Nurseries of
  Tallahassee, Inc.
Native Plant Brokerage
The Natives, Inc.
Native Tree Nursery, Inc.
Norman's Native Plants Plus
Northeast Florida Native
  Nursery
Okefenokee Growers
Ornamental Plants and Trees,
  Inc.
Pat Ford's Nursery, Inc.
Pelton's Nursery, Inc.
Perkins Nursery, Inc.
Pine Breeze Nursery
Plant Creations, Inc.
Rancho La Orquidea, Inc.
Rigsby Nursery, Inc.
RSS Field Services, Inc.
San Felasco Nurseries, Inc.
Sanibel Captiva Conservation
  Fund Native Plant Nursery
Shadowlawn Nursery
Smurfit-Stone Container
  Corporation
Southeast Trees

Florida (continued)
Southern Horticulture
Southern Native Nursery, Inc.
Southern Native Plants Specialties, Inc.
Sun City Tree Farm & Nursery
SUNCO
Sundance Ornamentals
Superior Trees
Sweet Bay Nursery
Trail Ridge Nursery
Trans Gro
TreeMart
Tropic Traditions Nurseries
Urban Forestry Services
Veber's Jungle Garden
Whisper Palms of Terra Ceia LLC
Wilcox Nursery
Wylde Thyme Hammock

Georgia

American Tree Seedling
Bell Brothers, Inc.
Bellville SuperTree Nursery, International Paper Co.
Blue Creek Nursery
Carters Nursery, Bowater Forest Products Division
Clifton Nursery
Eco Gardens
Flint River Nursery
Garden Delights, LLC
International Forest Company
International Paper Company, Florida/Georgia/Carolina SuperTree Sales
International Paper Company, Georgia SuperTree Nursery
Lazy K Nursery, Inc.
McGinnis Farms
Meeks Farms
Mobley Greenhouse, Inc.
Piedmont Growers
Pine Tree Management
Powell Propagators and Nursery, Inc.
Qualitree Nursery
Randy's Perennials & Water Gardens
Rayonier, Inc.
Rutland Forest Nursery
Simmons & Sons Longleaf Seedlings
Testing Nursery
The Timber Co., Jesup Nursery
Triple C Nursery
Walker Nursery Farms
Walker Nursery Georgia Privatery Commission
Waters Nursery
Wight's Nursery

Guam

Guam Forestry Division, Dept. of Agriculture

Hawaii

Aikane Nursery
Amy Greenwell Ethnobotanical Gardens Nursery
Charles Nii Nursery
E. Nakashima Greenhouses
Future Forests Nursery
Hakalau Forest National Wildlife Refuge Native Plant Nursery
Haleakula National Park Native Plant Nurseries
Hawaii Reforestation Nursery
Hawaii Volcanoes National Park Native Plant Nursery
Hawaiian Gardens
Hawaiian Landscapes
Hilo Tree Nursery Division of Forestry & Wildlife
Ho'olawa Farms
Io Makuahine
Kalaupapa National Historic Park Native Plant Nursery
Kamuela State Tree Nursery
Kapoho Kai Nursery
Kauai District Nursery
Kauai Nursery and Landscaping, Inc.
Kilauea Lighthouse National Wildlife Refuge Native Plant Nursery
Kokee State Park Native Plant Nursery
Kulani Correctional Facility Nursery
Lyon Arboretum
Makani Gardens
Maui District Nursery, Division of Forestry & Wildlife
National Tropical Botanical Garden
The Nature Conservancy Kanepu`u Preserve Nursery
Nursery Solutions, Inc.
Pahole Rare Plant Facility
Pepperwood Hollow and Company
R&S Nii Nursery

Waimea Arboretum and Botanical Garden

Idaho
Cedera Seed, Inc.
Coeur d'Alene Nursery – USDA Forest Service
David R. Mosman Ranch, Inc.
Fantasy Farms Nursery
Ford Seed Co., Inc.
Gooding Seed Co.
High Altitude Gardens
Idaho Grimm Growers
Jayker Wholesale Nursery, Inc.
Lucky Peak Nursery
Native Seed Foundation
North Woods Nursery, Inc.
Oregon/Idaho Native Plant Seed Growers Association
Pleasant Hill Farms
Potlatch Nursery
Research Nursery – University of Idaho
Seed Specialists, Inc.
Western Forest Systems, Inc.
Wildlife Habitat Institute

Illinois
Aquatic Nursery
Blazing Star Associates
Bluestem Prairie Nursery
Country Road Greenhouses, Inc.
Earthskin Nursery
Elmer Bailey Nursery
Enders Greenhouse, LLC
Genesis Nursery, Inc.
Illinois Forest Products
King Nursery
Lafayette Home Nursery, Inc.
Mason State Nursery
The Natural Garden, Inc.
Possibility Place Nursery
Prairie Earth Nursery
Prairie Patch
Purple Prairie Farm
Union State Tree Nursery

Indiana
Acorn Ridge Gardens
Beineke's Nursery
Berg-Warner Nursery
Edge of the Prairie Wildflowers
Heartland Restoration Services, Inc.
Hensler Nursery, Inc.
Jasper-Pulaski State Nursery
JFNew Native Plant Nursery
Munchkin Nursery and Gardens LLC
Spence Restoration Nursery
Vallonia State Nursery

Iowa
Allendan Seed
Cascade Forestry Nursery
Diversity Farms
Dutch Girl Super Roots
Heyne Custom Seeds
Ion Exchange
Iowa Prairie Seed Company
Kingfisher Farms
McGinnis Tree and Seed Company
Mount Arbor Nursery
Osenbach Grass Seed
Prairie Grass Unlimited
The Prairie-Oak Group
Reeves Wildflower Nursery
Rose Hill Nursery
State Forest Nursery
Swanson Farms

Kansas
De Lange Seed, Inc.
Kansas Forest Service
Quivira Management, Inc.
Sharp Bros. Seed Co.
Sunflower Farms

Kentucky
Jane's Native Seeds
John P. Rhody Nursery
M&M Native Grass Seed Co.
Morgan County Nursery
Nolin River Nut Tree Nursery
Shooting Star Nursery
Wearren and Sons Nurseries, Inc.

Louisiana
Beauregard Nursery
Boeuf River Tree Farm
The Bosch Nursery, Inc.
Clifton-Choctaw Nursery
Columbia Nursery
Coyote Creek, Inc.
Forestry Division – Riverwood Int. USA
Jeane Farms
Lemoine Seedlings
Louisiana Dept. of Agriculture & Forestry
Louisiana Forest Seed Co., Inc.
Louisiana Growers

Louisiana (continued)
Louisiana Nursery
Northeast Delta RC & D
  Hardwood Seedling Nursery
Oberlin Nursery
Prairie Basse
Pushpetappa Gardens
Wild Things Plant Farm

Maine
Aroostook Band of Mic Macs
Lawrence Mountain Nurseries
Northern Tree Nursery
Old Ridge Nursery
Pierson Nurseries, Inc.
Western Maine Nurseries

Maryland
Adkins Arboretum
Angelica Nurseries, Inc.
Atlantic Star Nursery
Chesapeake Aquatic Nursery
Chesapeake Native Nursery
Clear Ridge Nursery, Inc.
Enviromental Concern, Inc.
Homestead Gardens
John S. Ayton State Tree Nursery
Lower Marlboro Nursery
Maryland Natives Nursery
Native Seed, Inc.

Massachusetts
F. W. Schumacher Co., Inc.
Hillside Nursery
New England Wetland Plants
Tripple Brook Farm
Underwood Shade Nursery

Michigan
Alpha Nurseries
Armintrout
Arrowhead Alpines
Badger Evergreen Nursery
Bosch's Countryview Nursery
Chippewa Plantation
Cold Stream Farm
Conservation Resource Center
Fairplains Nursery
Hramor Nursery
J.W. Toumey Nursery
John Arnoldink Nursery
Kobe Nurseries
Lake Superior Nursery
Michigan State Forest Tree
  Improvement Center
Michigan Wildflower Farm

N.R.C.S. Rose Lake Plant
  Materials Center
The Native Plant Nursery
Needlefast Evergreens, Inc.
Nesta Prairie Perennials
Newaygo Conservation
  District Nursery
Northern Pines Nursery
Northwoods Greenhouse
Oikos Tree Crops
Peterson's Riverview Nursery
Sandhill Farm
Shady Grove Native Trees and
  Shrubs
Stempky Nursery
Vans Pines Nursery, Inc.
Wetlands Nursery
Wildtype Native Plants
Windy Hills Farm
Woodlands Seedling
  Production Facility
Wyman State Forest Nursery
Zelenka Evergreen Nursery

Minnesota
Applied Ecology, Inc.
Booming Native Plants
Carlson Prairie Seed Farm, Inc.
Feder's Prairie Seed Co.
Itasca Greenhouse, Inc.
Kaste, Inc.
Kneght's Nurseries
Landscape Alternatives
Lee Nursery
Mark E. Gullickson
Mineland Reclamation Division
Minnesota State Forest
  Nurseries
Mohn Seed Co.
Morning Sky Greenery
Nature's Acres
Norfarm Seeds, Inc.
North American Prairies
  Company
North Central Reforestation, Inc.
Northern Lights Silviculture
Nursery & Greenhouses
  Potlatch Corporation
Outback Nursery, Inc.
Prairie Hill Wildflowers
Prairie Moon Nursery
Prairie Restorations, Inc.
Red Lake Forestry Greenhouse
Schumacher
Shooting Star Native Seeds
Spangle Creek Labs
Wildlife Habitat Seed Co.

Mississippi
The Crosby Arboretum,
 Mississippi St. University
Delta-View Nursery
Keenan Nursery, Inc.
Mississippi Forestry
 Commission, Waynesboro
 Nursery
Mississippi Forestry
 Commission, Winona
 Nursery
Natchez Trace Gardens
The Timber Company,
 Pearl River Nursery
The Timber Company,
 Shubuta Nursery

Missouri
Bermont Wildflower Farm
Elixir Farm Botanical
Environmental Repair Service/
 The Native Grass Manager
Forrest Keeling Nursery, Inc.
George O. White State
 Forest Nursery
Hamilton Seeds and
 Wildflowers
Heartland Nursery Co.
Missouri Wildflower Nursery
Ripley County Farms

Montana
Bitterroot Restoration, Inc.
Blackfeet Community College
 Greenhouse
Circle S Seeds of Montana, Inc.
CS&KT Forestry Tribal Nursery
Glacier National Park –
 National Park Service
Lawyer Nursery, Inc.
Montana Conservation Seedling
 Nursery
Mountain Home Nursery
Nature's Enhancement, Inc.
Plum Creek Forest Nursery
Salish & Kootenai Tribal College
 Native Plant Nursery
Treasure State Seed, Inc.
Valley Nursery
Westland Seed, Inc.

Nebraska
Bessey Nursery – USDA
 Forest Service
Bluebird Nursery
Stock Seed Farms, Inc.
Todd Valley Farms

Nevada
Comstock Seed
Duckwater-Shoshone Nursery
Las Vegas Nursery
Washoe Nursery

New Hampshire
New Hampshire State Forest
 Nursery
Van Berkum Nursery

New Jersey
Arrowwood Nursery, Inc.
Coastal Native Plants Nursery
Croshaw Nursery
Dilatush Nursery
Mapleton Nurseries
New Jersey Forest Tree Nursery
Pinelands Nursery
Toadshade Wildflower Farm
Wild Earth Native Plant Nursery

New Mexico
Aqua Fria Nursery
Bernado Beach Native
 Plant Farm
Cates Farms
Desert Nursery
Earthseeds
Forest Development –
 Bureau of Indian Affairs
High Country Gardens
Jicarilla Agency – USDI Bureau
 of Indian Affairs
Nature's Way Wholesale
New Mexico Energy, Minerals,
 and Natural Resources
 Department Forestry
 Division
NMSU-MORA Research
 Center
Pajarito Greenhouse
Plant Propagation
 Technologies, Inc.
Plants of the Southwest
Pueblo of Zuni – USDI Bureau
 of Indian Affairs
Santa Ana Pueblo Native
 Plant Nursery
Sierra Vista Growers
SIPI – Bureau of Indian Affairs
Trees of Corrales
Trees That Please

New York
Amanda's Garden
Fort Pond Native Plants, Inc.
Saratoga Tree Nursery
Southern Tier Consulting
 and Nursery, Inc.
Treehaven Evergreen Nursery

North Carolina
Boothe Hill Farms
Claridge Nursery
Coastal Plain Conservation
 Nursery
Cure Nursery
Darwin's Backyard Nursery
Fern Valley Farms
GHW Weyerhaeuser Nursery
International Forest Company
J.B. Lattay Forest Tree Nursery
Linville River Nursery, Division
 of Forest Resources
Mellow Marsh Farm
Niche Gardens
Plant Delights Nursery
We-Du/Meadowbrook Nursery

North Dakota
Lincoln-Oakes Nurseries
Towner State Nursery

Ohio
B.C. Nursery
Bakers Tree Nursery
Envirotech Consultants/Nursery
Land Reforms Greenhouse
Marietta State Nursery, Ohio
 Division of Forestry
Mary's Plant Farm
Smith Evergreen Nursery, Inc.
Wood's Native Plants
Zanesville State Nursery Ohio
 Division of Forestry

Oklahoma
Corns
Grasslander
Greenleaf Nursery
Johnston Seed Company
Martin Perennial Farms, Inc.
Oklahoma Department of Ag.
 Forestry
Sunshine Nursery

Oregon
Alder View Natives
Althouse Nursery
Applied Technology Wetlands &
 Forestry
Aurora Forest Nursery –
 Weyerhaeuser Company
Balance Restoration Nursery
Bosky Dell Natives
Brooks Tree Farm
C.L. Danner Nursery
Callahan Seed
Canby Forest Nursery – IFA
 Nurseries, Inc.
Charles A. Sprague Tree Seed
 Orchard – USDI Bureau of
 Land Management
Curry Native Plants
D. Wells Farms
D.L. Phillips Forest Nursery –
 Oregon Dept. of Forestry
Echo Valley Natives
Evergreen Plug Tree Seedlings
Ferris Nursery
Flora Lan Nursery
Forestfarm
Geertson Seed Farms
Green Hills Nursery
Green Tree Northwest Co.
Heritage Seedlings, Inc.
Hobbs and Hopkins
Holden Wholesale Growers
Hoyt Arboretum
Huckleberry Lane Nursery
Hughes Water Gardens
J. Frank Schmidt and Son Co.
J. Herbert Stone Nursery –
 USDA Forest Service
Jansen's Specialty Nursery
Joy Creek Nursery
Kintigh's Mountain Home
 Ranch
Klamath Forest Nursery – US
 Timberlands
Lava Nursery, Inc.
Lebanon Forest Regeneration
 Center
Lone Elder Nursery
Meadowlake Nursery Company
Mount Jefferson Farms
Nature's Garden
Northwest Native Plants, Inc.
Olson Seed, Inc.
Oregon Wholesale Seed Co.
Owyhee Trail Seed
Pacific Northwest Natives
Plant Oregon
Portland Nursery
Prindel Creek Farm, Inc.

Qualitree, Inc.
Red's Rhodies
Roseburg Forest Products,
    Kellogg Forest Tree Nursery
S&S Seeds LLC
Sage Creek Gardens
Second Growth, Inc.
Silver Springs Nursery, Inc.
Siskiyou Rare Plant Nursery
Sunmark Seeds
    International, Inc.
Susan Dales Bog and Pond
    Plants
Sylvan Options
The Timber Company
Triangle Farms
Trillium Gardens
Turner Nursery – Weyerhaeuser
    Company
Valley Growers Nursery &
    Landscape, Inc.
Vibbert Ranch
Wallace Hansen Native Plants
Walter Horning Seed Orchard –
    USDI Bureau of Land
    Management
Westlake Nursery
Whitman Farms
Wichita Nursery, Inc.
Wildlife Nurseries
Winter Farms, Inc.
Wolf Nursery
Woodsman Native Plants

Pennsylvania
Abraczinskas Nurseries, Inc.
Appalachian Nurseries, Inc.
Aquascapes Unlimited, Inc.
Better Forest Tree Seeds
Carino Nurseries
Doyle Farm Nursery
Ernst Conservation Seeds
Flickingers Nursery
Hanchars Superior Trees
Howard Nursery
Johnston Nurseries
Mahanoy Valley Nurseries
Maple Hill Farms
Miles W. Fry & Son
Musser Forests, Inc.
Noback's Farm Nursery
North Creek Nurseries, Inc.
Octoraro Native Plant Nursery
Penn Nursery
Pikes Peak Nurseries
Pine Grove Nursery, Inc.
The Primrose Path

Strathmeyer Forests, Inc.
Sylva Native Nursery
Yellow Springs Farm

South Carolina
International Paper Company,
    South Carolina SuperTree
    Nursery
International Paper Company,
    Swansea SuperTree Nursery
South Carolina Forestry Creech
    Greenhouse
Taylor Nursery
Westvaco Tree Nursery
Weyerhaeuser Company, Quail
    Ridge Nursery
Woodlanders, Inc.

South Dakota
Big Sioux Nursery, Inc.
Rethke Nursery, Inc.
Wilber's Seed Solutions

Tennessee
Bert Driver Nursery
Boyd & Boyd Nursery
Boyd Nursery
Cumberland Nursery
Frank Clark & Associates, Inc.
High Country Nursery
Hillis Nursery Company, Inc.
Hills Creek Nursery
Myers Cove Nursery, Inc.
Native Gardens
O'Neal Nursery
'Our' Bamboo Nursery
Palmer Nursery
Sleepy Hollow Nursery
Sunlight Gardens, Inc.
Tennessee Dept. of Agriculture,
    Delano Nursery
Tennessee Dept. of Agriculture,
    Pinson Nursery
Trees By Tauliatos
Triangle Nursery, Inc.
Warren County Nursery, Inc.

Texas
Aldridge Nursery, Inc.
Arbor Ridge Tree Farm
Bamert Seed Co.
Barton Springs Nursery
Bluestem Nursery
Bolton Works Nursery
Browning Seed, Inc.
Buchanan's Native Plants

Texas (continued)
Champion Timberlands Nursery
Clyde Thompson Nursery
Dallas Nature Center/Native Plant Nursery
Desert Floralscapes, Inc.
Dodds Family Tree Nursery
Doremus Wholesale Nursery
East Texas Seed Company
Foster Rambie Grass Seed
Heep's Nursery
Indian Mound Nursery – Texas Forest Service
International Paper Company, Livingston SuperTree Nursery
International Paper Company, Texas SuperTree Nursery
Island Botanics Environmental Consultants
James Reneau Seed Co.
Madrone Nursery
McCormick Seeds
Native American Seeds
Native Ornamentals
Native Son
Native Texas Nursery, Inc.
Native Texas Nursery
Native Tree Farm
Natives of Texas
Plum Creek Timber Co.
Richardson Agco
Spring Creek Nursery
Sunbelt Trees, Inc.
Texas Native Trees
Texas Star Gardens
Tropical Star Ent., Inc.
Turfgrass America
Turner Seed Company, Inc.
West Texas Nursery – Texas Forest Service
Weston Gardens in Bloom, Inc.
Wichita Valley Nursery
Wildseed Farms
Yucca Do Nursery

Utah
Bluff Dale Nursery
Central Utah Seed
Fremont Trading Company
The Garden Niche
Granite Seed
Great Basin Natives
Harvest Moon Seed Co.
Intermountain Seed Co.
Lone Peak State Nursery
Maughan Seed Company
Mountain West Seed Co., Inc.
Plummer Seed Co.
Progressive Plants
Stevenson Intermountain Seed, Inc.
Sun Mountain Growers
Wagstaff Seed
Wheatland West Seed
Wildland Nursery
Zion National Park Native Plant Nursery

Vermont
Vermont Wildflower Farm

Virginia
Augusta Forestry Center
Bobtown Nursery
Botanique
The Garden of Earth
Garland Gray Forestry Center Virginia Dept. of Forestry
International Paper Company, Virginia SuperTree Nursery
Native Seeds
New Kent Forestry Center
Pinelands Nursery, Inc.
Sassafras Farm
Snow Mountain Nursery
Swell Nursery
Virginia Department of Forestry
Virginia Natives
Waterways Nursery
Windy Hill Plant Farm

Washington
Abundant Life Seed Foundation
Aldrich Berry Farms and Nursery
Briggs Nursery, Inc.
Burnt Ridge Nursery
Cisneros Trading Company
Clark's Native Trees
Cloud Mountain Farm
Collector's Nursery
Colville Tribal Forestry Greenhouse
Colvos Creek Nursery
Fancy Fronds
Far Pastures Nursery
Fir Run Nursery
Fourth Corner Nurseries
Frosty Hollow Ecological Restoration
Grassland West
Gray Barn Garden Center and Landscape Company
Greg Peterson
Hood Canal Nurseries

Inland NW Native Plants
Inside Passage Seeds and
   Native Plant Services
Jamestown Native Plants
Judd Creek Nursery
L&H Seeds, Inc.
Landmark Seed Co.
Lawyer Nursery, Inc.
Lewis River
   Reforestation, Inc.
Madrona Nursery
Makah Tribal Nursery
Methow Natives
Microseed Nursery
Milestone Nursery
Moses Lake Conservation
Mount Rainier National Park
   Native Plant Nursery
North Cascades National Park
   Native Plant Nursery
Northwest Native Seed
Nothing But Northwest Natives
   & Robson Botanical
   Consultants
Olympic National Park Native
   Plant Nursery
Olympic Nursery
Pacific Natives and Ornamentals
Plantas Nativa LLC
Plants of the Wild/Seeds, Inc.
Rain Shadow Nursery
Rainier Seeds, Inc.
Raintree Nursery
Raven Nursery
The Rhododendron Species
   Foundation
Rochester Greenhouse –
   Weyerhaeuser Company
Rosso Wholesale Nursery
Shore Road Nursery
Silvaseed Company, Inc.
Sound Native Plants, Inc.
Spring Creek Nursery
Stillaguamish Tribe
Storm Lake Growers
Sun Gro Horticultural
   Distribution, Inc.
Sun Mountain Seeds
Viewcrest Nurseries
Wabash Farms
WACD Plant Center
Watershed Garden Works
Webster Forest Nursery
Wetlands & Woodlands
   Wholesale Nursery
Wildside Growers
Woodbrook Nursery

West Virginia
Clements State Tree Nursery
Enchanters Gardens
Sunshine Farm and Greenhouse

Wisconsin
Agrecol Corporation
Arneson
Betthauser's Nursery
Campbell Tree &
   Land Co., Inc.
Detlor Tree Farm
Evergreen Nursery Co., Inc.
Great Lakes Nursery Co.
Gress Evergreen Nursery, Inc.
Griffith State Forest Nursery
Hayward State Forest Nursery
Hsu's Ginseng Enterprises, Inc.
Insti-Trees Nursery
J&J Transplant Aquatic Nursery
Krueger's Northwoods Nursery
Laura's Lane Nursery
Little Valley Farm
Lodholz North Star Acres, Inc.
Lowes Creek Tree Farm
Marshland Transplant Aquatic
   Nursery
Monico Greenhouses
Plum Creek Nursery
Prairie Future Seed Company
Prairie Nursery
Prairie Ridge Nursery
Prairie Seed Source
Reesville Ridge Nursery
Taylor Creek Restoration
   Nurseries / Applied
   Ecological Services
Wali Nursery
West Wisconsin Nursery
Westfork Walnut Nursery
Wildlife Nurseries, Inc.
Wilson State Forest Nursery
Windfall Nursery & Tree Farm
Woods' Edge Farm

Wyoming
Wind River Seed, Inc.

Canada
Alberta Nurseries and Seeds,
   Ltd. Bowden, AB
Alpenflora Gardens
   Surrey, BC
BC's Wild Heritage Plants
   Chilliwack, BC

Canada (continued)

Bechedor, Inc.
    Saint-Prosper, Quebec
Blazing Star Wildflower
    Seed Company
    St. Benedict, Sask.
Bluestem Nursery
    Christina Lake, BC
Clearwater Greenhouses
    Big River, Sask.
David P. Young Native
    Plant Nursery
    Victoria, BC
Eagle Lake Nurseries Ltd.
    Strathmore, Alberta
Fraser's Thimble Farms
    Salt Spring Island, BC
Gabriola Growing Company
    Gabriola Island, BC
H. N. Hybrid Nurseries Ltd.
    Pitt Meadows, BC
J. Frank Gaudet Nursery
    Charlottetown Prince
    Edward Island
J.D. Irving Juniper Nursery
    Juniper, NB
K&C Silviculture Farms Ltd.
    Joffre, Alberta
K&C Silviculture Farms Ltd.
    Oliver, BC
Linnaea Nurseries Ltd.
    Langley, BC
Mosterman Plant Propagators
    Chilliwack, BC
N.A.T.S. Nursery Ltd.
    Surrey, BC
Nathan Creek Nursery
    Langley, BC
Native Plant Restoration, Inc.
    Calgary, AB
Natural Legacy Seed
    Armstrong, BC

Nature's Garden Seed Company
    Victoria, BC
North Sun Gardens, Ltd.
    Ramore, Ontario
Northwest Native Plants
    Clayburn, BC
Okanagon Plant Propagators
    Winfield, BC
Ontario Native Plants, Inc.
    Downsview, Ontario
Otter Valley Native Plants
    Eden, Ontario
Pacific Rim Native Plants, Ltd.
    Sardis, BC
Peel's Nurseries, Ltd.
    Mission, BC
Prairiescape
    Regina, Sask.
Quality Seed Collections
    Kamloops, BC
R. Oud Native Plants
    Victoria, BC
Rainforest Gardens
    Maple Ridge, BC
Sagebrush Native Plant Nursery
    Oliver, BC
Strathlone Forest Nursery
    Nova Scotia
Streamside Native Plants
    Courtenay, BC
Western Tree Seed, Ltd.
    Blind Bay, BC
WILD Canada
    Wasaga Beach, Ontario
Woodmere Nursery Ltd.
    Fairview, AB

Puerto Rico

Vivero Manaca
    Cubuy, Canadaovanos

Subscribe to NATIVEPLANTS JOURNAL

An eclectic forum
for dispersing practical information
about planting and growing native plants.

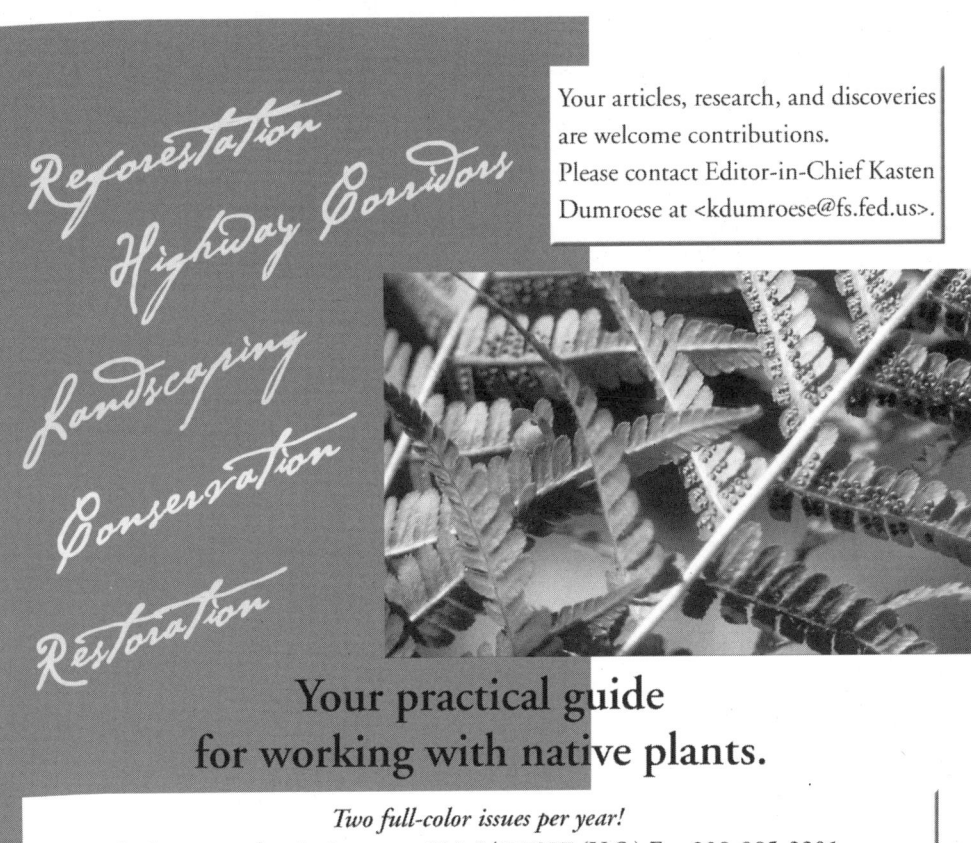

Reforestation
Highway Corridors
Landscaping
Conservation
Restoration

Your articles, research, and discoveries are welcome contributions.
Please contact Editor-in-Chief Kasten Dumroese at <kdumroese@fs.fed.us>.

Your practical guide
for working with native plants.

Two full-color issues per year!
Order your subscription now: 800-847-7377 (U.S.) Fax 208-885-3301
e-mail: nativeplants@uidaho.edu
Native Plants Journal University of Idaho Press, PO Box 444416, Moscow ID 83844-4416

VISA • MasterCard • Discover
One Year $30 | Two Years $55 | Library $60 | Student $25
(Please enclose copy of student ID for student rate.)